탐식생활

일러두기

1. 인명과 지명을 비롯한 고유명사는 '외래어 표기법'을 따르되, 일부는 일반적으로 널리 쓰는 표기를 사용했다.

2. 단행본과 정기 간행물은 『 』로, 단편 등은 「 」로, 영화·연극·방송프로그램·노래 등은 〈 〉로 표시했다.

탐식생활

이해림 지음

돌베개

책머리에

나는 탐식가다. 탐식貪食을 한다. 미식가와는 다르다. 미식가는 음식을 예술로 극진히 찬미하는 이들이다. 대식가도 되지 못한다. 단지 더 맛있는 맛을 탐할 뿐이다. 탐식은 보다 원초적이고 탐구적이며, 더 집요하다.

탐식이 던지는 질문은 단 하나다. "왜 더 맛있을까?" 그에 대한 답이 탐식가의 먹는 법이다. 이 사과는 왜 더 맛있을까? 평양냉면은 어느 식당의 것이 더 깊은 맛일까? 스테이크는 어떻게 구워야 더 맛있을까? 생활에 밀착된 그 단순하고도 원초적인 궁금증들을 해결하다 보니 나는 여기에 이르렀다.

912일이었다. 최초의 취재 노트가 2016년 2월 12일 시작되었고, 100번째 기사가 게재된 2018년 8월 11일까지 『한국일보』에서 더 맛있는 맛에 대해 썼다. 언제나 일관된 메시지는 "왜 더 맛있을까?"와 그에 대한 답이었다. 그것이 미역이 되었든 굴이 되었든, 감자나 토마토, 딸기나 복숭아가 되었든, 스테이크가 되었든, 또는 전 세계적으로 유행하는 쌀국수인 퍼 보가 되었든, 일상에서 누구나 흔히 접하는 식재료와 음식과 요리에 대해서 왜 더 맛있는지, 어떤 것이 더 맛있는지, 어떻게 더 맛있는지를 전달하고자 했다.

그러나 기사를 책으로 묶어 내자는 제안들은 꾸준히 거절했다. 일간지의 기사는 하루치 인쇄되고 나면 휘발되어 날아가 버린다. 디지털에서 유통되는 1주일 가량의 찰나를 지나고는 영원히 박제되어야 할 시의적 지식이다. 이를 나태하게 휘뚜루마뚜루 책으로 엮는 것은 세상에 이롭지 못한 낭비이며, 그저 이기적인 과욕이다. 책이 되려면 기사가 아닌 취재를 토대로 글을 새롭게 쓰며, 영속될 수 있는 지식만을 냉정하게 추려내야 했다. 어려운 일이라 주저했다.

취재의 가치는 바래지 않는다고 믿는다. 912일 동안 쌓은 취재의 기록들은 여전히 생명력이 있다. 그 안의 지식을 박제하기에는 너무나 생생하다. 『탐식생활: 알수록 더 맛있는 맛의 지식』을 짓는 데에 동의한 이유다. 기사가 아닌, 취재를 부활시킨다는 취지에 절대적으로 공감하고 긴 노고를 감수한 돌베개 출판사와 라헌 편집자의 공헌이 컸다. 48가지 가치 있는 지식을 선별해 책으로 흐르게 하고, 글과 취재를 다시 꾸려 책의 가치를 더할 지식으로만 조립하고, 다하지 못했던 말을 덧보탰다.

덕분에 책이 되었다. 책 안에 등장하는 모든 감사한 이름들과 숨겨진 이름들 덕분에, 그들이 내게 나눠 준 더 맛있는 맛의 지식이 세상에 다시 나왔다. 취재 하나하나를 모두 함께한 강태훈 사진가의 사진도 『탐식생활: 알수록 더 맛있는 맛의 지식』에 맞춘 선명한 톤으로 다시 생명을 얻었다.

나를 발견해 준 『지큐 코리아』 이충걸 전 편집장,
나를 북돋워 준 『보그 코리아』 이명희 전 편집장,
그리고 내 탐식의 기틀을 만들어 준 내 엄마, 강성림에 감사한다.

2018년 10월
이해림

목차　　　　　　　　　　　　　책머리에 …………………… 4

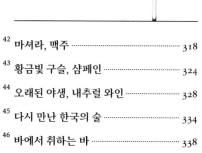

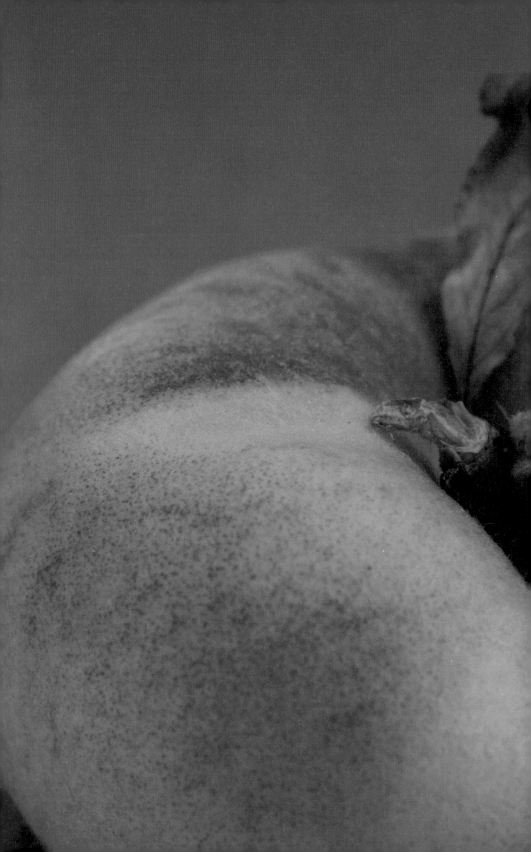

1부

계절
탐식

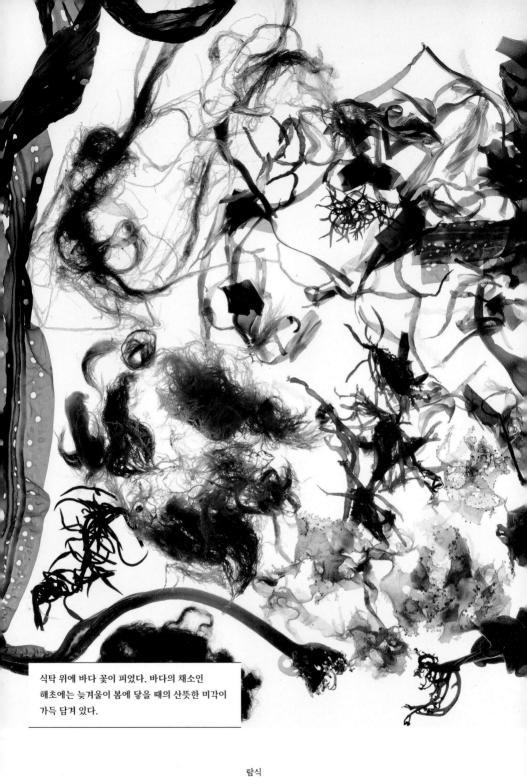

식탁 위에 바다 꽃이 피었다. 바다의 채소인
해초에는 늦겨울이 봄에 닿을 때의 산뜻한 미각이
가득 담겨 있다.

1

바다의 꽃, 해초

바다의 채소라고도 불리는 바닷말, 또는 해초는 봄이 되기 전에 빈약해 지기 쉬운 식탁의 든든한 지원군이다. 국, 무침, 샐러드로 종횡무진 활약한다. 늦겨울에서 초봄은 아직 차가운 바다에서 건져 올린 해초가 가장 맛날 때다.

늦가을에 매어 둔 미역은 겨우내 자라서 수확기를 맞는다. 물살이 강한 바다일수록 각별히 맛있는 해초를 안겨 준다. 강한 해류를 견디며 자란 기장, 송정 등지의 미역은 육질이 얼마나 탄탄한지 '쫄쫄이 미역'이라고 불릴 정도다. 그만큼 좋은 값에 팔린다.

사실 우리가 아는 미역은 다 같아 보이지만, 남방계와 북방계로 나뉜다. 기장 쪽 미역은 북방계로 생김새가 줄기 위주로 길쭉하다. 줄기보다는 잎사귀가 넓게 자란 통영, 완도, 고흥 등지의 남방계와 구분된다. 맛이야 먹는 사람이 용도에 따라서 가를 일이다. 줄기가 발달한 북방계 미역은 씹히는 맛에, 남방계 미역은 부드럽게 풀어지는 맛에 먹는다. 그래서 북방계는 말려 먹고 남방계는 생물로 먹거나 염장한다.

육지의 미역이 생산량 대부분을 양식에 기대는 데 비해 제주도에서는 미역 양식을 하지 않는다. 제주 미역은 모두 자연산인 셈이다. 그런가 하면 제주도

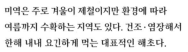
미역은 주로 겨울이 제철이지만 환경에 따라
여름까지 수확하는 지역도 있다. 건조·염장해서
한해 내내 요긴하게 먹는 대표적인 해초다.

구멍이 숭숭 뚫린 곰피미역은 다시마과의 갈조류다. 끓는 물에 '튀겨서' 쌈으로 먹는데, 짭짤한 맛이 있어
굳이 초고추장을 곁들이지 않아도 밥과 간이 맞는다. 과메기, 돼지고기구이와도 궁합이 좋다.
찬 바다에 뿌리를 내리고 너울너울 흔들리며 자란다.

계절
탐식
•

바다의 꽃, 해초

의 우도와 차귀도 어귀에서는 넓미역이라는 종류도 볼 수 있다. 마치 서핑보드처럼 너부데데하게 생겼는데 거대하게 자란다. 몇 해 전부터 울릉도 인근 심해에서도 자란다는 소식이 있는데 그곳에서는 아는 사람만 따다 먹는다.

그렇다면 미역이라는 이름이 붙은 곰피미역은 어떨까? 이 미역은 곰보미역, 곰보, 곤피 등 다른 이름도 많지만, 실은 미역이 아니다. 수산생명자원정보센터 홈페이지에 따르면 일반적으로 곰피미역이라고 하는, 이 미역의 정식 명칭은 쇠미역으로 다시마목 다시마과에 속한다. 개곤피라 불리며 식용으로 거의 쓰지 않는 다시마목 미역과의 곰피와 이 곰피미역은 구멍이 뚫렸다는 점을 빼면 서로 다른 해초인데 이름만 빌려 쓴 셈이다.

정작 여기서 이야기해야 할 미역은 미역귀다. 귀처럼 생겨서 미역귀라고 부른다는 말도 있지만, 온통 주름진 통통한 모양새는 오히려 해삼에 가깝다. 실상은 미역이 씨앗을 퍼트리는 생식기에 해당하는 이 특수 부위는 다시마 같이 단단해서 오랫동안 버려졌다가, 요즘에야 건강식품 대접을 받으며 귀한 몸이 되었다. 잘게 썰어서 먹으면 씹는 맛이 꽤나 기분 좋다. 점액질이 많아서 손질이 쉽지 않은데 물에 여러 번 세게 헹구면 점액질이 빠진다. 일본에서는 점액질을 그대로 살려 낫토納豆처럼 끈적하게 먹는다. 4월쯤부터 시장에 생물이 나오지만, 말린 것은 1년 내내 쉽게 구할 수 있다.

바닷물이 따뜻해지기 시작하면 대부분의 지역에서 미역은 녹아 버린다. 그러니 초봄이 딱 제철이라 시장 좌전마다 온갖 미역이 쏟아진다. 물미역은 그대로 초고추장 양념이나 간장과 식초 양념에 무치면 되지만, 쌈으로 먹을 때는 팔팔 끓는 물에 '튀긴다.' 갈색을 띤 미역은 뜨거운 물에 데치면 맑은 녹색으로 변하는데, 색만 변하도록 스치듯이 가볍게 데치는 것을 튀긴다고 말한다. 먹기 좋은 크기로 손질한 미역은 냉동해 놓고 내킬 때마다 해동해 먹어도 된다. 요즘은 튀겨서 염장 보관한 가공 식품도 나와 사시사철 쉽게 구할 수 있다.

미역이 지천인데 다시마는 어디로 갔냐고? 다시마는 5월이나 되어야 먹을 만하게 자란다. 철이 아닐 때는 말려 둔 것을 육수용으로 자주 쓰는데, 육수를 빼고 난 다시마는 얇게 채 쳐서 국물 요리에 넣어도 좋은 건더기가 된다. 김은? 11월부터 수확해서 돌김, 파래김, 곱창김 등의 햇김이 시중에 쫙 깔린다. 김은 원래 말려 쓰고, 양식 김은 1년에 네 번도 수확해서 굳이 제철을 찾을 이유가 희미해졌다. 미역과 비슷하게 겨울부터 제철을 맞는 파래는, 무침 반찬으로 겨울 식탁에 가장 빈번히 오르는 식재료다.

미역 얘기만 해 버리면 다른 해초들이 서운하다. 남해 쪽 동네에는 매생이며 감태, 까사리파래, 세모가사리가 자란다. 겨우내 신나게 매생이굴국, 매생이떡국, 매생이전을 먹었다 치고, 매생이를 건너 뛰어서 매생이와 파래의 중간쯤으로 생긴 감태부터 들여다보자.

감태는 김처럼 얇게 펴 말려서 가공한 것도 있는데 연둣빛만큼이나 생생한 바다 향이 상쾌하다. 서양 요리에서는 간 것을 흩어 뿌려 색을 내거나 향을 더하는 용도로도 쓴다. 사실 감태는 미역과의 다른 바닷말 이름이지만, 전라도 쪽에서는 이 실 같은 파래를 따로 감태라고 부른다.

뾰족뾰족한 세모가사리는 식감이 좀 더 날렵해서 샐러드나 비빔밥에 어울린다. 까사리파래는 파래와 세모가사리의 하이브리드라고 이해하면 쉽다. 두 해초를 섞어 말렸다고 해서 까사리파래다. 까슬까슬하게 씹히는 식감과 김의 단맛이 절묘하게 어우러진다. 간장 양념에 김무침처럼 무쳐 먹는 조리법이 널리 쓰인다.

제주 해초는 좀 남다른 면이 있다. 제주도의 향토 음식으로 전국구 명성을 얻은 몸국에 들어가는 모자반의 제주 이름이 몸이다. 못난 이름과는 영 딴판으로 바닷말 중 생김새가 각별히 어여쁜 갈래곰보도 있다.

붉은색이 나는 우뭇가사리도 제주도의 명물인데, 발린 우뭇가사리는 햇

① 미역귀

② 매생이

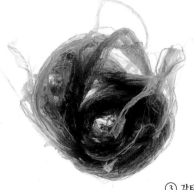

③ 감태

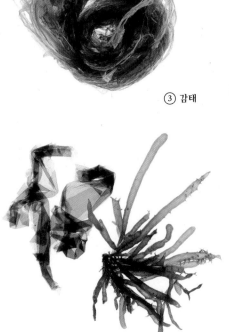

④ 세모가사리

⑤ 까사리파래

---

① 미역귀는 미역의 뿌리 바로 위에 붙은 생식
　기관이다. 최근 건강식품 재료로 각광받았다.
② 매생이는 갈매패목의 녹조류이다. 명주실처럼
　얇은 것이 특징이다.
③ 감태는 연둣빛 색깔만큼이나 싱싱한 바다 향이
　난다. 제주도나 남해의 깊은 바다에서 나는
　미역과의 감태는 이름만 같고 다른 해초다.
④ 세모가사리는 우뭇가사리, 불등가사리와 함께
　홍조류에 속하는 바닷말이다.
⑤ 까사리파래는 세모가사리와 파래를 섞어
　말려서 맛과 식감을 끌어올린 것이다.

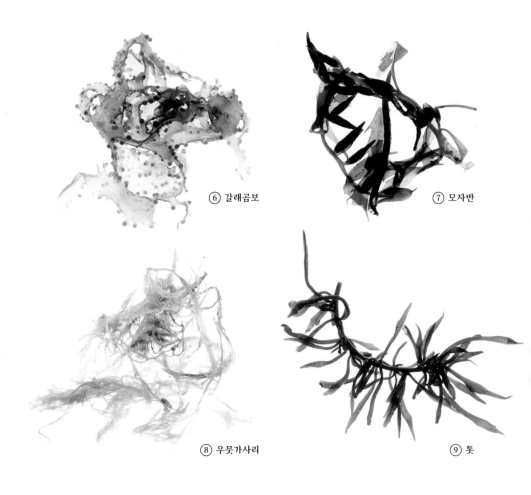

⑥ 갈래곰보

⑦ 모자반

⑧ 우뭇가사리

⑨ 톳

⑩ 함초

⑥ 갈래곰보는 닭벼슬처럼 생긴 바닷말로
　늦가을부터 봄까지 제주도 깊은 바다에서 난다.
　붉은 것도 있다.
⑦ 제주도에서는 '몸'이라고 부른다. 몸국 외에
　무침 반찬으로도 많이 먹는다.
⑧ 우무는 우뭇가사리를 뭉근히 끓이고 걸러서 묵을
　쑨 것이다. 우무를 탈수시켜 건조하면 한천이 된다.
⑨ 거무죽죽한 톳도 미역과 마찬가지로,
　물에 튀기면 푸른빛으로 변한다.
⑩ 함초는 건강식품으로 수요가 많아서 다양한
　형태로 가공된다.

바다의 꽃, 해초

볕에 말리면 하얗게 탈색되어 노인의 성성한 수염처럼 하얗다. 우리는 4~6월의 제주도에 놀러 가면 렌터카 발치에 치이는 '수북한 옥수수 수염 같은 것'의 형상으로 그 건조 과정을 목격하고는 한다. 철마다 제주도의 온 도로를 점거하는 그것의 정체가 우뭇가사리다. 쇠털 같이 생겨서 조선시대에는 우모牛毛라 불리기도 했다. 한천 또는 우묵이라고도 불리는데, 이것은 가공한 후의 이름이다. 다른 홍조류도 한천, 우묵의 재료가 된다.

톳은 어느 바다에나 흔해서 미역과 비슷한 철에 그 못지않게 많이 올라오는데, 부드럽고도 톡톡 터지는 식감에 먹는다. 초고추장에 샐러드처럼 가볍게 버무려 먹거나 간장 양념으로 반찬을 만들어 두어도 요긴하다. 다른 해초들처럼 편리한 비빔밥 재료로 쓰기도 한다. 해초 비빔밥에는 멍게젓갈을 곁들이면 좀더 깊은 맛이 난다. 톳은 몇 가지 해산물과 함께 넣어서 톳밥을 짓기도 한다.

그렇다면 서해는? 남해와 같은 해초가 나고 쇠미역도 나는데, 차별화되는 것은 함초다. 짠 갯벌에서 자라는 염생 식물로, 영종대교를 건너 인천국제공항으로 갈 때 광활하게 펼쳐지는 그 붉은 해초가 함초다. 처음에는 녹색이었다가 익으면서 붉어진다. 인천을 비롯해 서해안의 갯벌에서 쉽게 볼 수 있다. 다른 이름은 퉁퉁마디인데, 함초라는 말 자체가 짠鹹 풀이라는 뜻이다. 칠면초, 해홍나물과 같은 붉은색의 다른 염생 식물도 퉁퉁마디와 비슷하다. 함초를 말려서 가루를 내 소금 대신 사용하면 짠맛과 함께 고급스러운 바다 향을 입힐 수 있다. 서양 요리에서는 샘파이어Samphire라는 이름으로 귀한 대우를 받으며 널리 쓰인다. 한국에서는 요리 재료보다는 가루나 환 형태로 가공해 체중 감량이나 변비 해소를 돕는 보조제로나 먹는 경우가 많다.

해초는 전복의 살과 내장을 통째로 이용한 리소토Risotto에도 제격이다. 해초를 먹고 자란 전복의 내장이니 그 맛과 안 어울리기가 더 어렵다. 해초를 바다의 온도 그대로 차갑게 먹을 때는 굴과 잘 어울린다. 봄을 앞두고 살이 더

욱 오른데다 향도 깊어진 굴에 갖가지 해초를 곁들이면 해초의 바다 향은 굴의
펄 향과 어우러지고, 터지는 순간 녹아 버리는 굴로는 채울 수 없는 씹는 맛을
꼬들꼬들한 해초의 식감이 더해 준다.

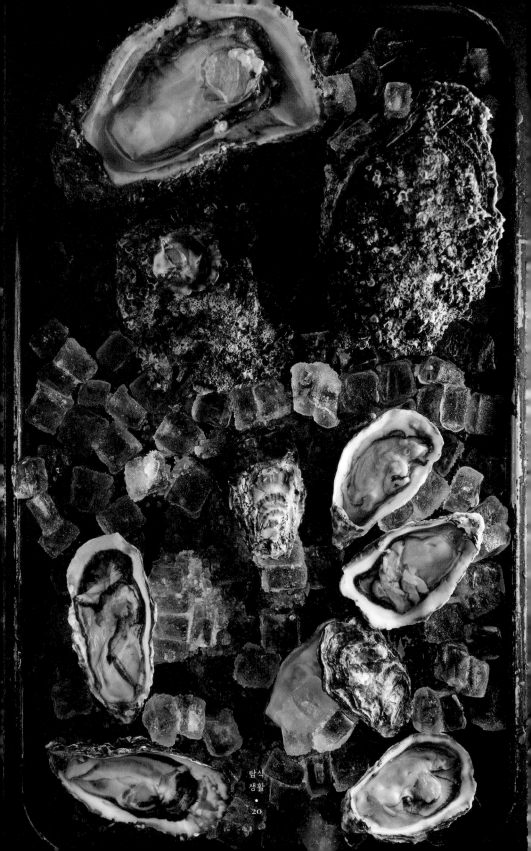

2

바다의 꿀, 굴

매해 남쪽 바다에는 흰 눈이 쌓인 듯 새하얀 수평선이 펼쳐진다. 멀리서 보면 아닌 바다에 웬 설원인가 싶어, 눈을 부비게 만드는 그 흰 물체들의 정체는 하얀 부표다. 그 아래로 치렁치렁 내려진 줄마다 굴이 잔뜩 붙어서 매달려 있다.

굴은 절묘하게도 각 달의 영어명에 r이 들어갈 때만 먹는다. 9월부터 이듬해 4월까지(SeptembeR, OctobeR, NovembeR, DecembeR, JanuaRy, FebRuaRy, MaRch, ApRil) 먹을 수 있고, 4월부터 8월까지(May, June, July, August)는 못 먹는다. 수온이 오르면 맛이 맹탕이고, 산란기에는 독성을 품어 씁쓸한 탓이다. 맛이 오르는 때는 날이 확 추워지는 11월 말부터 이듬해 1월 말까지다. 11월에 접어들면 남해의 양식장에서는 이미 굴을 끌어올린다.

그런 까닭에 겨울이면 통영, 거제 등의 경상남도 앞바다는 그 자체로 커다란 굴 공장이 된다. 스케일도 공장이라 부를 만하다. 인력으로는 감당이 안되니 바지선에 크레인을 동원해 굴을 걷어 올린다. 이렇게 대량 생산된 굴이 전국 각

◀ 환경에 따라 다르게 자란 한반도의 굴을 모았다. 위는 강원도 고성군에서 20년 이상 자란 야생 참굴, 오른쪽은 개체굴로 양식해서 껍데기가 밝고 말끔한 3배체 참굴, 아래 왼쪽은 통영시에서 온 반각 형태의 참굴이다.

지로 퍼져서 초봄까지 질리지도 않고 굴 잔치를 이어 간다.

특히 굴은 통영의 강력한 산업 자원이다. 겨울 굴이라고 하면 미식 여행지로 가장 먼저 통영이 떠오르고, 재래에서 첨단까지 굴 산업의 방식이 망라된 곳도 실상 통영이다. 굴 대표 도시답게 굴 요리 역시 각양각색으로 발달했다.

서로 맛이 다른, 여러 지역의 굴로 만들 수 있는 요리는 얼마나 다양할까. 그 다양성을 가장 잘 드러내는 것이 젓갈이다. 톡 쏘는 어리굴젓, 굴 소스처럼 맛이 진한 진석화젓, 그리고 시원한 물굴젓 등 다양한 젓갈이 지역색을 띄고 이어져 온다.

산지마다 굴의 특징이 다르다 보니 젓갈 조리법도 필연적으로 각각의 굴 특성에 맞게 발달했다. 서해의 굴은 알이 잘고 조개살처럼 산뜻해서 고춧가루와 잘 어우러진다. 그래서 발달한 것이 어리굴젓이다. 대표적인 굴 산지인 통영에서는 무를 갈아 넣고 국물을 자박하게 만든 붉고 맑은 젓갈인 물굴젓을 담가 먹는데, 시원하고 개운한 바다 향을 가진 통영굴에 잘 어울리는 조리법이다. 통영굴보다 맛이 묵직하며 크리미Creamy한 고흥굴은 진석화젓을 담근다. 굴을 소금에 짭짤하게 절여서 국물을 끓여 내며 담는 진석화젓은 고흥굴의 농후한 맛을 돋보이게 한다.

한국은 축복받은 땅이다. 젓갈까지 담글 정도로 굴값이 헐값인 나라가 드물다. 가까운 일본이나 홍콩만 가도 굴을 전문적으로 파는 오이스터 바가 흔한데, 그곳에서 굴을 실컷 먹으면 형벌 수준의 계산서를 받아 들게 된다. 어디를 가나 굴은 고급 식재료 대접을 받고, 값도 비싸다. 동시에 한국은 저주받은 땅이다. 석화, 통굴, 각굴, 망굴, 깐굴, 알굴 등 굴을 부르는 말은 많은데 알고 보면 그것이 다 같은 굴이다. 오이스터 바는 단지 굴을 배 터지게 먹는 콘셉트가 아니다. 각기 산지가 다른 다양한 종류의 굴을 취향대로 골라서 주문하는 것이 핵심이다. 일례로 패주가 오목한 국자 모양인 굴은 한국에서는 나지 않는데, 낯선 생김새처럼 맛도 판이하다. 반면에 한국 굴은 종류가 구분되지 않아서 키운 환경에 따라 다소간 다를 뿐이고, 명칭은 큰 의미가 없다. 굴을 부르는 이름은 지방마다 무수해서 같은 굴을 두고 다르게 부르기도 하고, 다른 굴을 두고 같은 이름으로 부르기도 한다.

굴의 유생幼生들이 서해의 갯바위에 붙으면 진정한 의미의 자연산 야생굴이 된다. 이 작고 새까만데다 옹골지며 짭짤한 향이 강한 굴에 토굴, 알굴, 깐굴 등의 이름이 붙는다. 그러나 이렇게 자란 진짜 야생 굴은 상품 역할을 하기에는 양이 적고 품도 과하게 들어서, 서해 굴도 결국 양식을 한다.

굴 양식 방법은 크게 지주식과 수하식으로 나눈다. 양식 방법이 곧 생산지역을 나타내기도 하는데, 조수 간만의 차이가 큰 서해에서는 나무로 지주를 세우거나 갯벌에 돌을 던져서 굴의 유생이 붙어 자랄 터전을 만든다. 이것이 각각 지주식과 투석식 양식이다. 고요하며 안락한 바닷물에 잠겨 호강하는 남해의 수하식 굴에 비해, 서해 갯벌의 굴은 성장 과정이 고되다. 갯벌은 하루 두 번씩 바닷물이 드나든다. 굴은 바닷물이 들어올 때는 먹지만, 물이 나갔을 때는 굶는다. 어떻게 해도 극복할 수 없는 환경의 차이다. 서해 굴들은 많이 먹지 못하니자라는 것도 더뎌서, 남해 굴보다 덩치가 훨씬 작다. 대신 향은 옹골차게 압축된다. 근육질 몸뚱이에 바다 향을 꽉꽉 채워 놓았다. 남해 굴이 우유라면, 서해 굴은 우유를 숙성한 치즈다. 서해 굴은 알이 잘아서 각굴로는 유통되지 않는다.

반면 남해의 수하식 굴은 수퍼마켓부터 백화점과 재래시장까지 어디를 가나 가장 흔하다. 대개 6월경부터 까만 점 같은 굴의 유생들이 바다에 둥둥 떠다니는데, 가리비나 조개 껍데기를 엮어서 바닷물에 빠트려 놓으면 유생이 저절로 와서 붙는다. 몇 달 후에 이 유생은 어른 굴이 된다.

말이야 양식이지만 굴은 먹이를 주는 등 인공을 가하지 않고, 단지 자랄 만한 환경을 조성해 줄 뿐이다 보니 야생에 가깝다. 성장 과정 내내 바닷물에 잠겨

돌멩이 위에 깐 굴들을 모았다. 작은 것들은
경상남도 남해군 창선면의 야생 참굴,
오른쪽의 큰 것들은 통영산 깐 참굴이다.

바다의 꿀, 굴

서 영양분을 배불리 섭취한 남해 굴은 성장이 빠르며 몸집도 크다. 잘 자란 것은 흰 돼지 같이 뒤룩뒤룩해서 새하얀 살이 꽉 차 있다. 굴을 '바다의 우유'라고 부르기도 하는데, 전국 굴 생산량의 70퍼센트가량을 차지하는 경상남도 통영시의 굴은 딱 우유 같다. 한껏 살이 오른 고소함이 입안에 가득 찬다. 껍질을 까지 않은 각굴석화, 통굴, 망굴, 알만 발라낸 깐굴알굴 혹은 바닷물과 함께 포장한 봉지굴 등의 형태로 유통된다. 각굴을 소매상이나 식당에서 한쪽 껍질만 까면 반각굴 Half Shell, 하프셸이 되는데 산지에서 가공해 올리는 경우도 있다. 대부분의 횟집에 유통되는 반각굴은 모두 그해에 수확한 것이다. 해를 넘겨 2~3년, 길게는 5년까지도 키우는데 이 굴은 들인 시간만큼 그대로 쑥쑥 성장해서 손바닥보다 커진다. 야생의 굴은 10년 이상 자란 것도 있다.

앞서 말했다시피, 어차피 다 같은 굴이다. 민물과 바닷물이 만나는 데서 봄에 나오는 강굴이나 벚굴, 그리고 일부 지역에서 개굴이라고 통하는 바위굴이 조금 다른 종이고, 한반도의 흔한 굴은 모두 태평양굴Pacific Oyster로 분류되는 참굴종이다. 최근 고급 레스토랑 등에서 주로 쓰는 3배체굴[1]도 마찬가지로 태평양 참굴이다.

굴 맛의 차이는 그렇다면 어디서 비롯되는가. 몇 가지 속설을 되짚어서 굴 맛의 차이를 알아보았다. 우선 굴의 속살을 열면 딱 보이는 외투엽[2] 가장자리에 드러나는 까만 테가 선명한 것이 맛있다는 속설은 사실과 다르다. 베이지색, 또는 갈색인 굴도 맛의 차이가 없다고 한다. 국립수산과학원의 강정하 박사는 2013년에 검은 테가 선명한 굴을 육종한 당사자이지만, 맛 때문에 검은 테를 선별한 것은 아니었다. "굴의 유전자를 분석해 보면 발현 유전자

1
세 쌍의 염색체를 가져서 번식을 하지 않는 까닭에, 사시사철 먹을 수 있는 굴을 말한다. 일반적인 굴은 염색체가 두 쌍이며, 여름철에 산란하면 살이 쪼그라들고 맛이 떨어진다.

2
外套葉, 굴이 물을 빨아 들이는 부위로 산지에서는 날감지라고 부르기도 한다.

1~2개 정도가 관여해서 검은 테가 나타납니다. 환경의 영향으로 이 테가 형성된다고 볼 수는 없어요. 다만 소비자들이 검은 테가 선명한 굴이 신선하다고 받아들이기에 생산자도 검은 테가 짙게 나타나는 굴을 선호합니다."라고 자신의 연구 결과를 소개했다. 굴 껍테기가 검은색이면 속살에 검은테가 있다는 어민들 사이의 속설은 맞다. 강 박사가 그 연관성을 규명했다.

위도와 수온에 따라 맛이 다르다는 속설은 타당성이 있다. 굴은 수온이 10도일 때 시간당 0.4리터, 25도일 때 시간당 1리터 정도의 바닷물을 여과한다. 국립수산과학원 서해수산연구소의 황인준 박사에 따르면 굴은 임계 수온인 30도까지는 온도가 높을수록 많이 먹는다. 남해와 서해의 수온과 조수 간만 차에 따라 서해 굴이 해수면 밖으로 노출되는 시간까지 고려하면 남해 굴과 서해 굴이 하루에 여과하는 바닷물, 즉 먹을 수 있는 플랑크톤 양의 차이는 유의미하다. 하루 종일 왕성하게 풍족히 먹은 굴과, 제한된 시간 동안에 상대적으로 매우 적은 양을 먹은 굴은 생장 속도부터 상이하다고 유추할 수 있다. 물론 굴이 먹는 물의 성질도 다르다. 남해는 맑고 서해는 펄이 섞여서 탁하니 굴의 먹이 성분도 차이가 난다.

굴을 남해와 서해로 크게 나누었지만 같은 남해에서도 환경에 따라 굴의 맛은 확확 달라진다. 예를 들어 통영에서 서쪽으로 더 치우친 고흥 굴은 같은 수하식이라도 찌릿한 향이 더 강하다. 서해에서도 북쪽으로 올라갈수록 향이 점점 강해진다. 군사 분계선과 면한 연평도 아래의 덕적도 굴은 맛이 꽤 쨍했다. 그러다 보니 굴 귀신으로 통하는 식당 주인이나 탐식가들은 저마다 특정 산지를 찍어 놓고 그 굴만 고집한다.

섬진강 유역에서 나는 벚굴은 환경에 따라 변하는 굴 맛의 극단적인 예다. 굴 유생이 강 하구까지 올라와 강바닥의 바위에 붙어 자라는데 거인 발자국만큼 자랄 정도로 쑥쑥 커진다. 겨울을 지내고 벚꽃잎이 날릴 때 먹는 굴이다. 계

바다의 꿀, 굴

절을 가리지 않고 먹는 굴도 있다. 충청남도 태안, 서천 등지에서 양식하는 오솔레굴이나, 통영의 3배체굴인 스텔라 마리스는 산란을 통제해서 여름에도 안전하다.

동해에서는 굴이 나지 않는다고 알고들 있지만 잘못된 상식이다. 고성군 등 동해 해수면 아래서도 굴이 바위에 붙어 자란다. 남해의 외딴 섬 앞바다에서 딴 야생 굴도 마찬가지다. 사시사철 바다에 잠겨 길게는 10년 이상을 자라니 덩치도 무척 크다. 보통 성인 남자의 주먹만 하다. 잠수종을 쓴 머구리가 바다에 들어가서 딴다.

굴튀김부터 생굴까지,
어떻게 먹어도 맛있다

굴을 먹는 방법이야 다양하다. 일본의 소설가 무라카미 하루키村上春樹가 글쓰기의 고독에 대해 이야기할 때도, 좋아하는 것을 쓰는 일에 대해 이야기할 때도, 항상 예로 등장하는 바삭한 굴튀김은 생맥주와 영혼의 짝꿍인 겨울철의 단골 안주다.

수분이 많아서 촉촉하며, 맛은 달고 고소한 통영 굴이라면 가열하는 굴 요리가 제격이다. 굴국, 굴밥, 굴튀김 등 익혀 먹는 요리에서 특유의 부드러운 맛이 잘 산다. 껍질을 까지 않은 채 그대로 한 김 쪄서, 입을 슬쩍 열 때에 살을 빼먹으면 부드러운 향이 일품이다. 풍미가 크리미해서 크림을 베이스로 하는 서양 요리에도 잘 맞는다. 모차렐라Mozzarella 치즈를 얹어서 굽는 피자나 그라탱과 어울린다.

단단하고 향이 깊은 서해 쪽 굴은 차가운 요리에 더 맞는다. 싱싱한 향 채소와 함께 갖은 양념에 살살 무쳐도 굴의 향이 강해서 서로 조화를 이룬다. 수분이 적어 깍두기나 겉절이 김치에 넣기에도 적당하다. 김치가 익는 동안 꼬들꼬들하게 잘 절여진 탱글탱글한 굴도 입맛을 돋운다. 동해에서 오징어를, 제주도에서 전복이나 자리돔을 물회 재료로 사용하듯이, 태안반도 쪽 식당에서는 굴로 물회를 즐겨 낸다. 겨울은 갔는데 굴이 그리울 때면 매콤하게 무친 서산 어리굴젓, 새카맣게 삭힌 고흥 진석화젓의 중후한 맛이 아쉬움을 달래 준다.

그러나 굴을 가장 맛있게 먹는 방법은 무어라 해도 생으로 먹는 것이다. 극단적으로 말하자면, 바닷가 갯바위에서 갓 쪼아 낸 굴을 차가운 바닷물에 한 번 헹구어 먹어야 가장 맛있다. 그 다음은 싱싱한 각굴 껍데기를 바로 따 소금물에 가볍게 헹구어서 먹는 것이고, 누군가 따서 헹구어 내준 반각굴이 뒤를 잇는다. 그대로 먹기가 심심할 때는 레몬즙이나 라임즙, 와인 식초, 셰리 식초, 발사믹 식초, 핫 소스 등을 조금 쳐서 신맛과 붙여 놓으면 매우 잘 어울린다. 와인 중에서는 드라이한 샴페인Champagne이나 샤블리Chablis와 궁합이 아주 좋다. 굳이 초고추장으로 굴 향을 뒤덮지 않더라도 굴을 먹는 법은 많다. 초고추장을 푹 찍어 먹는 굴은 그 나름의 맛이 익숙하지만 말이다. 굴을 맛있게 먹겠다고 작정했다면 수돗물에 박박 씻어 보자. 향이 다 빠지고 물컹한 질감만 남으니 먹을 것은 못된다. 농담이니 따라 하지는 마시라.

바다의 꿀, 굴

3

청아하다, 과메기

게으른 것이 도시 비둘기만의 일은 아니었다. 구룡포 갈매기도 일삼아 게을렀다. 갈매기들은 찬 바람이 사방에서 불어닥치는 바닷가에 무리 지어 있다가 사람을 보면 달려들었다. 포항시청의 집계에 따르면 전국 생산량 90퍼센트에 달하는 과메기를 겨울철 이곳에서 말려 낸다. 온 동네 갈매기가 놀고 먹고도 남는다. 과메기 재료인 꽁치며 청어를 손질하고 나온 대가리와 뼈, 내장을 사람이 해변에 흩뿌려 주면 그것을 받아 먹느라 갈매기도 신이 난다.

경상북도 포항시에 속한 구룡포읍은 한반도 엉치에 불쑥 튀어나온 꼬리 부분의 남쪽을 차지한다. 꼬리 끝인 호미곶은 해돋이 명소로 이름을 날리고, 구룡포는 과메기로 이름을 날린다. 해안 도로를 따라 온통 과메기 덕장들이 늘어선 동네다. 생선의 기름 향이 바람에 실려 떠다닐 정도다. 포항구룡포과메기사업협동조합에 가입한 생산 업체만 220곳에 달한다. 구룡포, 장기, 대보, 호미곶 일원의 조합에 가입하지 않은 소규모 덕장들까지 세면 400여곳 이상이다. 포항 지역에서 전국 과메기 생산량의 90퍼센트를 차지하고, 다시 그중 80퍼센트의 생산자가 구룡포에 집중되어 있다. 과메기에 딸려서 팔리는 미역, 김, 쌈채소 등 부재료뿐 아니라 배송 물류비, 고용 인건비, 과메기 전문 식당의 매출까지, 경제적 파급 효과가 3,628억 원(2010년 기준)에 이른다고 조합에서 추산할 정도로 어마어마한 시장이다.

새삼스럽기는 하다. 언제부터 과메기를 그렇게 먹었다고 말이다. 과메기가 전국구 음식이 된 것은 생각보다 오래되지 않았다. 지역 전통 음식으로 대접을 받던 과메기를 전국 곳곳에서 쉽게 접하게 된 것은 길게 보아도 20여 년 전부터다. 2007년에 포항의 구룡포가 과메기산업특구로 지정된 후로 포항시가 대대적인 홍보에 나서면서 과메기는 한층 더 폭발적으로 인기를 끌게 되었다. 노량진수산시장에서 건어물을 전문으로 다루는 행복상회의 서혁수 대표는 계절 별미로 과메기를 찾는 이들이 10여 년 전부터 늘었다고 기억한다.

구룡포에서는 겨울이면 과메기 작업을 하느라 집집마다 여념이 없다. 대륙에서부터 찬 기운을 실어나르는 북서풍은 포항만 앞을 지나며 다시 바다의 염분을 머금고 구룡포 땅에 당도한다. 스코틀랜드 서쪽 아일레이Islay섬의 아드벡Ardbeg, 라프로익Laphroaig과 같은 싱글 몰트 위스키들이 짭짤한 바다 향을 머금듯이, 구룡포의 과메기도 바람 속 염분 덕분에 절로 간이 되고 향이 밴다.

과메기의 원료는 크게 꽁치와 청어인데, 꽁치는 북태평양에서 잡는 원양산이 연안산보다 살이 통통하고 공급도 안정적이다. 청어는 5톤급의 작은 어선들이 연근해에서 잡는데, 공급이 들쭉날쭉해서 물량을 조절할 수밖에 없다. 포항구룡포과메기사업협동조합의 김영헌 씨에 따르면 덕장들은 대부분 원양산 꽁치1, 연안산 청어를 사용한다.

꽁치나 청어나, 과메기로 말리는 방법이야 다를 것이 없다. 볕에 잠시 내놓아 수분을 날린 다음, 그늘에서 해풍에 말리는 것이 공통된 정석이다. 비

> 1
> 꽁치의 공급이 불안정할 때는 대만산을 일부 사용하기도 하는데, 대만 어선이 북태평양에서 잡은 것이라 같은 꽁치나 마찬가지다.

나 이슬을 맞아도 안 되고 볕에 너무 오래 내놓아도 안 된다. 덕장에는 천막 또는 조립식 건물을 세워 그늘을 만든다. 날씨에 따라서 바람이 부족하면 선풍기를 켜 주고, 날이 계속 습하면 난로를 때서 선풍기 바람을 덥히거나 제습기를 동원한다. 날씨가 숙성시키는 음식이다 보니 환경을 맞추는 데 세심히 신경을 기울여야만 한다.

전통 방식인 '통마리'는 지느러미 하나 건드리지 않고 짚으로 둘둘 엮어 처마 밑 또는 부엌 부뚜막 옆 창가에 걸어서 말린다. 토박이들이야 평생 먹어서 익숙하지만 외지인들에게는 홍어 못지않은 경외의 대상이다. 대가리와 내장에서 나오는 특유의 향이 있고, 상대적으로 기름이 덜 새어 나와서 온몸이 기름에 촉촉이 재워져 있다. 김영헌 씨의 말로는 "물컹거릴 정도로 촉촉하고, 건조 과

정에서 비린 향이 제거된 담백한 맛이 일품"이다. 기온이 뚝 떨어지는 12월에 건조하기 시작해서 짧게는 15일에서 길게는 한 달까지 말려야 완성된다.

하지만 현재 우리가 일반적으로 먹는 과메기는 포를 떠서 말린 것이다. '배지기' 또는 '편과메기'라고 부른다. 포를 뜨는 방법에 따라 배지기도 '두발걸이'와 '네발걸이'로 나뉘는데, 네발걸이가 압도적으로 널리 쓰인다. 말렸을 때 모양새가 깔끔한 덕이다. 칼이 네 번 들어가서 뼈와 잔가시를 발라내기 때문에 네발걸이라고 부른다. 두발걸이는 칼을 두 번만 넣어 배 쪽의 잔가시까지 제거하는 방법이어서, 아무래도 뼈에 붙은 살이 좀 더 많이 파인다.

재미있는 사실은 이 배지기 과메기가 고작 20여 년 전에 처음 발명되었다는 것이다. 한술 더 떠 발명자가 누구인지 여전히 의견이 분분하다는 점도 흥미롭다. 김영헌 씨도 원조를 가리기 애매하다는 입장이다. 뱃사람들이 꽁치 배를 가르고 갑판에 던져 두었다가 먹었더니 맛이 좋아서 발명되었다는 설도 있고, 그렇게 말린 것을 구룡포 어시장 상인이 받아서 먹었더니 맛이 좋아 따라하다가 상품화가 되었다는 얘기도 있다. 또 과메기 생산자인 갯바위수산의 박명자 씨에 따르면 "외지 사람들이 손질해 먹을 줄 모르고 뼈가 거추장스러워 곤란해하니 그에 맞추어서 먹기 편하게 만들다가" 생긴 건조 방식이라고도 한다.

통마리 과메기는 내장과 머리를 잘라 내고 껍질을 벗겨 뼈까지 다 골라내야 하니 감당이 쉽지 않다. 또한 배지기가 '겨울 별미' 과메기 대량 생산에 더 걸맞은 방법이라는 점도 확실하다. 꽁치는 3~4일이면 건조되며, 덩치가 더 큰 청어도 1주일 정도면 다 마른다. 살점만 발라내서 말리기 때문이다. 통마리에 비하면 기름이 덜한 축이지만, 배지기만 해도 충분히 기름지다. 배지기를 말릴 때 건조대 아래에 기름 받이를 두지 않으면 난리가 날 정도로 흐르다시피 기름이 빠져나온다. 그동안은 대나무 대에 과메기를 널어서 말렸지만 기름 세척이 쉽지 않은 탓에 비위생적이라는 인식이 생기면서 세척이 쉬운 스테인리스 재질로 바꾸는 추세다.

과메기 얘기에 항상 따라다니는 것이 꽁치와 청어의 논란이다. 꽁치는 해방 후 청어가 잡히지 않아서 나온 '짝퉁'이라는 것이 이른바 과메기 미식가들이 거들먹거리는 화제 1호다. 결론부터 말하자면 다 쓸데없는 소리다. 전통을 따지며 가르치려 들기에는 꽁치와 청어 문제가 옳고 그름이 아니라, 그저 맛의 차이에 불과하기 때문이다.

이규경의 『오주연문장전산고五州衍文長箋散稿』 같은 옛 문헌들을 보면 하나같이 청어 과메기가 먼저이기는 하다. 1960년대 이후로 청어가 동해를 떠난 것은 실질적 사실이니 그때부터 청어 과메기가 귀해지기도 했을 것이다. 그러나 청어를 대체한 꽁치가 과메기의 대세까지 차지한 것은 꽁치가 해낸 일이다. 꽁치가 청어 못지않게 맛이 좋았던 까닭에 가능했다. 심지어 몇 해 전부터는 포항, 영덕 언저리에 청어가 돌아와서 청어 과메기가 다시 생산되기 시작했지만 여전히 꽁치가 과메기의 주류다.

잘 말린 과메기라면 청아한 기름향이 난다. 비리거나 쿰쿰한 과메기는 그저 불완전하게 숙성되어 망친 맛일 뿐이다. 생선의 기름 향이라고 믿기 힘든 이 청아함은 오히려 올리브처럼 기름진 과실에서 풍기는 향에 가깝다. 꽁치의 향은 구수함이 강하고, 맛이 좀 더 자극적이다. 청어는 꽁치에 비해 향이 맑고 담백하다. 이제 둘 다 구하기 쉽게 되었으니 취향에 따라 골라 먹으면 된다.

미식가들이 신경 쓸 일은 맛있게 먹는 방법뿐이다. 산지에서 과메기를 내보내는 방식은 세 종류다. 먼저 말린 그대로 포장지에 둘둘 말아 보냈다면 껍질부터 까먹어야 한다. 산지 사람들은 머리 쪽 끄트머리를 살짝 쥐고 껍질을 벗긴다. 셀로판 테이프처럼 얇은 껍질만 싹 벗겨진다. 꼬리 끝은 잘라서 버린다. 반대 방향에서 꼬리의 살 끝에 있는 껍질 틈으로 손톱을 넣어 뜯어도 쉽게 벗겨진다. 번거롭지만 아무래도 갓 껍질을 벗겨낸 것이 더 맛이 좋다. 산지의 품이 덜

드는 만큼 가장 저렴하게 먹는 방법이기도 하다. 갯바위수산의 강승우 대표는 이렇게 껍질을 뜯어낸 후 켜켜이 쌓아 두었다가 먹으면 기름기가 퍼져서 맛이 더 좋아진다고도 한다.

손에 기름을 묻혀 가며 껍질을 벗기는 것이 누구에게나 내키는 일은 아니다. 그런 이들을 위해 껍질을 손질해서 올리는 곳들도 많다. 약간의 삯이 보태진다. 아예 손질을 다 마쳐서 먹기 좋은 크기로 자르거나 뜯어, 각종 채소와 해조류에 초장까지 일습을 포장해 보내는 세트도 어느 덕장에서나 마련해 두었다. 돌미역, 물미역, 다시마 등 해조류와 궁합이 좋으며, 김의 향도 과메기와 잘 어우러진다. 쪽파, 마늘종, 실파, 미나리, 깻잎처럼 향이 강한 채소류와 같이 쌈을 싸도 과메기 향은 기죽지 않으며, 생마늘을 곁들여도 좋다. 과메기쌈에는 항상 초장이 따라다니는데 대신에 쿰쿰하게 묵은지를 곁들여도 어울린다. 경상도식 삭힌 콩잎지와도 잘 어울린다. 구룡포 사람들은 밥상에도 과메기를 올려서 김장 김치와 함께 먹는 상차림이 평생 익숙하다.

4

꽉 찬 겨울, 꼬막

새꼬막은 가장 흔한데다 저렴하다. 시장에서 꼬막이라고 부르는 것은 다 새꼬막이라고 보면 된다.

겨우내 엄마가 차려 준 밥상에 올라온 꼬막무침은 언제나 반가운 반찬이었다. 술자리에서 안주로 데친 꼬막을 처음 먹었을 때는 어른이 되었다는 표식을 받은 듯했다. 슬쩍 데쳐서 김이 피어오르는 이 꼬막은 엄마의 반찬과 달리, 전혀 다정하지 않았다. 커다란 접시에 입을 꾹 다문 꼬막 한 무더기가 그득했다. 누군가가 거들먹거리며 숟가락 끝을 꼬막의 두툼한 엉덩이에 집어 넣어 비틀어서 까는 기술을 전수해 주었고, 그날 밤 어린 술꾼들은 취할 새도 없이 난생처음 그 낯선 것의 껍질을 일일이 까야 했다. 어설픈 손길에 쉽사리 열릴 만큼 꼬막은 만만하지 않았다. 누군가의 보살핌이 없이 혼자서는 꼬막 한 알을 입에 넣기가 참 어렵다. 꼬막이 알려 준 불편은 먹먹했다. 다정한 울타리 바깥의 세상이 깡마른 겨울처럼 삭막하다는 것을 그렇게 알았다. 그래도 그렇게 스스로 갓 깐 꼬막이 더 맛있다는 사실도 배웠다.

　겨울부터 봄까지 갯벌에서는 꼬막이 발에 채인다. 원래 꼬막이라고 부르는 꼬막조개는 오로지 참꼬막이다. 17~18개의 골이 깊이 파였는데 이 방사륵放射肋은 점선처럼 이어지는 것이 특징이다. 생김새를 물끄러미 들여다보면 딱 한옥의 기왓장이 떠오를 정도로 매끈하다. 물이 드나드는 조간대와 수심 10미터 사이의 펄에 콕 박혀서 사는 조개다.

　피꼬막은 체급부터 다르다. 참꼬막과 새꼬막이 아무리 커도 몸 길이가 4센티미터 정도인 데 비해, 피꼬막은 작으면 4센티미터고 크면 나무꾼 주먹만 할 정도로 자란다. 덩치에 걸맞게 수심 50미터에서도 잘 산다. 42줄 내외의 방사륵이 파였고, 가까이서 보면 마치 가시가 돋아난 듯이 털이 무성하다. 피꼬막은 큰피조개라고도 부르는데, 대개 시장에서 피조개라고 한다.

　그런데 정작 피조개는 새꼬막의 다른 이름이다. 시장에서 그냥 꼬막이라고 하면 바로 새꼬막이다. 가장 흔하고 싼 꼬막조개다. 체급도 사는 곳도 꼬막과 비슷하지만 방사륵이 두 배 가까이 많아서 속거나 헷갈릴 일은 없다. 새꼬막은

골이 깊고 명확한 참꼬막은 피꼬막, 새꼬막과 달리 패주에 가시 같은 털이 없어서 미끈하다.
참꼬막은 새꼬막에 비해 살집이 작은 편이다.

보통 31~36줄의 방사륵이 촘촘하다. 피꼬막처럼 가시 같은 털이 돋았다. 삶으면 내장이 밀크 초콜릿 색으로 비친다.

흔히 참꼬막이 더 맛있고 새꼬막은 그보다 덜하다고 여기기도 하지만, 꼭 그렇지는 않다. 참꼬막은 육질이 단단해서 쫄깃하게 씹는 맛이 좋은 반면에 살집은 적어서 아쉽다. 첫맛은 찌릿한데 씹을수록 단맛이 배어난다. 꼬막류는 체액에 적혈구가 있어서 피처럼 붉은색을 띠며, 특히 참꼬막은 삶으면 다크 초콜릿처럼 새카맣게 멍울지는 핏물이 특징이다. 맛이 달달하고 깔끔한 새꼬막은 살집이 도톰하고 야들야들해서 그 부드러운 맛에 먹는다. 상대적으로 소출이 적은 참꼬막과 흔하디 흔한 새꼬막의 가격 차이가 크게는 서너 배까지 나지만 언제나 그렇듯 비싼 것이 더 맛있다고 단언할 수는 없다.

피꼬막 역시 새꼬막보다 훨씬 높은 몸값을 자랑하는데, 심지어 이것이 일본으로 수출되면 고급 식재료로 여겨져서 더 좋은 대접을 받는다. 초밥 재료 중 고급 부류에 속하는 아카가이赤貝, あかがい가 바로 이 피꼬막이다. 살 부분을 반으로 갈라 내장을 제거하고 쓰는데, 날개살을 따로 손질해 초밥 재료로 올리기도 한다. 이때 피꼬막 날개살은 히모ヒモ라고 부른다. 한국에서는 회로 먹거나, 삶아 먹는다.

꼬막을 맛있게 먹는 방법은 셋 중 하나요, 결국 하나다. 데치거나 삶거나 찐다. 아무튼 가볍게 익히는 것이 포인트다. 스테이크로 치면 레어Rare에서 미디엄 레어Medium Rare 정도로 익히면 알맞다. 이렇게 슬쩍 익힌 꼬막은 껍질을 까서 그대로 호로록 먹으면 된다. 까기가 수고스럽기는 하지만 자연스럽게 짠맛이 배어서 다른 간도 필요 없이 입에 짝짝 붙는다. '입질의 추억'이라는 블로그를 운영하는 어류 칼럼니스트 김지민 씨는 증기로 찌는 방법을 최고로 친다. 무엇보다도 꼬막의 육즙 한 방울까지 놓치지 않는 까닭이다. 거기에 간장과 고춧가루, 참기름, 다진 마늘, 쪽파 썬 것을 섞은 양념장을 얹을지 말지는 어디까

큼직한 덩치 속에 새빨간 피가 차 있는 피꼬막은 일식에서 고급 식재료로 사용하는 조개 종류다.

지나 선택인데, 김지민 씨는 여기서 고춧가루를 빼고 간장과 다진 마늘, 다진 파에 설탕을 살짝 넣어 양념장을 만들어도 꼬막과 잘 어울린다고 귀띔한다.

서울 마포구 목포낙지·대물상회의 최문갑 대표는 솥에 물을 끓이다가 미지근한 온도쯤에서 꼬막을 넣고 한 방향으로 돌려 저으며 삶는다. 중구난방으로 저으면 꼬막에서 나온 지저분한 것들이 다시 섞인다. 팔팔 끓을 때 넣지 않는 이유는 지나치게 뜨거운 온도로 삶으면 맛이 덜해서다. 꼬막은 익혀도 다른 조개처럼 껍데기가 180도로 활짝 벌어지지 않아서, 몇 밀리미터만 입이 열려도 익은 것이다. 새꼬막이나 참꼬막은 한두 알만 입을 열어도 나머지까지 다 익었다 치고 건지면 된다. 피꼬막은 절반쯤 벌어지므로 익은 정도를 가늠하기 쉽다.

서울 영등포구 쿠마의 김민성 대표도 꼬막을 한 방향으로만 저어 가며 데치듯 삶는다. 뜨거운 물에 넣고 속으로 10을 세며 딱 10바퀴를 돌리고 빼내면 딱 알맞게 익은 상태다. 이렇게 먹을 때는 보드라운 새꼬막이 무엇보다도 잘 어울린다.

꼬막은 서양 요리에도 두루 쓰이는데, 가정에서는 파스타를 만들어도 맛이 각별하다. 조개가 들어가는 모든 파스타에 꼬막 살을 대신 넣으면 바다의 구수한 맛이 한층 더 깊어진다. 여기에 그라나 파다노 Grana Padano 치즈를 갈아서 올리면 감칠맛과 고소함이 펑펑 터진다.

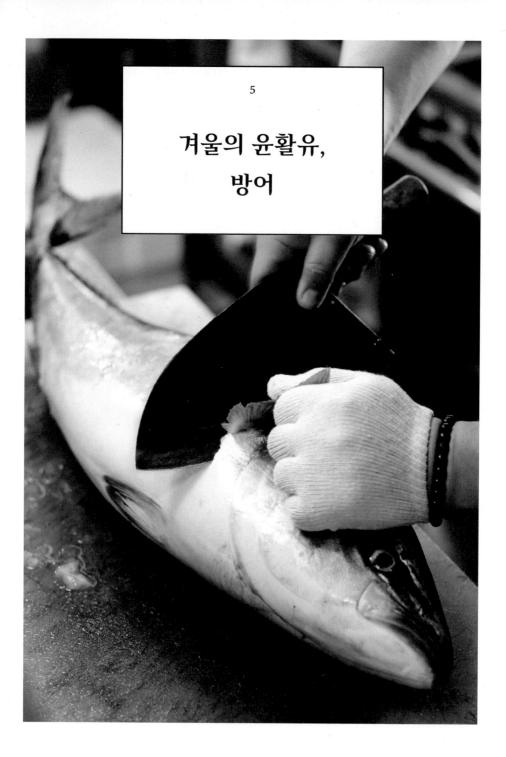

5

겨울의 윤활유,
방어

낚시꾼 사이에서 '미사일'로 불리는 생선이 있다. 무사히 다 자라면 몸 길이가 1미터를 훌쩍 넘는 방어를 두고 하는 말이다. 그 큰 몸이 온통 단단한 근육질이다. 미사일처럼 빠르고 힘이 거세다. 강태공들은 그 억센 손맛을 예찬하는 의미로 미사일이라는 별명을 붙였다. 말하자면 겨울은 미사일 낚시가 재미있는 계절이다.

이동 거리를 놓고 보면 장거리 미사일이다. 방어는 회유 어종이다. 동해안 찬 물에서 지내다 겨울이 되면 따뜻한 남해안으로 휴가를 떠난다. 방어는 정어리나 오징어 등 만만한 바다 생물을 닥치는 대로 먹으며 쑥쑥 자라는 육식 어종인데, 산란기에는 온 몸에 기름이 가득 차오른다. 그래서 겨울이고, 제주도다. 겨울의 제주도 방어는 빼놓을 수 없는 계절 별미였다. 과거형인 이유는 바다의 사정과 관계가 있다. 최근 몇 년간 수온이 예년보다 높아지자 강원도에 올라갔던 방어들이 제주도로 회유할 필요를 못 느낀 것 같다. 제주도의 방어 어획량은 눈에 띄게 줄었고 동해안의 대진, 속초, 포항 등에서 크게 늘었다. 몇 해 전에는 제주도 모슬포에서 열린 방어 축제를 대비해 모자란 방어 물량을 강원도에서 마련해 갔다는 소문이 유통업자들 사이에 돌기도 했다.

바다의 시간은 음력으로 흐르는 탓에 음력이 빠른 해에는 방어 철도 이르다. 어느 해에는 10월부터도 방어가 나오는 것은 이런 까닭이다. 노량진수산시장 29번 중매인인 청해수산의 노재민 대표는 활어와 선어만 전문으로 취급하는데 겨울의 주요 품목은 역시나 방어다. "강원도에서 11월까지 나오고 그 후 제주도, 추자도 해역에서 많이 나옵니다."

생선의 값은 맛에 비례한다. 또한 방어는 크면 클수록 맛이 좋다. 먹으면

◀ 길이 90센티미터, 무게 10킬로그램짜리 대방어가 해체를 위해 도마 위에 올랐다.

먹는 대로 한창 몸집을 불리는 성장기의 방어보다는 성장을 마치고 살이 오르는 방어가 맛있는 것이 당연한 이치다. 노량진수산시장에서는 3~5킬로그램을 소방어, 5~8킬로그램을 중방어, 10킬로그램 이상을 대방어로 치는데 단가 차이가 상당하다. 중방어가 소방어의 두 배 이상, 대방어는 그 서너 배로 체급에 따라 단가가 획획 뛴다. 중방어와 대방어 사이의 8~10킬로그램은 유보적인 구간이다. 그날 시장에 풀린 방어의 크기에 따라 중방어가 되기도 하고 대방어로 치기도 한다. 10킬로그램 넘는 방어가 적게 들어오는 날은 8킬로그램부터도 대방어로 쳐준다. 10킬로그램이면 몸길이가 90센티미터~1미터다.

5킬로그램일 때 파는 것보다 10킬로그램일 때 파는 것이 월등히 남는 장사이다 보니, 덜 자란 방어를 저렴하게 거두어 가두리에서 마저 키워 10킬로그램이 되면 출하하는 일도 흔하다. 물량이 많은 날에도 일부는 가두리에 넣어 두었다가 시기를 보아서 푸는 경우가 있다. 가두리에 두고 사료를 먹이지만 탄생부터 판매까지 책임지는 것이 아니니, 이 경우에는 양식이라기보다는 축양이다. 맛을 좋게 하려고 사료 대신 정어리를 잡아다 먹이는 어민도 있는데 시장에서 그 노력이 구분되기는 힘들다. 어시장에서 가장 높은 대우를 받는 방어는 비늘 하나 떨어진 곳 없이 몸체가 깨끗하며 그날 잡아 올려서 바로 들어온 10킬로그램 이상의 대방어다.

방어 하면 무엇이라고 해도 역시 회다. 몸 길이가 1미터를 넘기는 멋들어진 대방어쯤 되면 소나 돼지처럼 부위별로 맛을 구분해서 먹는 즐거움도 있다. 방어를 해체하는 사람마다 부위들을 가르는 방법은 다르다. 일단 가슴과 배 부분에서 위는 등살, 아래는 다시 배 안 쪽을 대뱃살배꼽살, 겉 쪽을 중뱃살로 가른다. 뒤 토막은 모두 꼬릿살이다. 거기에 턱 아래의 두툼한 가마살과 볼에 붙은 살을 베어 낸 볼살까지 있다. 뱃살과 등살 사이의 검붉은 살을 썰어서 사잇살이라고 구분하는 집도 많다.

방어의 뱃살은 사람의 그것과는 달리 어디서나 좋은 대접을 받는다.
붉은 부분이 중뱃살, 흰 부분은 대뱃살로 한 번 더 나뉜다.

오른쪽 사진에서도 짐작할 수 있듯이 방어는 부위마다 맛이 다르다. 가마살, 대뱃살, 등살, 중뱃살, 턱살, 꼬릿살 순으로 색이 짙어진다. 어느 부위라도 지방은 흰살생선보다 풍부하다. 가장 지방이 적은 꼬릿살을 먹어도 입술에 기름이 돌 정도다. 특히 대뱃살의 마블링은 곡물을 먹여서 뚱뚱하게 키운 소의 새하얀 꽃등심 못지않게 자글자글하다.

부위별로 맛이 다르지만 숙성에 따라서도 맛이 크게 변한다. 대개의 횟집에서는 방어를 1~2시간 정도만 가볍게 숙성해서 쓴다. 거의 활어다. 이렇게 숙성하지 않은 방어는 신선한 기름 향과 사각거리는 질감이 일품이다. 갓 썰어 낸 방어에 맴도는 향기는 마치 싱그러운 과일 향 같다. 단단한 살은 부드럽게 풀어지면서도 치아에 기분 좋은 질감을 남긴다. 육질이 치밀한 사과를 베어 문 듯이 사각거린다.

반면에 숙성시킨 방어는 신선한 향을 잃더라도, 단백질이 변성되어 감칠맛과 고소한 맛은 한결 좋아진다. 사각거리는 대신에 숙성회 특유의 쫄깃하면서도 부드러운 식감이 나온다. 같은 대방어도 활어는 싱그러워 좋고 선어는 달달해 좋으니 선택은 사람 나름이고, 입맛 나름, 기분 나름이다.

방어회를 먹는 방법도 여러 가지다. 소금을 뿌려 먹으면 단맛이 도드라지고 간장과 고추냉이로 먹으면 감칠맛이 깔끔하게 떨어진다. 제주도에서는 김, 참기름에 무친 밥, 양념장, 묵은지와 함께 쌈으로 먹기도 한다. 고등어회를 먹는 방법과 같다. 이렇게 먹으면 물리지 않아서 끝없이 입에 들어간다. 소고기의 육사시미 같은 붉은 사잇살에는 소금과 참기름을 찍어도 잘 맞는다.

회를 뜨고 난 방어 대가리와 뼈는 국물을 내도 좋다. 기름기가 촬촬 흐르는 뽀얀 국물이 우러난다. 여기에 찹쌀을 풀어서 끓이면 구수한 어죽이 된다. 대구나 우럭으로 낸 맵싸하고 개운한 탕 국물과는 또 달라서 각별하다. 대가리는 소금을 듬뿍 쳐서 은근한 불에 오래 구워 먹어도 별미다.

몸체가 큰 대방어는 부위마다 맛과 생김새가 확연히 달라서 골라 먹는 재미가 있다.
왼쪽 위부터 시계 방향으로 가마살, 중뱃살, 대뱃살, 꼬릿살, 볼살, 등살이다.

방어는 등이 푸른빛이고 몸통은 은빛이며 볼에서 몸통으로 빠지는 노란 빛 옆줄이 특징이다. 같은 농어목 전갱이과의 친척인 부시리와 크기나 생김새가 빼다 박았는데 맛이 좋은 철은 정반대라 구분해야 한다. 방어의 배지느러미는 가슴지느러미와 거의 같은 일직선상에 자리하며, 부시리는 배지느러미가 훨씬 뒤쪽으로 치우쳤다. 위턱의 주상악골主上顎骨을 보면 방어는 직각으로 날카롭지만 부시리는 둥글다. 여기에 가을이 제철인 잿방어도 있다. 역시 농어목 전갱이과이지만 몸통이 새하얘서 구분하기 쉽다. 일본어의 흔적이 남은 생산지나 시장에서는 방어를 부리鰤,ブリ, 부시리를 히라스平政,ヒラス라고 부르기도 한다.

6

봄, 조개의 화양연화

봄 조개를 맛보지 않는 것은 봄을 낭비하는 일이다. 겨울과 여름의 조개 먹는 풍경만치 감성적인 드라마가 없는 대신에 봄의 조개는 맛, 오로지 맛이 있다. 사시사철 흔한 것이 조개여서 제철이 있나 싶다가도 봄 조개 맛을 보면 이래서 제철이구나 싶다. 겨우내 찬물에서 얌전히 몸을 사리다가 계절이 바뀌기 시작하면 산란을 준비하며 몸을 만드는 까닭이다. 그리하여 조가비 안에 오동통한 살을 채운 조개는 단맛도 가득하다. 단, 산란기에 접어들면 얘기가 달라진다. 몇몇 조개를 제외하고 늦봄과 여름 사이에 조개는 일제히 산란기에 들어서, 자칫 식중독을 일으키기도 한다. 가열해도 파괴되지 않는 독소가 있으니 이 시기에는 잘 가려 먹어야 한다. 대부분의 조개는 산란기가 곧 금어기여서 이때는 시장에 나오지 않으므로 크게 걱정하지 않아도 된다.

---

① 껍데기는 크지만 먹을 것은 별로 없는 키조개 ② 버버리 체크무늬의 명주조개 ③ 자글자글한 주름백합 ④ 날렵한 갈조개 ⑤ 초라한 민들조개(째복) ⑥ 〈비너스의 탄생〉에 등장한 가리비 ⑦⑧ 조개는 아니지만 조리법이 비슷해서 함께 먹기 좋은 사촌들인 소라와 전복 ⑨ 양식 진주담치와 구분되는 자연산 섭 ⑩ 서해안에서 모은 바지락 ⑪ 갈색 내지 회색을 띠는 참조개(속껍질이 희어서 붙은 다른 이름은 백합) ⑫ 분홍빛의 새조개 ⑬ 흰빛의 돌조개 ⑭ 국내산보다 훨씬 크고 넓적한 미얀마산 맛조개.

물고기는 재빨라서 맨손으로 잡기가 쉽지 않지만, 조개라는 녀석은 만만하기 짝이 없어서 고생대부터 인류의 요긴한 식량이었다. 지금도 종종 바닷가 동굴에서 발견되는 패총이 당시 인류가 벌였던 조개 잔치의 흔적이다. 조개야 펄만 파도 나오니 사냥이랄 것도 없이 자갈처럼 주워서 먹는다. 고생대 이후로 기나긴 시간이 흘렀지만, 인류는 여전히 이 만만한 사냥에 빠져서 여름 휴가철이면 바닷가마다 현대화된 조개 잔치를 연다. 쏙쏙 잡아내는 재미에 아이들이 신나다가 두둑한 소출이 쌓이면 어른들이 더 신나는 '조개잡이 체험'이다.

이렇게 변치 않는 사냥의 만만함과는 별개로, 조개는 진화가 잘된 생물이 아니다. 자웅 동체이거나, 성장하면서 성별을 바꾸기도 한다. 가장 흔한 조개는 껍데기가 두 개인 이매패류二枚貝類로 위아래 조가비가 단단한 근육을 이용해 붙들기와 여닫기를 하는데, 아무리 크기가 같아도 다른 조가비끼리는 도무지 닫히지 않는다는 점이 재미있다. 조개 체험할 때 한 마디 거들기 좋은 조개 상식이다.

조개가 기특한 이유는 환경의 동물이어서다. 조개는 바닷물을 빨아들여 영양소를 흡수한 후 다시 물을 뱉어 내며 사는데, 자리 잡은 곳에 따라 색과 모양이 다르다. 같은 바지락도 서쪽 펄에서 자라면 거무죽죽하고 남쪽 모래에서 자랐으면 누르스름하다. 물이 좋아야 밥도 맛있는 것처럼, 조개의 맛도 그 동네 물맛을 탄다. 환경에 따라 생김새는 물론 맛까지 다르다 보니 조금만 지역이 뒤섞여도 조개에 붙일 명찰은 대혼란에 빠진다.

대합은 개조로 부르기도 하는데 어느 지역에서는 크기가 큰 백합을 대합으로 부르는 경우도 있다. 또 북방 대합이라고 부르는 조개는 대합과는 좀 다른 웅피조개다. 맛조개는 죽합이라는 이름이 따로 붙었지만, 맛조개 중에서는 전혀 다르게 생긴 홍맛조개도 있다.

이름이 복잡하기로는 명주조개가 단연 으뜸이다. 지역마다 불리는 명칭만 그대로 늘어 놓아도 시 한 편이 될 정도다. 명주조개, 명지조개, 노랑조개, 갈

돌조개(위)는 서해안에서 흔한 조개다. 꼬막조개과에
속하는데 속살이 꼬막처럼 쫄깃하다. 명주조개(아래)는 단맛이
강해서 살을 발라 먹기 좋다.

새조개(위)는 겨울 한철에만 나오는 조개다.
주름백합(아래)은 활백합이라고도 부른다. 동해안에서는
민들조개라고 불리는 경우가 더 많다.

매조개, 갈미조개, 개량조개, 명주개량조개, 해방조개, 아오야기靑柳. あおやぎ, 바카가이バカがい ……. 명지조개는 낙동강 하구의 명지 삼각지에서 많이 나서 붙었으며, 노랑조개는 겉도 속도 노란빛을 띠어서고, 갈매조개는 조개가 내민 발 모양이 갈매기 부리를 닮아서 붙은 이름의 변형이다. 해방조개는 해방되던 해에 이상스레 많이 나서 붙었으며, 바카가이는 다른 조개들과 달리 평상시에 입을 벌리고 발을 내민 멍청한 모양을 놀리는 것인데, 한국말로 풀이하면 바보バカ 조개貝. かい가 된다. 경험 많은 어부도 자기 동네를 벗어나면 조개들의 생판 다른 이름 탓에 혼란스러울 수 있다. 그래서 조개의 이름은 산 데서 듣고 그것 하나 믿으면 차라리 속 편하다.

봄의 조개 잔치에는 대표적인 조개 몇 가지와 이름 몇 개만 알아도 전혀 지장이 없다. 대합, 백합, 모시조개, 바지락, 가리비, 꼬막, 홍합 정도가 조개의 기본편이요, 응용편은 왕우럭조개, 웅피조개, 명주조개, 새조개, 맛조개 정도다. 왕우럭조개는 코끼리조개, 말조개, 부채조개, 주걱조개, 껄구지라고도 부르는데 껍데기에 다 들어가지 못할 정도로 크고 길쭉한 수관水管이 특징이다. 웅피조개는 앞서 얘기했듯이 북방대합으로도 불리는데 우럭조개처럼 수관이 큼직하다. 명주조개는 국물을 내기에 적합하지 않아도 살을 먹기에는 마침맞다. 달달한 맛이 핑 도는 부드러운 육질이 일품이다. 서해안, 남해안에서도 흔하지만 동해안 바다 밑바닥에서 나는 것이 가장 달콤하다. 새조개는 얘기가 길어지니 뒤로 미루고 맛조개부터 말하자면 대나무처럼 길쭉하게 잘 생겨서 죽합이라고도 부르는데 깔끔한 단맛이 매력적이다. 조개가 사는 구멍 주변에 소금을 넣으면 뿅하고 고개를 내미는 것이 재미있어서 갯벌 체험에서 인기를 끌기도 한다.

몇몇 겨울 조개들은 본격적인 봄 조개철에 앞서서 분위기를 달군다. 빨간 피가 흥건한 피꼬막은 짜르르하게 쏘는 향에 단맛이 어우러진다. 그것과 껍데기는 비슷하지만 좀 더 작고 훨씬 흔한 꼬막은 속이 살짝 덜 익게 가볍게 데쳐

봄, 조개의
화양연화

서 하나씩 까먹다 보면 짠맛과 단맛의 절묘한 조화 탓에 손을 놓을 수 없다. 가리비는 큼직한 관자의 몰캉한 식감이 일품이다. 관자는 질깃해지기 특히 쉬우므로 강한 불에 잠시 넣었다 빼는 정도로 슬쩍 익혀야 맛있다.

새조개의 단맛은 청량하다. 바다 속에 우물이 있다면 거기서 퍼낸 물이 딱 이 맛일 것이다. 다시마 육수에 온갖 채소와 함께 데쳐 먹는 샤부샤부가 일반적인 조리법이지만 사실 생으로 먹어도 좋다. 내장을 빼내고 먹지만, 선도가 보장된다면 내장까지 한입에 해치울 수 있다. 녹진한 맛까지 닿는다. 목포낙지 · 대물상회의 최문갑 대표가 대개 식당에서 새조개 내장 맛을 보여 주지 않는 이유를 설명했다. "새조개는 해감이 까다롭습니다. 새조개는 부리[1]를 움직여서 뒤뚱뒤뚱 날아다니거든요. 기본적인 방법은 같지만 날아다니면서 펄을 뱉을 만한 공간이 있어야 해감이 돼요. 좁은 곳에 꽉 채워 두면 해감이 전혀 되지 않죠. 스트레스를 받으면 오히려 내장이 녹아 버려서 못 먹고요. 시간이 지나면 뱉었던 펄을 다시 집어 먹기도 해서 물도 자주 갈아 주어야 합니다. 손이 많이 가지만 맛은 최고죠."

1
실제로는 발이다.

조개는 어느 조개나 큰 것이 맛이 좋다. 특히 가열해 살을 먹을 때, 작은 것은 바르기 힘들고 짠맛만 나는 경우가 많다. 큰 것은 적절하게 가열하면 맛과 향이 풍부하며 육즙도 많아서 고급 식당일수록 큰 조개를 고집한다. 봄에는 통통한 명주조개와 칼조개, 웅피조개가 특히 좋다. 바지락 중 큰 것도 발라 먹는 보람이 있다. 같은 조개 중에서도 작은 조개는 따로 골라 육수를 내기에 적합하다. 바지락은 달달한 감칠맛이 일품이라 조개 육수를 만드는 데에 가장 널리 쓰인다. 백합 역시 높은 평가를 받는 육수용 조개인데, 바지락보다 좀 더 짭짤한 감칠맛을 낸다.

겨울 조개는 김 서린 찜솥에 둘러 앉는 그 푸근한 맛에 먹는다. 여름 조개

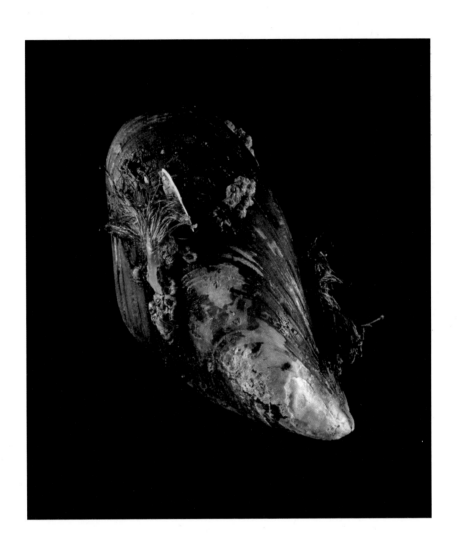

섭은 자연산 홍합이라고 따로 구분해서도 부르는데 크게 자라면
손바닥만 하다. 사실 겨울철 포장마차의 국물감으로 활약하는 홍합은
개항 후에 씨앗이 들어온 외래종 진주담치다.

는 마치 불꽃놀이처럼 타닥대며 불판 위에 굽는 요란한 맛에 먹는다. 양식산에 수입산 조개까지 지천이니 이렇듯 계절을 막론하고 조개 먹기가 쉬운 일이 되었어도, 봄 조개는 각별하다. 4월에 벚꽃이 피면 5월은 라일락이 피는 자연의 이치대로, 조개의 때가 봄이기 때문이다. 화양연화花樣年華라는 표현은 봄을 맞은 조개에게도 어울린다. 인간의 화양연화는 삶에서 가장 아름답고 행복한 순간이지만, 조개에게는 가장 달고 살찐 봄이 화양연화다.

손질에서 요리까지, 조개학 개론

조개는 고요해 보이지만 실상은 매우 요란한 동물이다. 가리비는 껍질을 꽥 열어 젖히기 일쑤고 대합이나 백합류 조개들은 물을 찍찍 쏘아 댄다. 바지락은 끊임없이 바시락거려서 바지락이고, 새조개는 숫제 날아다녀서 이름이 그러하다. 그래서 조개를 고르는 방법은 그 활발함을 기준 삼는 것이다. 대부분 시장이나 대형 마트에서 물 밖에 쌓아 놓고 팔지만, 껍데기를 손으로 슬쩍 건드렸을 때 발을 쏙 집어넣는 정도의 생명력은 있어야 신선한 조개다.

요즘에 조개는 대부분 해감이 된 채로 유통되지만 그래도 모래를 씹을 때가 있다. 바닷물 정도의 농도로 소금물을 맞추는데, 맛을 보았을 때 생리 식염수와 비슷하면 적당하다. 조개가 푹 잠길 정도로 물을 넉넉하게 잡아야 조개가 돌아다니기도 하면서 해감을 잘한다. 숟가락 같은 쇠붙이를 넣으면 조개가 쇳내를 맡고 모래를 토해 낸다.

물에 담근 조개는 검은 비닐봉지나 쿠킹 포일로 덮어서 어두운 환경을 만들어 주어야 더 활발히 움직이며 펄을 뻗어 낸다. 실온보다 약간 서늘한 곳에 1~2시간 두면 되는데, 냉장고는 너무 추워서 기절하거나 죽을 수 있으니 차라리 바람이 통하는 베란다가 낫다. 조개의 해감은 염도부터 밝기·온도까지 여러모로 바다와 같은 환경을 만들어 준다고 요약할 수 있는데, 유통 중에 잠자코 있던 조개들이 집에 온 줄 알고 활동을 시작해야 해감이 되기 때문이다. 용기 안에서 달그락거리는 소리와 물 쏘는 소리가 들리면 조개들이 안락하게 해감 중이라고 생각하면 된다.

조개를 가장 맛있게 먹는 방법은 간단하다. 싱싱하다는 전제하에 회로 먹을 때에 가장 맛이 좋고, 그 다음은 뜨거운 육수에 1~2초 정도 스치듯 익히는 샤부샤부다. 이어서 찌기, 삶기, 오븐에 굽기와 불에 바로 굽기의 순이다. 불이 덜 닿고 조리를 덜할수록 맛있다는 원리다. 조개의 단백질은 응고되면 단단해지기 십상이다. 게다가 수분이 많아서 익는 동안 물기가 빠지면 질겨진다. 조개를 쫄깃한 맛에 먹는다고도 하는데, 오래 익혀 소가죽처럼 질겨진 것과 쫄깃한 질감은 엄연히 다르다. 조개 요리는 치아에서 살짝 저항감이 느껴지는 정도의 부드러운 탄력을 지향해야 한다. 조개는 각종 찌개와 탕, 죽의 육수 재료로도 이용되는데, 육수용 조개와 살 발라낼 조개를 따로 조리하는 것이 좋다. 일반적으로 준비한 조개의 반 정도를 덜어 육수를 오래 뽑은 후 버리고, 나머지 절반은 조리 과정의 마지막에 따로 넣는다. 조개를 중간에 건져 내서 살은 발라 추린 후에 껍질로만 육수를 빼는 방법도 있다.

7

한국의 허브,
봄나물

무거운 코트와 패딩 점퍼를 세탁소로 보낼 무렵이면, 향기로운 푸른 기운은 언 땅을 뚫고 나온다. 비로소 봄이 왔다는 신호다. 봄 소식은 백반집 반찬으로도 찾아온다. 잘 묵은 시래기 대신에 싱그럽게 무친 새콤한 미나리가 자리를 차지하면 곧 봄이 오겠거니 한다. 추운 날씨에도 초록빛이 생생한 미나리는 시금치며 봄동과 함께 일찍 도착하는 봄의 전령이다.

이내 시장 어귀부터 새 계절의 미각을 깨우는 봄나물 향이 가득 차오른다. 한 해를 시작하는 이 새순들을 맛보면 이탈리아의 바질Basil이나 타이의 고수가 부럽지 않다. 이 강인한 향 속의 개성들 하나하나가 모두 한국의 허브다.

야생 머위 순을 살살 씹자 쌉쌀한 뒷맛이 툭 남았다. 더 자라 아기 손바닥만 한 머위 잎은 텁텁할 정도로 쓴 맛이 강하다. 녹기 시작한 땅을 갓 헤치고 나온 땅두릅 중에서 가장 부드러운 순을 입안에 물었더니 쌉쌀함이 퍼지다가 이내 단맛이 감돈다. 거문도의 고소한 쑥 향은 바닷바람과 봄바람이 만나는 듯하

봄나물만 모아도 산과 들의 풍경이 그려진다. 왼쪽 위부터
시계 방향으로 머위 순, 땅두릅, 쑥, 원추리, 은달래, 머위다.

다. 마늘 대를 닮은 원추리는 달콤한 수분이 아삭거리며 별사탕처럼 터지고, 은 달래는 생마늘을 씹은 것처럼 맵싸한 수분을 남긴다. 냉이와 씀바귀 뿌리는 달큰한 흙 내음이 싱그럽고, 그중에서도 씀바귀 뿌리는 정신이 확 들 정도로 쓰다. 울릉도의 부지깽이나물은 가볍고 새콤한 맛이 침샘을 자극하며, 전호나물은 미나리처럼 물이 많은 향채香菜여서 향이 유달리 진하다. 질감이 부드러운 세발나물은 짭짤한 향이 감돌아서 바닷가 출신임이 또렷이 드러난다.

계절에 따라 만날 수 있는 나물은 무궁무진하다. 이른 봄부터 냉이, 달래, 쑥을 위시해 돌나물, 취나물, 참나물, 머위, 원추리, 민들레, 유채나물, 방풍나물, 여러 종류의 두릅, 죽순, 풋마늘 대, 초부추, 봄동 등이 쏟아져 나온다. 봄나물은 겨울을 보내고 돋아난 새순을 먹는 것이어서 이 시기에는 향이 강한 야생의 나물이 다양하다. 여름부터 아욱과 근대가 나오는데 애호박, 가지, 오이처럼 익숙한 채소들도 제철을 맞으니 밥상에 나물이 빠질 새가 없다. 가을에는 고구마 순이나 토란대, 연근과 우엉, 마, 도라지, 더덕, 무 등이 풍성하다. 가장 먹을 것이 적은 겨울에도 나물만큼은 아쉬울 일이 없다. 가을걷이해 둔 무청과 배추 등으로 만든 시래기, 가을볕에 말려서 꼬들꼬들한 무말랭이며 호박고지, 가지고지, 그리고 배추 겉잎들을 삶아서 냉동하거나 염장한 우거지는 각각의 감칠맛이 독특하다. 늦겨울에 들어서면 얼갈이배추, 시금치와 겨울에 향이 가장 진한 미나리가 식탁에 푸른빛을 더한다. 물론 사시사철 나오는 콩나물과 숙주나물을 빠뜨리면 안 된다.

어디까지가 나물이고, 어디부터는 나물이 아닐까? 나물의 정의를 보면, 사람이 먹을 수 있는 풀이나 나뭇잎 따위가 모두 나물이다. 먹을 수 있다면 뿌리도 나물이다. 모든 채소가 나물인 셈이다. 그러나 식재료로서 나물을 정의할 때는 산이나 들 같은 야생의 식물 또는 야생에서 유래한 재배 식물을 가리키는 뉘앙스가 강하다. 사전은 나물의 예시로 고사리, 도라지, 두릅, 냉이를 든다. 또

나물을 삶거나 볶거나, 날것으로 양념해서 무친 요리를 통틀어 나물이라고 부르기도 한다. 이럴 때는 무나 당근 같은 뿌리 채소도 모두 나물이 된다.

그래 보아야 고기가 아닌 풀이다. 보잘것없는 푸성귀로 풍부한 맛을 추구하다 보니 먹는 방법도 다양하다. 해외에서 바질이나 고수를 다양한 방법으로 요리하듯이 한국의 봄나물 요리도 갖은 조리 방법이 발달되며 이어져 왔다.

봄나물은 뭐니 뭐니 해도 생으로 무칠 때 가장 향긋하다. 한국식 봄 샐러드다. 먹기 직전에 겉절이식으로 무치는데, 양념에 초를 더해서 새콤한 맛을 가미하면 특히 잘 어울린다. 산이 푸른빛을 우중충하게 변색시키기 때문에, 먹기 직전에 무쳐야 색이 살고 싱싱한 질감도 잃지 않는다. 나물은 자랄수록 맛이 독해지므로 최대한 어린 순을 골라서 무쳐야 한다.

식물은 존재를 이어가기 위해 독성을 품기도 하므로, 나물 중에는 독기를 빼기 위해 데치고서 무치는 것도 많다. 나물을 데칠 때는 소금으로 간한 끓는 물에 푸릇푸릇한 빛이 가시지 않게 재빨리 데쳐야 맛을 잃지 않는다. 특히 토란대나 죽순은 아린 맛이 있으므로 이런 전처리前處理가 필수다. 독성이 없는 나물도 데치면 억센 풋내가 사라지고 질감은 부드러워진다. 이렇게 데친 숙채熟菜의 양념은 선택의 여지가 많은데 매콤 달콤한 고추장, 구수한 된장, 감칠맛을 살리는 국간장, 아니면 깔끔하게 맛을 잡는 소금을 쓰기도 한다. 국간장을 베이스로 한 양념에는 두부를 으깨 뒤섞고 들깨 가루를 곁들여도 잘 어울린다.

볶아 먹는 조리법은 지용성 영양 성분이 많은 나물일 때 유용하다. 대표적인 지용성 비타민 식품인 당근은 기름에 볶을 때 가장 맛있다. 말린 묵으로 만든 묵나물도 물에 충분히 불린 후에, 오래 볶을수록 부드러워진다. 건조 과정에서 숙성된 말린 나물을 사용할 때는 참기름이나 들기름으로 구수한 맛을 강조하면 특히 잘 어울린다.

나물을 주인공으로 올려서 다양한 별미도 만들 수 있다. 향이 강한 나물은 바삭하게 튀기면 더욱 향긋하며 전으로 부치기도 좋다. 쑥국이나 쑥떡, 쑥버무리는 봄에 실컷 먹어 두어야 제맛인 계절 음식이다. 쑥을 손질해 냉동해 두면 사시사철 향을 즐길 수 있지만 해동한 쑥은 제철만큼 흥이 살지는 않는다. 밥에 나물 반찬을 올리고 강된장이나 고추장을 조금 얹어 삭삭 비비면 훌륭한 비빔밥, 밥을 지을 때 국간장으로 밑간한 나물을 볶아서 넣으면 나물밥, 이 밥을 죽처럼 쑤면 고소한 나물죽이 된다. 밥을 지어서 갖은 나물과 조물조물 뭉치면 주먹밥, 밥 안에 나물을 깔아 김밥을 말면 별미 격인 나물 김밥도 된다. 파스타에 어울리지 말라는 법도 없다. 올리브 오일 파스타에 바질 같은 허브 대신, 참나물이나 취나물처럼 생으로 먹어도 부드러운 향을 가진 나물을 얹어도 잘 어울리는 덕분이다.

오른쪽 위부터 시계 방향으로 전호나물, 세발나물, 씀바귀 뿌리, ▶
방풍나물, 냉이, 부지깽이나물이다.

8

옥수수의
혁신과 보수

2015년 무렵부터 주목받은 '사탕옥수수'는 설탕옥수수, 마약옥수수, 노란옥수수 등 여러 별명을 거쳐, 초당옥수수라는 이름에 안착해 매해 여름 꾸준히 인기를 끌고 있다. 이제 초당옥수수는 '제주도에서 여름 한 때 잠깐 나는 희귀한 옥수수'라는 프리미엄까지 붙어서, 새삼 옥수수 시장의 다크호스가 되었다. 어느 날 갑자기 등장한 품종으로 여길 수도 있지만, 실은 초당옥수수는 꽤 오래 전부터 존재했다. 이미 1980년대부터 농촌진흥청에서 육종한 초당옥1호 등이 나왔지만, 왠지 쭉 인기가 없었던 탓에 초당옥수수 시장이 형성되지 않았을 뿐이다.

그랬던 초당옥수수가 이제는 확고한 팬덤에 힘입어 인기 옥수수가 되었다. 초당옥수수의 팬들은 농가를 부지런히 찾아서 저마다 단골 농가를 만들고 매 여름을 기다린다. 봄 파종 때부터 벌써 그해 치 초당옥수수의 예약 판매를 내걸면 순식간에 매진되는 인기 농가도 있다. 18브릭스Brix 정도는 훌쩍 넘는 화려한 단맛[1]과 치아만 닿아도 과즙이 튈 정도로 수분이 가득해서[2] 아삭아삭한 식감이 먼저 이목을 끈다. 샛노란 빛깔도 매력적이다.

그동안 옥수수 농사에 무심해서 2013년 8헥타르, 2014년 63헥타르, 2015년 33헥타르에 불과했

> [1]
> 대부분의 과일보다
> 당도가 높다.
>
> [2]
> 총액체량이 무려
> 90퍼센트 선이다.

던 제주도의 노지 옥수수 재배 면적은 2016년에 101헥타르로 껑충 뛰어올랐다. 2017년에는 181헥타르로 다시 두 배 가까이 성장했다. 초당옥수수는 온도에 민감해서 폭염과 장마가 닥치기 전에 수확해야 한다. 기후가 온난해 초당옥수수의 생장에 잘 맞는 제주도가 단숨에 주산지로 자리 잡았다.

초당옥수수가 아이돌 그룹 같은 인기를 누리는 사이에, 익숙하고 흔한 기존 옥수수인 찰옥수수와 단옥수수는 어떻게 되었을까. 말 그대로 태평성대, 발전도 퇴보도 없이 건재하다. 옥수수 전체 재배 면적이 급감한 2000년대 이후로는 큰 변화가 없다. 2017년 통계에 따르면 재배 면적이 5,498헥타르인 강원도가 절대적인 위치를 지켰고, 3,138헥타르의 충청북도가 안정적 2위를 유지 중이다. 전라남도, 경기도, 경상북도 순으로 옥수수를 꾸준히 키운다.

초당옥수수의 팬들에 비하면 찰옥수수의 팬들은 수줍은 보수다. 묵묵히 의리를 지키지만, 결집력은 약하다. 찰옥수수야 워낙 철이 되면 알아서 어디서나 파는 까닭에, 나오면 나오는가 보다 하는 정도라고 할까. 찰옥수수 중에서도 더 맛있는 옥수수가 무엇인지, 어느 지역의 어느 농가가 옥수수 농사를 더 잘 짓는지 같은 문제에는 별 관심이 없다. 그때그때 유통 경로를 타고 집 앞 슈퍼마켓에서 손에 넣은 찰옥수수의 은근한 구수함과 옅은 단맛에 만족하며, 여름 정취를 즐길 뿐이다. 젊은 세대 사이에서 초당옥수수만큼 요란한 화제성은 없지만, 이가 한 번 스칠 때마다 매끈하게 쏙쏙 빠지는 탱글거리는 질감과 찰떡처럼 쫄깃하게 씹히는 탄성은 여전히 여름마다 어린 시절처럼 '옥수수 하모니카'를 불게 만든다. 수십 년을 먹어도 질리지 않는 여름의 스테디셀러다.

그런데 잠깐, 사실 찰옥수수도 전 세계에 놓고 보면 초당옥수수보다 희귀한 존재다. 한국과 북한, 중국, 일본 정도만 찰옥수수를 먹고, 이외의 지역은 모두 단옥수수를 먹는다. 찰옥수수가 한국에서는 지겹도록 당연하지만, 외국에 나가면 평양냉면처럼 어디서도 볼 수 없어서 향수를 자극하는 한국의 맛이 된다.

찰옥수수, 단옥수수, 그리고 초당옥수수는 옥수수의 종류다. 다 같은 옥수수라고 하기에는 특징이 너무나 다르다. 찰옥수수는 찰밥의 찰진 맛을 내는 아밀로펙틴amylopectin이 90퍼센트가량을 차지한다. 껍질이 얇을수록 좋고, 속이 탱탱하게 차 있다. 와시 콘waxy corn이라고 부르며, 옥수수 알이 둥글고 단단한 모양이다. 찰옥4호, 일미찰, 미백2호, 연농1호(대학찰) 등 흰색 찰옥수수 품종과 흑점찰, 얼룩찰1호, 흑점2호 품종 등 국내 육성 품종이 주로 재배된다. 색에 따른 맛 차이는 없다.

단옥수수는 한 마디로 통조림 옥수수인 스위트 콘sweet corn이다. 단맛이 있고, 채소처럼 쓰기도 한다. 수확 후에 수분을 잃으면 볼품없이 홀쭉해지는데, 옥수수 통조림에 물을 채우는 이유이기도 하다. 1970년대 이후 미국산 품종들이 한국에 소개되었지만 한국에서 우수한 찰옥수수 품종을 개발하며 단옥수수 세력은 시장의 중심에서 점차 밀려났다. 농촌진흥청 식량과학원의 손범영 박사가 제공한 통계에 따르면, 2012년에 찰옥수수의 재배 면적이 1만 6828헥타르였던 데 비해서 단옥수수는 고작 173헥타르였을 것으로 추정되었다. 한국산 품종은 구슬옥, 고당옥 등인데 구슬옥은 흰색과 노란색 알이 섞여서 예쁘다.

초당옥수수는 단옥수수가 열성 변이를 일으킨 돌연변이다. 덜 익은 옥수수의 당이 전분으로 변해야 옥수수다운 옥수수가 되는데, 딱하게도 초당 옥수수는 이 대사 작용을 잘하지 못해서 당을 그대로 간직한다. 덕분에 달고 맛있다. 앞서 말했듯 수분이 하도 많아서 수확 후 반나절만 지나도 바람 빠진 풍선처럼 쭈글쭈글해진다. 강원도 강릉의 초당 두부와는 전혀 관계가 없고, "대단히 달다超糖, Super Sweet."라는 뜻의 초당이다.

그런데 우리가 사먹는 옥수수는 종류를 불문하고 일부러 맛없게 파는 듯이 보인다. 옥수수는 줄기에서 거두는 순간부터 노화에 박차를 가한다. 수분이 날아가고, 당이 부지런히 전분화되며, 그 결과로 맛이 없어진다. 경매와 도매 등

옥수수를 구매할 때는 가장 왼쪽의 것처럼 대까지 껍질 안에 감싸인 것이 가장 좋다.
알맹이가 드러난 옥수수의 품종은 왼쪽부터 순서대로 찰옥수수, 초당옥수수, 미백2호 흰색 찰옥수수,
고당옥 단옥수수이다. 미백2호와 고당옥은 농가로부터 직접 구해서 품종명을 알 수 있었지만
나머지 두 옥수수는 백화점에서 구매해 정확히 알 수 없었다.

유통 경로를 다 거쳐서 마트나 백화점 등 소매 단계에 이르면 사나흘이 지난 후여서 맛이 다 빠진 상태가 된다. 특히 초당옥수수는 조금만 더워도 상하는 경우까지 있다. 경상남도 고령군의 옥수수 전문 농업회사법인 대가야의 김영화 대표는 "초당옥수수는 먹을 만한 기간의 한계가 3일이고, 단옥수수는 5일에 불과해요. 농가에서 수확하면 그날 저녁에 바로 택배를 발송해서 다음날 도착하도록 해야 합니다."라고 말한다. 어디서나 소매로 구매하는 찰옥수수와 달리, 대개 농가와 직거래로 사 먹는 초당옥수수가 유독 맛있는 이유에는 수확하자마자 택배로 보낸 것을 바로 쪄서, 또는 생으로 먹는다는 점도 큰 몫을 차지한다. 찰옥수수도 농가에 직접 주문해서 택배로 받는 편이 한층 달고 맛있다.

농가와 직거래하지 않고 편안히 집 근처 마트에서 맛있는 옥수수를 고르려면 어떤 요령이 필요할까. 우선 시원한 매대나 냉장고에 보관된 옥수수를 고른다. 푹푹 찌는 야외에 방치된 옥수수는 절대 금물이다. 또 껍질과 수염을 말끔하게 정리해서 포장한 옥수수도 피해야 한다. 음식물 쓰레기가 나오지 않아서 편할지는 몰라도 맛이 떨어진다. 껍질이 옥수수를 감싸야 수분이 유지되고 온도 변화에도 영향을 덜 받는다. 껍질이 두껍게 감쌀수록 좋다. 옥수수는 펭귄의 다리처럼 껍질이 줄기를 감싼 모양인데, 대개는 줄기를 꺾어 내고 여기 달린 껍질은 벗겨서 껍질이 알맹이만 감싼 상태로 유통된다. 기왕이면 이 작업을 하지 않고 유통한 옥수수가 맛이 낫다. 유통되는 동안에도 줄기에서 수분과 영양을 조금이나마 공급받으면 맛이 유지된다.

아니면 아예 쪄서 냉동한 옥수수의 맛이 나을 때가 많다. 집에서 먹을 때도 바로 쪄서 냉동시키면 맛을 보존한 채로 오래 두고 먹을 수 있다. 조리할 때는 되도록 삶지 않고 쪄야 맛이 좋은데, 특히 초당옥수수는 꼭 쪄 먹어야 한다.

옥수수의
혁신과 보수

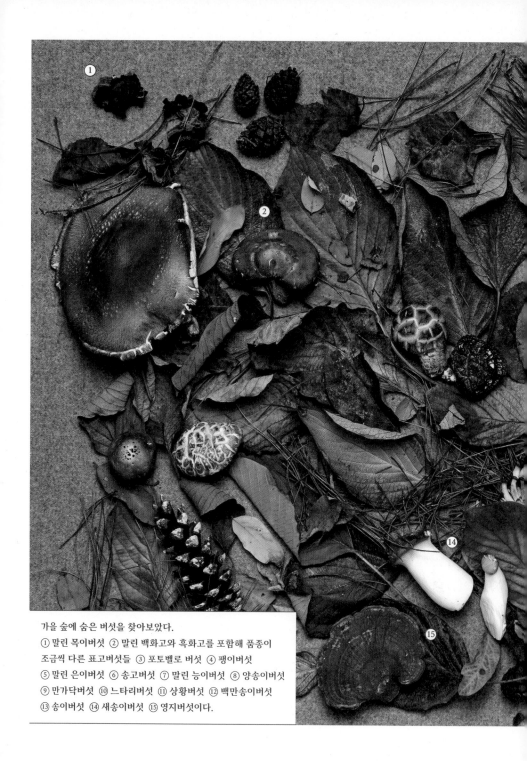

가을 숲에 숨은 버섯을 찾아보았다.
① 말린 목이버섯 ② 말린 백화고와 흑화고를 포함해 품종이
조금씩 다른 표고버섯들 ③ 포토벨로 버섯 ④ 팽이버섯
⑤ 말린 은이버섯 ⑥ 송고버섯 ⑦ 말린 능이버섯 ⑧ 양송이버섯
⑨ 만가닥버섯 ⑩ 느타리버섯 ⑪ 상황버섯 ⑫ 백만송이버섯
⑬ 송이버섯 ⑭ 새송이버섯 ⑮ 영지버섯이다.

9

가을 숲, 버섯 향

서울 동대문구의 경동시장은 재래식 식재료 백화점이다. 골목마다 싱싱한 과일과 채소는 물론 온갖 종류의 고기부터 생선에 한약재까지 없는 것이 없다. 골목중에서는 버섯 골목도 있다. 추석 전이면 버섯의 찌릿한 향이 진동한다. 그득이 쌓이는 송이버섯이 대세를 이룬다. 가을의 정취는 매년 송이버섯 향과 함께 찾아와서, 늦가을에 버섯이 자취를 감추면 증발한다.

"1 송이, 2 능이, 3 표고"라는 말이 있다. 그런가 하면 "엉터리다. 1 능이, 2 송이, 3 표고다."라는 사람도 있고, "1 표고, 2 능이, 3 송이"라는 사람도 있다. 사람마다 하는 소리가 다른 것은 세 버섯이 서로 못지않게 좋다는 뜻이다. 이들은 맛과 향이 진하고 저마다 개성이 빼어나다. 야생에서 난다는 점도 같다.

송이버섯은 주로 적송림에서 난다. 한국과 일본에서 가을의 진미로 꼽는다. 짧은 한철 즐기면 다시 1년을 기다려야 나는 귀한 식재료라는 사실에는 이견이 없다. 가격까지 귀하니 문제인데, 갓이 활짝 핀 것이나 수입산 송이버섯은 상대적으로 저렴하고 집에서 휘뚜루마뚜루 먹는 데는 아무 문제가 없다. 갓이 다피면 오히려 향이 더 좋다는 사람도 있다. 워낙 고가이다 보니 날로 먹거나, 조심스레 구워 먹거나, 아니면 향을 쭉 빼서 국물을 내 마시기도 한다. 말린 송이도 나오지만 제철에 쫄깃한 식감과 신선한 향을 실컷 즐기는 편이 낫다.

능이버섯은 참나무 아래에 많이 자란다. 다른 이름이 향버섯일 정도로 특유의 쿰쿰한 향이 강하다. 향의 강도가 송로버섯 Truffle, 트러플 못지않으며, 말리면 한층 깊어진다. 말리지 않은 능이버섯은 송이버섯만큼은 아니어도 꽤 비싸다. 그래도 허리가 휠 정도는 아니어서 백숙과 같은 요리의 부재료로 많이 사용한다.

때로 으뜸으로 꼽히는 표고버섯은 수퍼마켓 매대에 곱상하게 누워 있는 재배 표고버섯이 아니라 거친 산에서 딴 야생 표고버섯이다. 평화로운 환경에서 자란 재배 표고버섯과 무관하다고 여겨도 좋을 정도로 맛과 향이 크게 다르다. 숲에서 딴 쪽이 훨씬 달 뿐더러 향도 한층 다채롭다. 참나무나 너도밤나무

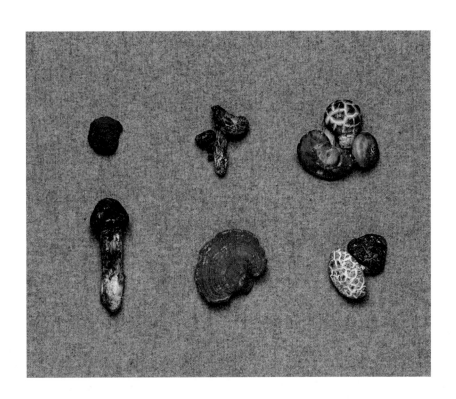

왼쪽 위부터 시계 방향으로 상황버섯, 말린 능이버섯, 표고버섯,
말린 백화고와 흑화고, 영지버섯, 송이버섯이다.

같은 활엽수의 그루터기에 돋는다.

세상이 금수저만으로는 이루어질 수 없듯이, 가을 숲이 돋우는 버섯은 송이와 능이, 표고 말고도 무수하다. 산느타리버섯, 싸리버섯, 참나무버섯, 칡버섯, 가지버섯, 꾀꼬리버섯 등 '잡버섯'으로 뒤섞여 팔리기도 하는 흙수저 버섯들도 저마다 강인한 향취를 지닌 가을의 별미다. 숲속 버섯 공장의 가을은 8월이면 시작해서 인간보다 이른 10월에 끝난다. 이들 야생 버섯은 충청북도 괴산군 청천전통시장과 청주시 육거리시장, 강원도 양양시 양양시장 등지에 모인다. 경동시장까지 올라오는 양은 많지 않다.

버섯이 좋아하는 생육 온도는 17~19도다. 평소에는 땅속에 균사를 1제곱센티미터당 무려 2,000미터 길이에 달하는 그물 구조로 펼치고 있다가, 온도와 습도가 맞아떨어질 때 자실체를 지표면으로 피워 올린다. 버섯의 80~90퍼센트는 수분인데, 공기 중 습도가 높을 때에 자실체가 수분을 흡수하며 부풀어 오른다고 생각하면 쉽다. 우리는 버섯의 자실체 부분을 먹는다. 다 부풀어 오른 버섯은 갓을 활짝 펴고 포자를 퍼트려서 번식한다. 맛을 내는 성분은 대보다 갓 부분에 더 많다.

기후가 맞지 않을 때에는 버섯도 쉬는 터라 저장해야 한다. 마침 송이버섯과 느타리버섯 정도를 제외한 대부분의 버섯은 말리면 맛이 더 좋아진다. 표고버섯이 대표적이다. 심지어 뜨거운 물에 담가서 불리면 향 분자가 활발해져 향이 더욱 또렷해진다. 표고버섯 불린 물을 버리지 않고 육수로 쓰는 이유다. 감칠맛 성분이 풍부하므로 말린 것을 갈아서 천연 조미료로 써도 좋다.

숲이 길러 낸 풍부한 감칠맛과 단백질을 사시사철 누리고 싶은 인간의 식탐은 말려서 저장하는 데 그치지 않고 버섯을 재배하는 기술로 이어졌다. 한국에서는 일교차가 크고 바람이 세지 않은 내륙 지역이 버섯의 주산지다. 전라남도 장흥군, 전라북도 진안군, 충청남도 부여군과 천안시, 충청북도 영동군 등지다.

왼쪽 위부터 시계 방향으로 느타리버섯, 양송이버섯, 말린 은이버섯, 팽이버섯, 송고버섯,
만가닥버섯과 백만송이버섯, 말린 목이버섯, 새송이버섯, 포토벨로 버섯이다.

과거를 살펴보면 중국에서는 이미 13세기부터 표고버섯을, 프랑스에서는 17세기부터 양송이버섯을 재배했다. 이후로도 버섯 재배에 대한 집념은 이어졌지만, 살아 있는 식물과 공생하는 종류의 버섯은 아예 재배가 불가능하다. 그 외의 버섯은 식물에 기생하거나, 낙엽, 동물의 배설물, 토양을 양분 삼아서 자란다. 식용 가능한 버섯은 1,000여 종에 이르지만 재배에 성공한 것은 약재로 많이 쓰는 노루궁뎅이버섯 등 몇십 종에 불과하다.

그럼에도 우리는 이미 수십 가지의 버섯을 알고 있다. 어찌된 일인가 하면, 교접을 시켜서 새로운 품종을 만들어 낸 덕분이다. 조태호 신세계백화점 농산물 바이어는 그 변천을 이렇게 설명한다. "1990년대 이후 재배 버섯이 급성장했습니다. 버섯 생육에는 온도와 습도가 중요한데 기술이 발전하며 온습도 자동 제어가 가능해지면서부터죠. 양송이버섯, 느타리버섯, 팽이버섯, 표고버섯이 주였는데 최근에는 교접으로 개발한 다양한 신품종 버섯이 출시되는 경향입니다. 버섯의 맛과 품질에 대한 수요가 늘면서 일어난 흐름이죠."

확실히 요즘의 버섯 매대 면적은 1990년대에 비해 2~3배나 훌쩍 커졌다. 볼 때마다 새로운 종류가 하도 많아서 외우기도 힘들 정도다. 새송이버섯도 큰 것이 나왔다가 요즘은 작은 것만 모은 제품이 따로 나오고, 느타리버섯은 '참' 또는 '황금' 같은 접두어가 붙은 것이 나오기도 한다. 갈색 모자를 쓴 만가닥버섯 옆에는 새하얀 백만송이버섯이 진열된다. 이런 버섯들은 생김새가 달라도 같은 종류라면 맛에서 유의미한 차이가 없다. 새카만 목이버섯과 상아색 은이버섯_{흰목이버섯}은 전자는 흔한 잡채나 짬뽕의 재료, 후자는 고급 요리의 재료로 몸값이 갈린다.

새송이버섯도 그렇지만, 송이버섯의 맛과 향을 목표로 교접한 새로운 버섯은 꾸준히 이어지는 중이다. 요즘은 송이버섯과 표고버섯의 특징을 합친 송고버섯_{송화버섯}, 동글동글한 달걀처럼 생겨서 대가 짧은 이슬송이버섯이 인기라고 조태호 바이어는 전한다. 두 버섯은 모두 바탕이 표고버섯이다.

수확한 후에도 버섯은 살아 있다. 심지어 자라기도 한다. 미처 내뿜지 못한 포자를 내보내기 위해 영양분을 갓으로 올리는 까닭이다. 갓이 자라면 감칠맛이 강해지지만, 구입하면 버섯 자신이 내뿜은 습기 때문에 축축해져서 부패하기 쉽다. 보관할 때는 키친타월을 덧대서 수분을 흡수시킨다. 버섯을 씻지 말라는 말은 수분을 흡수해서 조리하는 동안 질척해지기 때문에 나온 속설이다. 영양이나 맛의 손실과는 별 관계가 없다. 조리 직전에 가볍게 닦는 정도로 씻는 것은 괜찮다. 버섯을 가장 맛있게 먹으려면 수분이 증발되도록 천천히 구워야 한다. 국물 속에서 장시간 익혀도 녹지는 않지만 수분이 빠져나가서 심하게 쪼그라든다. 대신 질감은 단단해져서 씹는 맛이 생긴다.

10

딸기, 너의 이름은

저마다 이름을 불러주면 꽃이 된다는데, 딸기는 왜 모두가 그저 딸기일까? 딸기의 이름을 찾아 보기로 했다. 재래시장에 나갔더니 꿀딸기, 왕딸기, 심지어 설탕 딸기라고 붙여서 팔고 있었다. 세상에 그런 딸기는 없다. 크고 단 과일을 좋아하는 소비자를 홀리기 위해 고민 없이 써 놓은 홍보용 문구일 뿐이다. 이번에는 딸기 포장재에 붙은 스티커를 들여다본다. 꽤 많은 정보가 담겨 있다. 더 행복한 딸기 전라남도 담양군, 상큼한 예향 참 딸기 충청남도 예산군, 설향, 우리 흙에서 키운 딸기 향 경상남도 거창군, 설향+죽향, 지리산 단계 딸기, 맘愛담은 딸기, 순창 장수촌 딸기 등이다. '몰래 먹는 딸기'라는 것도 있다. 이 스티커들이 내세우는 판매 포인트는 재배 지역, 그리고 자신들의 브랜드 이름, 이 두 가지가 공통적이다. 딸기의 이름이 제대로 적힌 것은 극소수다. 설향과 죽향만 딸기 품종명이다.

춘행, 환타, 킹스베리, 엔에스9호, 금실, 만년설, 무하. 국립종자원에 출원 등록된 딸기의 이름이다. 다소 낯설다. 그렇다면 매향, 설향, 싼타, 죽향, 육보, 장희는? 딸기 이름 여섯 개 중 설향, 죽향을 위시해 두어 개만 알아도 많이 아는 셈이다. 현재 재배되는 딸기 중 가장 큰 비중을 차지하는 것이 이 여섯 종이다. 한국농촌경제연구원의 2015년 통계에 따르면, 전국에서 설향 81.3퍼센트, 장희 6.1퍼센트, 죽향 5.9퍼센트, 매향 2.5퍼센트, 육보 1.3퍼센트, 싼타 1.1퍼센트를 재배했다. 이 밖의 품종은 1.8퍼센트에 불과했다. 국립종자원에는 현재 총 91종의 딸기가 생판(생산과 수입 판매)·출원 등록되어 있다. 수홍, 설홍, 미홍이 1998년에 처음 등록된 이래, 88종의 딸기가 딸기 시장에 나온 셈이다. 물론 국립종자원에 등록하지 않은 품종도 숱하게 스쳐 갔다.

이르면 11월부터 수확하는 딸기는 겨울이 제철인 채소류 과일이다. 이 정

◀ 위부터 차례대로 금실, 설향, 매향, 장희 품종의 딸기다.

의에서 몇 가지 위화감이 들겠지만, 병환이 깊은 부모를 위해 효자가 한겨울 눈밭에서 따 왔다는 구전 동화 속 딸기는 필시 산딸기다. 유럽 중부 출신인 딸기가 한반도에 들어온 때는 1900년대 초반이다. 미국산 종자가 일본을 거쳐 한국에 정착했다. 딸기의 제철이 왜 겨울이냐고? 옛날에는 오뉴월 과수원 사례마다 딸기 넝쿨이 있었다고? 맞다. 원래는 그랬다. 노지에서 딸기를 키우던 시절도 있었지만 한 달 반 남짓한 수확기로는 채산이 맞지 않았다. 초여름부터는 경쟁하는 과일이 쏟아져 나오고, 수입 과일도 넘쳐 난다. 그런 까닭에 1990년대부터 시설 재배가 일반화되면서 딸기는 겨울로 제철을 옮겼다. 이제 노지 재배 딸기는 시장에서 거의 찾아볼 수 없다. 심지어 여름 딸기는 맛도 덜하다. 본성에 따른 제철은 무색해졌다. 참외 등도 시설 재배가 이미 많이 보급되었지만, 귤 이외에 경쟁 과일이 없었던 겨울 과일 시장을 딸기가 선점했다. 11월부터 이듬해 5월까지 길게는 반년 내내 수확할 수 있다.

2002년 한국은 국제식물신품종보호동맹[1]에 가입했다. 쉽게 말해 식물 품종에 대한 재산권이 도입된 것이다. 한국 품종을 외국에서 재배하면 품종에 대한 로열티를 받고, 반대로 한국에서 외국 품종을 재배하면 로열티를 주게 되었다. 10년의 유예 기간이 주어졌는데, 딸기는 문제가 있었다. 중앙과 지방의 육종 기관에서 딸기 품종 개발을 게을리한 적은 없었지만, 아무튼 시장에서는 일본 품종의 딸기

> 1
> International Union for the Protection of New Varieties of Plants, UPOV. 식물 신품종을 각국이 공통의 기본 원칙에 따라 보호하여 우수 품종의 개발, 유통을 촉진함으로써 종자 산업 발전에 기여하기 위해 설립된 국가 간 협력 기구다.

가 압도적인 비율을 차지했다. 한국농촌경제연구원의 2005년 자료에 따르면 육보가 52.7퍼센트, 장희 33.2퍼센트로 한국의 딸기 재배 품종 중 85.9퍼센트에 달했다. 각각 레드펄Red Pearl, 아키히메章姫라는 본명이 따로 있는 일본 품종이다. 유예 기간 이후로는 이들 딸기를 키우는 만큼 일본에 로열티를 지불해야

했다는 의미다.

정부의 지원 하에 딸기 육종 사업이 활발히 이루어졌고, 마침내 히트작이 나왔다. 2005년 품종 육성에 성공한 설향이다. 2007년 28.6퍼센트로 시작해, 2009년 51.8퍼센트, 2010년 56.6퍼센트, 2011년 68.2퍼센트, 2012년 70퍼센트, 2013년 75.4퍼센트, 2014년 78.4퍼센트로 빠르게 시장을 점령했다. 설향을 육종한 주역인 김태일 충청남도농업기술원 논산딸기시험장장은 "정부나 지자체에서 보급 사업에 힘을 쓴 덕에 더 빨리 보급되었습니다. 물론 설향 자체의 장점도 우수했어요. 키우기 쉽고 수확기가 빠르면서도 소출이 많아 생산자들이 선호하고, 소비자들도 크기나 맛에 만족했습니다. 설향에 앞서 육종한 매향은 맛이 더 우수하지만 병충해에 약하고 비료 반응도 예민해서 키우기 까다로운 탓에 설향만큼 퍼지지 않고 수입용 품종으로 자리 잡았죠."라고 설명한다.

문제는 설향이 가진 81.3퍼센트라는 숫자다. 뛰어난 국산 품종을 보급한 것까지는 좋았지만, 딸기 다섯 중 넷이 같은 품종이라는 사실은 이 다양성의 시대에서는 지나친 획일화다. 지난 10년간 딸기 육종의 목표가 국산 품종 보급이었다면, 앞으로 10년의 목표는 품종 다양화다. 김대영 농촌진흥청 원예원 채소과 연구사는 "설향의 과도한 점유율이 문제로 대두되었어요. 설향은 뛰어난 품종이지만 봄철 고온기에 품질이 저하되는 단점이 있죠. 현재 육종하는 딸기의 목표는 설향을 넘어서는 것이라고 해도 지나치지 않습니다. 설향의 장점을 모두 유지하면서 단점은 극복한 품종 육성이 과제입니다."라고 말한다.

'설향 대통합'의 문제점은 '설향의 아버지'인 김태일 장장도 지적하는 바다. "수확기가 늦은 육보, 죽향 등이 나오는 2월 이전에는 딸기가 온통 설향 일색이에요. 그러다 보니 굳이 품종을 표시하거나 구분해 먹을 필요가 없었죠. 유통 단계에서도 크기, 외관과 맛으로만 등급이 나눠지지만, 품종에는 예민하지 않습니다. 그러나 분명 딸기는 딸기 품종마다 맛과 향의 차이가 있습니다." 새로

계절
탐식
•

딸기, 너의 이름은

우수한 품종이 나와도 소비자들이 모르고 지나간다면 무슨 소용인가. 소비자들이 다양한 딸기 품종을 찾기 시작하면 변화는 더 빨라질 수 있다.

현재의 딸기 시장처럼 재배 지역을 강조하는 것도 실상 큰 의미가 없다. "시설 재배가 일반화된 딸기 재배 환경에서 지역에 따른 환경 차보다는 품종과 재배 기술이 더 높게 관여해요. 품종 개념이 자리 잡으려면 적어도 너댓 가지 품종이 경쟁하는 환경이 만들어져야 합니다."라고 김태일 장장은 이야기한다. 또한 "장기적으로 지역과 품종을 연계한 마케팅 전략이 필요합니다. 일본의 경우 각 현마다 대표 딸기 품종을 개발해서 좋은 결과를 얻고 있죠. 이렇게 명물이 된 현의 딸기는 상당한 고가에 가격대가 형성됩니다."라는 말도 덧붙였다. 현재 딸기 품종은 개별 패키지 또는 이 패키지를 담은 종이 박스에 자율적으로 표기하고 있다.

그러나 점차 딸기의 이름을 찾는 움직임이 일어나는 중이다. 백화점에서는 이미 일반적이다. 이충훈 현대백화점 바이어는 "몇 해 전부터 이미 품종을 표기해서 판매하고 있습니다. 판매 사원 역시 품종에 대해 숙지하고, 소비자가 원하는 딸기 품종을 고르도록 돕죠. 그러나 패키지나 박스에 품종이 표기되지 않은 경우가 여전히 많죠."라고 말한다.

대기업 계열이 아닌 서울 서대문구의 사러가 마트에서도 딸기는 품종으로 나뉜다. "특히 죽향은 이제 고객들에게 익숙해서 품종을 표기해 판매하고 있어요."라고 김현명 홍보팀장은 설명한다. 죽향은 어디서나 제 이름을 달고 팔리는 인기 품종이다. 13~14브릭스로 당도가 높다. 선호하는 사람이 많아 가격대도 높다. 이충훈 바이어에 따르면 설향과 장희는 10~13브릭스, 육보가 11~13브

◀ 오른쪽 위부터 차례대로 장희, 매향, 설향, 금실 품종의 딸기다.

계절
탐식

•

85

딸기, 너의 이름은

릭스다. 재래 시장의 노련한 과일 가게 주인들은 모두가 딸기 품종을 꿰고 있다.

　품종 다양화 시도 끝에 2017년에는 꽤나 독특한 딸기 두 종이 동시에 등장하기도 했다. 논산딸기시험장에서 나온 킹스베리는 크기가 주먹만하다. 품종 육성 과정에서 특이하게 큰 딸기가 맺히는 계통을 시험해 얻은 품종이다. 만년설은 한 농가가 키우던 장희에 우연히 발생한 흰 딸기를 선별해 육종한 품종이다. 다 익어도 거의 흰색에 가까운 딸기다.

　딸기는 설향과 장희가 11월부터 이듬해 1월말까지, 죽향과 육보는 2월부터 순차적으로 출하된다. 김태일 장장에 따르면 설향은 4월부터 도로 양분을 비축하고 맛이 좋아져서, 다시 시장에 나온다. 2월 하순에 나와 있는 설향, 장희, 죽향, 육보, 금실의 다섯 딸기를 모아서 맛보았다. 설향은 복숭아를 연상시키는 산미가 단맛과 잘 어우러지고 싱그러운 수분이 가득하다. 장희는 마치 서양배처럼 무른 질감에 수분이 풍부하고 신맛은 약해서 부담이 없다. 죽향은 마치 꿀처럼 달고 신맛이 과하지 않으며, 육보는 딸기꽃을 먹는 것처럼 달달한 향기와 크리미한 단맛이 일품인데 질감은 단단하고 뒷맛이 약간 있다. 최근 새로 나온 품종인 금실은 장미를 연상시키는 향에 단맛과 약한 신맛이 적당히 어우러져서 청포도처럼 신선한 느낌을 준다.

　단지 몸짓에 지나지 않았던 딸기의 이름을 부르자, 그들 각각이 내게로 와 선명한 존재가 되었다. 저마다의 빛깔과 향기를 지닌 딸기들이 그저 뭉뚱그려 불렸다니 새삼 미안한 일이다.

한국의 주요 딸기 품종		수확 기간	특징	주산지
	설향	11월~5월	83퍼센트 이상 재배되는 대표 품종	전국
	매향	11월~5월	수출용으로 재배되는 품종	경남 진주
	죽향	1월~5월	고품질 품종	전남 담양
	싼타	11월~5월	일부 물량은 수출	경남 김해
	아키히메	11월~3월	가장 일찍 출하되는 품종	경남 산청, 진주
	레드펄	2월~5월	봄철에 맛있는 품종	전남 담양

농촌진흥청 김대영 박사가 주목한 새로운 딸기 품종		수확 기간	특징	주산지
	금실	11월~5월	수출용으로도 적합한 신품종	경남 진주
	아리향	11월~5월	열매 크기가 큼직한 신품종	충남 홍성
	킹스베리	11월~5월	크기가 일반 딸기 두 배 이상인 신품종	충남 논산
	만년설	11월~5월	완숙해도 흰 색을 띄는 품종이며 농가에서 육종	경남 산청

딸기, 너의 이름은

11

매실의 진실

매실도 사람만큼이나 과실과 잎, 수형 등의 생김이 제각각이다.
사진은 농촌진흥청 국립원예특작과학원 유전자원포에서 재배 중인 매실 품종 중 일부이다.
왼쪽 위부터 시계 방향으로 운남성매실, 매향, 소매, 남고, 고성, 백가하, 왕매실이다.

매실은 우선은 과일이지만 동시에 어엿한 약재로 여겨진다. 장아찌를 담그고, 청도 만들고, 술까지 담는 까닭은 과일로서의 맛뿐 아니라, 약재로서의 효능까지 기대해서일 것이다. 중국 쓰촨성四川省과 후베이성湖北省 지역이 원산지로 알려진 매실은 이미 고려 시대부터 약으로 사용한 기록이 남아 있고, 현재도 소화를 돕고 피로를 회복하는 가정상비약처럼 소비된다. 최근에는 설탕이나 올리고당 등에 재운 매실청을 요리 재료로 사용하는 경우도 많다. 이렇듯 생활에 밀접히 다가온 탓인지, 매실에 관한 이런저런 속설들도 적지 않다. 오해를 바로잡고 진실만 남기기 위해 몇 가지 이야기를 검증해 보았다. 매실에 대한 몇 가지 명제는 완전히 거짓이다.

먼저 아미그달린사이안화수소Amygdalin-cyan化水素와 관련해서 매년 반복되는 "청매실에는 치명적인 독소가 있다."라는 주장은 거짓에 가깝다. 과실의 존재 목적부터 한 번 살펴보자. 모든 과실의 목표는 씨앗의 확산, 즉 번식이다. 씨앗이 충분히 성숙한 후에 퍼져야 번식할 수 있다. 미성숙한 상태의 씨앗을 동물이 먹어서 목표가 좌절되지 않도록, 식물은 미성숙한 과실에 독성을 품는 경우가 많다. 씨앗이 다 자라면 과실도 맛있게 익어서 짙은 단내를 풍기며 동물을 유혹한다. 아미그달린은 매실이 채 익지 않아 과실 속의 씨앗이 미성숙한 풋매실일 때만 문제가 된다. 청매실일 때는 이미 씨앗이 성숙해서 단단히 굳었으므로 씨앗 속 아미그달린은 큰 문제가 아니다. 농촌진흥청 국립원예특작원 과수과 남은영 연구사도 "매실의 씨앗 속 아미그달린은 열매가 익어가면서 양이 크게 감소하므로, 다 익은 청매실은 독성이 문제가 되지 않습니다."라고 강조했다.

매실의 독소에 대한 오해는 워낙 깊고 오래된 탓에, "풋매실의 아미그달린 자체가 치명적인 독소다."라는 주장도 있지만, 역시 거짓이다. 약사이자 푸드 라이터인 정재훈 씨는 "아미그달린 자체는 독이 아닙니다. 베타글루코시다제Beta-glucosidase라는 분해 효소와 결합해 사이안화수소라는 유독 성분으로 변했을 때가 문제죠. 이 분해 효소는 매실 씨앗뿐만 아니라, 사람 등 동물의 장내 미생물에도 있습니다."라고 설명했다. 참고로 사이안화수소는 분명히 치명적인 독소다. 치사량이 60밀리그램에 불과할 정도로 강력하다. 그러나 남 연구사는 "(사이안화수소 60밀리그램은) 덜 익은 풋매실 100~300개에 해당하는 양이에요."라며 매실로 사이안화수소에 중독되기 어려운 이유를 지적한 다음, "심한 구토나 복통 같은 중독 증상이 발생할 수 있으므로 덜 익은 풋매실은 물론 가려내야 합니다."라고 덧붙였다.

반면 "풋매실도 가열해서 가공하거나 술을 담그면 안전하다."라고 말하는데 이것도 거짓이다. 매실을 너무 두려워해서 생겨난 황당한 속설도 있지만, 이 경우는 반대로 충분히 주의해야 하는데 그렇지 않은 쪽에 속한다. 역시 아미그달린 때문이다. 독성 물질인 사이안화수소는 열에 약해서 26도에 기화되지만, 아미그달린은 열에 강해서 가열해도 날아가지 않는다. 게다가 에탄올이 아미그달린의 용해제이기 때문에, 풋매실로 술을 담그면 아미그달린이 매실 밖으로 나와서 술에 용해된다. 물론 풋매실이 아니라 잘 익은 청매실을 사면, 이 세 번째 명제까지 모두 걱정할 이유가 전혀 없다. 6월 초의 망종芒種 이후 수확한 매실은 대부분 청매실이다.

"크기가 작고, 솜털이 남아 있으며 골이 깊게 패인 것이 풋매실이다."라는 말도 있지만 이 또한 거짓이다. 매실도 품종이 다양하며, 유전자에 따라서 생김이 모두 다른 까닭이다. 사람과 마찬가지다. 눈이 작은 아이는 어른이 되어서도 눈이 작듯이, 원래 크기가 작은 매실도 있다. 재래종이라고 부르는 소매 등은 콩보다 조금 큰 정도다. 반면 왕매실 등의 품종은 크기가 살구알만하다. 체모가 유독 짙은 사람이 있는 것처럼, 솜털이 유독 많은 매실도 있다. 원래 쌍거풀이 있는 사람과 마찬가지로, 다 자란 후에도 봉합선이라고 부르는 골이 깊게 남는 매실 종도 있다. 매실은 외형만 보아서는 모른다. 온몸이 푸른빛인 매실이 익었는지 확인하는 가장 확실한 방법은 칼로 자르거나 밟아 보는 것이다. 씨앗이 잘리거나 짓이겨지면 풋매실이다. 다 익은 청매실은 씨앗이 단단하다. 농가뿐 아니라 사업단 단위로 매실이 완숙한 후에 출하되도록 주의를 기울이며, 농촌진흥청에서도 유통 중인 매실을 꾸준히 모니터링한다.

"매실은 청매실, 황매실, 홍매실로 나뉜다."라는 말도 옳지 않다. 매실은 익어 가는 단계에 따라서 풋매실, 청매실, 황매실로 나뉜다. 매실을 일컫는 명칭 중 색에 대한 표현이 나오는 것은 이 기준의 분류뿐이다. 풋매실은 식용으로 쓸 수 없는 덜 익은 매실, 청매실은 씨앗이 단단하게 굳은 다 자란 매실, 황매실은 청매실이 끝까지 잘 익어서 과피에 노란 기운이 돌고 과육이 부드러워진 상태를 이른다. 청매실과 황매실이라는 품종 분류는 따로 없다. 남고 품종처럼 다 익었을 때 과피가 붉은 빛을 띠는 매실을 홍매실이라고 부르는데, 품종의 분류명이 아니다. 어디까지나 시장에서 붙인 별명에 불과하다. 꿀참외, 설탕수박과 다름없는 애칭으로 보면 된다. 국내에서 주로 재배되는 매실 품종은 백가하, 남고, 청축, 옥영, 천매, 앵숙, 고성 등이다.

"노랗게 다 익은 매실이 가공했을 때 맛있다."라는 말도 있지만 가공하기 나름이다. 장아찌를 담는다면 단단한 청매실이 좋고, 엑기스, 청, 술을 만든다면 잘 익은 황매실을 써야 향이 좋다. 매실의 이로운 성분으로 꼽히는 구연산은 익을수록 함량이 높아진다. 6월 중순이 지나야 볼 수 있는 황매실은 당 함량이 풍부한 대신에 육질은 무르다.

반면 "매실의 대부분은 살구와 교잡된 잡종이다."라는 말은 참이다. 크게는 장미과에 속하며 벚나무속 또는 자두나무속으로 분류되는 매실은 살구와 아주 가까운 근연종이다. 서로 꽃가루를 주고받으면서 우연히 교잡이 일어난다는 의미다. 순수한 매실 유전자만으로 이루어진 매실은 크기가 매우 작고 다 익으면 살구처럼 노란빛을 띤다. 살구와의 교잡도에 따라서 매실은 순수 매실 외에

매실의 진실

도 살구성 매실, 중간계 매실, 매실성 살구, 순수 살구로 나뉜다. 품종으로 보면 순수 매실은 소매실, 소향, 청축 등이며 살구성 매실은 백가하, 장속, 등오랑 등이다. 중간계 매실로는 양로, 홍가하, 영목백, 태평, 태백, 매향 등이 있고, 매실성 살구는 청수호, 추천대실, 소행, 풍후가 꼽힌다. 심지어 자두와 교잡된 고전매라는 품종도 있다. 농촌진흥청에서 블라인드로 시행한 관능 평가 결과에 따르면, 매실을 엑기스로 만들었을 때는 살구와 교잡이 덜한 품종일수록 평이 좋았다.

매년 6월이면 매실로 할 일이 많아서 바쁘다.
운남성매실 열매가 주렁주렁 매달려 있다. ▶

매실의 진실

12

한여름, 복숭아

달콤하고 새콤하며 아삭아삭한, 또는 달달하고 보들보들한 과일. 여름이 즐거운 이유 중 하나가 바로 복숭아다. 또 1년 내내 여름을 애타게 기다리는 이유도 다름 아닌 복숭아다.

맛있는 복숭아를 먹었다면, 이름을 적어 두자. 복숭아는 품종을 기억해 가며 먹어야 하는 과일이다. 각각의 특징이나 나오는 시기가 다른 까닭에, 바로 그때 찾아 먹지 않으면 그냥 놓치기 십상이다. 시설 재배 덕분에 농작물의 제철이 이리저리 이동하고 있지만, 여전히 복숭아는 과수원에서 나는 제철 과일이다. 인력으로 제철을 바꾸지 못하고 자연이 키우는 대로 받아 먹어야 한다.

게다가 보관도 안 된다. 복숭아는 과육과 과피를 이루는 조직의 특성이 저장 과일인 사과나 배와는 완전히 다르다. 너무 부드럽다. 수확 후에 급격히 발생하는 에틸렌Ethylene도 결정적인 차이다. 과로와 스트레스 탓에 사람이 늙듯이, 과일을 노화시키는 원인은 바로 에틸렌 호르몬이다. 그래서 복숭아는 보관해 놓고 먹기가 어렵다. 제철 잠깐이 아니면 먹을 수 없다. 예외가 있기는 하다. "복숭아 중 유명이라는 품종은 수확 후에도 에틸렌이 발생하지 않아서 잘 무르지 않습니다."라고 농촌진흥청에서 체리, 매실과 복숭아 등 핵과류를 육종·연구하는 남은영 연구사가 귀띔해 준다.

가장 빠른 복숭아는 6월 중하순부터 등장하기 시작한다. 이 조생종 복숭아는 7월 상순까지 수확한다. 대표적인 품종은 미홍, 치요마루, 유미 등이다. 미홍과 유미는 털이 있고 과육이 부드러운 백육계白肉系 복숭아다. 흔히 백도라고 부른다. 미홍과 유미는 신맛이 적은 대신에 단맛이 풍부하지만, 과육이 부드러워서 저장성이 떨어진다는 점이 아쉽다. 특히 유미는 강한 복숭아 향이 장점이다. 치요마루는 크기가 아담한 황육계黃肉系 복숭아, 즉 황도인데 역시 털이 있다. 속살이 부드럽고 노란 이 품종은 7월 초에 장맛비를 맞아도 당도를 잃지 않아서 인기 있다.

　우리는 7월 중순부터 중생종 복숭아를 먹는다. 아카츠키, 그리고 천도복숭아인 천홍 등이다. 아카츠키는 하루가 다르게 재배 면적이 넓어지는 품종인데 백육계에 털이 난, 부드러운 복숭아다. 역시 신맛은 적고 단맛이 많다. 천홍은 단단한 상태에서 유통되므로 신맛이 강할 때 먹는 경우가 많은데, 후숙해서 말랑할 때 먹으면 달콤한 풍미와 향이 강해진다.

　복숭아 중에서 각별히 맛있는 만생종은 여름의 습기는 물러가고 햇살은 강해진 시기에 나온다. 8월 초 무렵부터 10월까지 먹는 만생종 복숭아로는 천중도백도, 장호원황도, 유명 등이 있다. 천중도백도 역시 털이 난 백육계 복숭아다. 2002년까지 가장 많이 재배되었던 유명은 한국의 복숭아를 대표했던 품종이다. 단단한 백도의 대표 주자라고 할 수 있다. 장호원황도는 매년 추석을 전후해서 쏟아져 나오는 황육계 복숭아인데, 신맛과 단맛의 균형이 잘 잡혔으며 향기 또한 일품이다.

　남 연구사는 "최근의 소비자들은 과일의 크기나 외관보다는 입안에서 느껴지는 맛을 더 중요하게 여깁니다. 복숭아는 단지 당도계나 산도계로 측정된 숫자보다 맛의 조화가 중요해요. 단맛과 신맛을 고루 갖추고, 이 두 맛이 조화를 이루면서 향도 풍부해야 하고, 식감도 절묘하게 맞아떨어져야 맛있는 복숭아죠.

소비자의 이런 취향에 맞춘 복숭아를 육종하고 있습니다."라고 말한다.

그렇다면 복숭아 박사가 맛있다고 추천하는 품종은 무엇일까? 좀 복잡하다. 복숭아는 취향과 기호가 많이 개입되기 때문이다. 일단은 알레르기 문제가 있다. 특히 털에 알레르기가 있는 사람이 꽤 많다. 게다가 복숭아의 질감에 대한 기호는 거의 종교다. 딱딱한 것과 말랑한 것에 대한 취향은, 닭의 다릿살과 퍽퍽살만큼이나 배타적으로 갈린다. 물론 언제 먹는가도 중요한 문제다.

그리하여 복숭아 박사의 추천은 다음과 같다. "수확기로 나누면 조생종 중에서는 치요마루와 유미, 중생종은 아카츠키, 만생종은 진미와 장호원황도를 꼽겠습니다. 털이 있는 것 중에서는 치요마루, 유미, 아카츠키, 진미, 장호원황도를 고르면 좋고, 털 없는 복숭아를 먹는다면 신비, 옐로드림, 천홍, 환타지아, 설홍 등 천도복숭아 계열을 추천해요. 식감이 딱딱한 복숭아 중에서는 경봉과 유명이, 말랑한 복숭아 중에서는 유미와 아카츠키가 권할 만하죠."

최근에는 새로운 녀석이 등장하고 있다. 유럽이나 미국 등지에서 경험한 도넛 복숭아·토성 복숭아·UFO 복숭아가 그리도 맛있다는 소문을 타고 유행하기 시작했다. 정식 명칭은 반도蟠桃인데, 복숭아를 납작하게 눌러놓은 모양이 특징이다. 몇 해 전부터 슬슬 한국에서도 재배되는데 아직은 강남의 백화점에나 잠깐 출몰하는 정도다.

복숭아는 크게 복숭아Peach와 승도僧桃, Nectarine로 나뉘는데 승도는 우리가 흔히 천도복숭아라고 부르는 계열을 일컫는다. 복숭아에 변이가 발생해서 털이 없어진 것이다. 그렇다면 이 반도라는 녀석은 무엇일까. 승도와 마찬가지로 돌연변이다. 승도 중에도 반도로 변이한 품종이 있다. 반도는 외형이 달라졌을 뿐, 맛은 그냥 복숭아다. 맛이야 물론 있다. 하지만 동그란 복숭아보다 더 맛있냐고 한다면, 그것은 아니다. "일반 복숭아만큼 맛있다."라는 말이 정확하다. 여행 중에 먹었던 반도가 유독 맛있었던 것은 그저 복숭아란 원래 맛있어서다.

계절
탐식
•

한여름, 복숭아

6월에 볼 수 있는 복숭아들을 모았다. 납작한 것은
반도인 조숙반도, 황도는 치요마루, 백도는 미홍,
승도는 조홍보석유도와 조생유도다.

한여름, 복숭아

과육에 수분이 많고 물렁한 복숭아는 입으로 베어 먹기가 특히 어렵다. 과즙이 줄줄 흐른다. 그런데 모양이 납작한 반도는 한입에 쏙 베어 물 수 있는 두께다. 간편하게 먹기 적합하다. 해외에서는 미니 사이즈 반도도 진작 나왔다. 유통만 해결된다면 편의점에서 세척 사과처럼 팔 수도 있는 품종이라는 뜻이다. 털이 없고 껍질째 먹는 천도복숭아 계열의 반도는 이런 유통에 더욱 유리하다.

그런데 지금 이 이야기가 전부 그림의 떡으로 보이는 독자들도 있을 것이다. 복숭아 알레르기를 가진 분들 말이다. 아마 글만 읽어도 복숭아 털이 떠올라서 간질거렸을 분도 적지 않으리라. 복숭아 알레르기를 유발하는 물질은 충분히 규명된 상태인데, 그 함유량은 백도보다 황도에 더 많다. 부위별로는 털에 가장 많으며 그 다음이 과피, 과육 순이다. 천도복숭아는 괜찮은데, 일반 복숭아는 못 먹는 이유다. 물론 과육에도 알레르기 유발 물질이 있으므로 복숭아 알레르기가 심하다면 천도복숭아 역시 위험하다.

농촌진흥청에서 육종하는 신품종 복숭아의 목표는 맛이 좋을 뿐 아니라, 먹기 편하고 알레르기 위험까지 낮추는 것이다. 털이 없어서 알레르기의 위험이 낮은 천도의 장점은 유지하고, 먹기가 편한 대신 산미가 강한 단점을 보완한 완전히 새로운 복숭아를 개발해서 보급하는 것이다. 이미 한 종류는 시중에서도 구할 수 있는데, 천도복숭아의 신맛을 줄여서 달콤한 옐로드림종이다.

한국에서만도 200여 종에 달하는 복숭아 품종을 맛볼 수 있다. 이 복숭아 각각을 맛볼 수 있는 기간은 고작 1주일이나 될까. 복숭아의 새콤달콤한 맛은 여름 한철이기에 아쉽고 더 귀중하다. 맛이 최고조인 만생종 복숭아를 베어 물면, 바로 그때가 가을의 초입이다. 무수한 복숭아들을 하나씩 먹는 동안 여름도 지나가는 셈이다.

한국의 주요 복숭아 품종(출하량순)

천중도백도
8월 중순 · 당도 12.5 · 영천, 충주 · 산도 0.25
300g | **유모계** 무모계 | **백육계** 황육계 | 쫀득이 딱딱이 **말랑이**

장호원황도
9월 중순 · 당도 12.5 · 음성, 장호원 · 산도 0.26
300g | **유모계** 무모계 | 백육계 **황육계** | 쫀득이 **딱딱이** 말랑이

그레이트 점보 아카츠키
7월 하순 · 당도 12.5 · 충주, 청도 · 산도 0.17
270g | **유모계** 무모계 | **백육계** 황육계 | 쫀득이 딱딱이 **말랑이**

오도로키
8월 상순 · 당도 12.0 · 영천, 경산 · 산도 0.27
300g | 유모계 무모계 | **백육계** 황육계 | 쫀득이 **딱딱이** 말랑이

유명
8월 하순 · 당도 12.0 · 영천, 충주 · 산도 0.27
300g | **유모계** 무모계 | **백육계** 황육계 | 쫀득이 **딱딱이** 말랑이

미백도
8월 상순 · 당도 11.5 · 음성, 충주 · 산도 0.32
300g | **유모계** 무모계 | **백육계** 황육계 | 쫀득이 딱딱이 **말랑이**

장택택봉
8월 상순 · 당도 12.5 · 상주, 춘천 · 산도 0.29
300g | **유모계** 무모계 | 백육계 **황육계** | **쫀득이** 딱딱이 말랑이

천홍
7월 하순 · 당도 12.0 · 경산, 영천 · 산도 0.89
250g | 유모계 **무모계** | 백육계 **황육계** | 쫀득이 **딱딱이** 말랑이

선프레
6월 하순 · 당도 11.0 · 경산, 영천 · 산도 0.84
200g | 유모계 **무모계** | 백육계 **황육계** | 쫀득이 **딱딱이** 말랑이

환타지아
8월 하순 · 당도 12.0 · 경산, 영천 · 산도 0.90
250g | 유모계 **무모계** | 백육계 **황육계** | 쫀득이 **딱딱이** 말랑이

농촌진흥청 남은영 박사의 추천 품종(수확 시기순)

치요마루
6월 하순 · 당도 12.5 · 산도 0.22
장마 때 맛있는 황도 품종
200g | **유모계** 무모계 | 백육계 **황육계** | 쫀득이 딱딱이 **말랑이**

유미
6월 하순 · 당도 12.0 · 산도 0.18
크고 맛있는 백도 품종
250g | **유모계** 무모계 | **백육계** 황육계 | 쫀득이 딱딱이 **말랑이**

옐로드림
6월 하순 · 당도 12.5 · 산도 0.24
신맛이 적고 달콤한 천도
200g | 유모계 **무모계** | 백육계 **황육계** | 쫀득이 **딱딱이** 말랑이

스위트컨
7월 하순 · 당도 13.0 · 산도 0.25
망고 맛이 나는 시지 않은 천도
250g | 유모계 **무모계** | 백육계 **황육계** | 쫀득이 **딱딱이** 말랑이

영봉
7월 하순 · 당도 13.0 · 산도 0.15
달콤하고 저장성도 좋은 품종
250g | **유모계** 무모계 | 백육계 **황육계** | **쫀득이** 딱딱이 말랑이

선미
8월 상순 · 당도 13.0 · 산도 0.22
향이 무척 좋은 달콤한 복숭아
250g | **유모계** 무모계 | **백육계** 황육계 | 쫀득이 딱딱이 **말랑이**

이노센스
8월 상순 · 당도 13.0 · 산도 0.33
속이 하얀, 백도 맛의 천도
200g | 유모계 **무모계** | **백육계** 황육계 | 쫀득이 **딱딱이** 말랑이

진미
8월 중순 · 당도 13.0 · 산도 0.20
흰 과육 사이에 붉은 빛이 도는 예쁜 백도
250g | **유모계** 무모계 | 백육계 **황육계** | **쫀득이** 딱딱이 말랑이

설홍
8월 하순 · 당도 13.0 · 산도 0.39
속이 하얀, 백도 맛의 천도
250g | 유모계 **무모계** | 백육계 **황육계** | 쫀득이 딱딱이 **말랑이**

반도
8월 · 당도 12.0 · 산도 0.25
납작이 복숭아 중 많이 재배되는 품종
150g | **유모계** 무모계 | 백육계 **황육계** | 쫀득이 딱딱이 **말랑이**

* 당도(브릭스) / 산도(퍼센트)

13

가을의 맛, 사과

새빨간 사과가 무르익으면, 여름은 저절로 멈춘다. 특히 추석 명절이 가까워 오면 수퍼마켓마다 인터넷 사이트마다 사과 선물 세트 광고가 걸리고, 가을이 전력 질주를 시작한다. 상자 안에 가득 찬 큼직하고 새빨갛게 윤나는 사과들을 보면 계절의 기운이 하나로 모인 보석이 떠오른다.

우선 정말 맛있는 사과를 고르는 팁부터 잠시 이야기해 보자. 무조건 큰 사과를 고르기보다는 이상적인 크기를 골라야 한다. 너무 크면 맛이 없고, 너무 작으면 시고 떫다. 권순일 농촌진흥청 사과연구소 연구관은 "현행 등급제에서는 무조건 큰 사과가 높은 값을 받지만 품종마다 가장 맛이 좋은 원래의 크기가 있죠."라고 알려 준다. 일반적으로 260~300그램 사이가 가장 맛있다. 어른 주먹만 하거나 조금 더 큰 크기다. 권 연구관은 "신품종인 황옥이나 피크닉 등 원래 몸집이 작은 사과는 현재 시장에서 경쟁력이 떨어진다는 사실이 아쉬워요. 중량별로 시장을 나누는 유통 개선이 필요합니다."라고 이야기하기도 한다.

물론 이제 사과는 딱히 가을에만 먹는 과일이 아니다. 과일 중에서 압도적으로 생산액 1위를 차지하는 한국의 대표 과일이 사과다. 봄에도 여름에도 겨울에도 사과는 언제나 어디에나 있다. 하지만 그 결과로 "사과는 퍼석하고 맛이 텁텁하다."라는 오해가 생기고 말았다. 연중 내내 공급되는 사과의 종류가 부사

ふじ, 후지라는 사실이 정확히 알려지자, 이제 그 오해는 '부사는 맛없는 사과'라는 것으로 변주되고 있다. 참 억울한 일이다. 사과는 퍼석하지도 텁텁하지도 않다. 맛있다. 물론 부사도 맛있다.

10월 하순이 제철인 부사는 추운 날씨에 결실을 맺는 만생종 사과다. 수백 가지 사과 품종 중 독보적으로 보존성이 좋아서 저장용으로 선발되어 활약한다. 전 세계적으로도 부사는 어디서나 사랑 받는 저장·수출용 사과다. 한국에서도 부사가 사과 생산량의 65퍼센트를 차지한다. 권 연구관은 부사가 가장 맛있다고 한다. "원래 과일은 뒤로 갈수록 맛있는 품종이 나오죠. 가장 맛이 좋은 만생종 사과인 부사를 기다리는 동안 다른 사과들이 단타로 자리를 때우는 겁니다."라고 농반진반으로 주장한다.

부사는 그만큼 흔한 탓에 어물전 망신 시키는 꼴뚜기, 물을 흐리는 미꾸라지 한 마리 신세가 되고 말았다. 사과 10개를 먹는다면 확률상 6.5개가 부사다. 특히 여름부터 늦가을까지 다른 품종 사과들이 활약하지 않는 시기에는 사과 100개를 먹어도 확률 따질 것 없이 모두 부사다. 생산량도 많은 데다가 저장도 잘 되어서는 연중 공급되니 모든 사과가 부사처럼 보이는 착시가 발생한다. 따라서 맛없는 부사가 맛없는 사과를 대변하게 되었다.

사과가 맛없다는 두 번째 오해도 첫 번째 오해와 같은 맥락에 놓인다. 아무리 저장성이 좋더라도, 사과 역시 생물이다. 권 연구관에 따르면 실온에서 보관할 때 여름 사과는 고작 1주일, 추석 전후에 나오는 사과는 3주까지 괜찮다. 가장 늦게 나오는 부사는 더 오래갈뿐더러 저온 창고에 두면 이듬해 조생종 사과가 처음 나오는 6~7월까지 버틴다. 보관 상태가 좋지 못한 사과가 맛없는 부사의 정체다. 이런 사과는 껍질이 할아버지 피부처럼 쭈글쭈글한 경향이 있다. 맛없는 사과가 다 그렇듯, 수분은 날아가서 더욱 퍼석하고 세포벽이 허물어져 까끌거리기도 한다. 하지만 부사의 잘못이 아니다. 수확기도 아닌 과일을 연중 내내 먹겠다는 인간의 욕심 탓이다.

10월 하순에 나오는 제철 부사는 그 모든 오해에 고개를 빳빳이 든다. 높은 당도와 적절한 산도, 촉촉한 수분과 기분 좋은 질감, 그리고 결정적으로 매력적인 향기를 자랑한다.

그렇다면 가장 맛있는 사과는 무엇일까? 상인들과 소비자들의 생각에 아마 '꿀사과'가 으뜸일 것이다. 그런데 이 꿀사과는 품종 이름이 아니라, 사과의 영양 상태에 대한 묘사다.

사과는 나무에 매달려서 잎이 광합성으로 만들어 낸 영양을 꾸역꾸역 받아 먹으며 알이 차고, 단맛이 오른다. 그런데 이 단맛이 과해지면 사과의 영양 상태에 문제가 생긴다. 바로 영양 과잉이다. 몸체가 다 컸고 속도 꽉 찼는데 계속 당이 공급되면 어떻게 될까? 사람이라면 살이 찐다. 성장을 마친 인간은 옆으로라도 늘어나지만 사과는 안타깝게도 그러지 못한다. 세포벽이 터진다. 터져 버린 세포벽 밖으로 과잉 공급된 당이 흘러나와서 부분적으로 뭉친다. 과육 사이사이에 꿀(정확히는 그냥 당)이 뭉쳐서 먹음직해 보이는 꿀사과의 원리다. 이것을 밀병이라고도 한다. 이런 현상이 장점도 되는 대표적인 두 품종이 부사와 추석 사과로 흔히 나오는 홍로다. 부사는 씨앗 부분에 생기고, 홍로는 껍질 가까이에 생겨서 멍든 자국처럼 보이기도 한다.

사과는 굉장히 당도가 높은 과일이다. 심지어는 과거에 사과의 지배자였던 국광, 홍옥 품종도 당도가 더 높아졌다. 신품종인 황옥은 무려 16.5브릭스의 고당도를 자랑하기도 한다. 딸기 중 단 것의 당도가 13브릭스 정도인데, 사과의 이미지는 딸기만큼 달콤하지 않다. 비밀은 산도다. 황옥은 산도가 0.45퍼센트로 매우 높다. 산은 당을 잡는 동시에, 당은 산을 받쳐 준다. 상호 작용하는 두 맛이 조화를 이루어서 적당한 균형의 맛을 내는 것, 쉽게 말해 새콤달콤이 이상적인 사과의 맛이다.

전 세계에서 가장 많이 재배되는 사과
품종인 레드 딜리셔스. 한국에서는
부사에 밀렸다.

가을의 맛, 사과

사과의 또 다른 핵심은 향이다. 어느 것이 더 좋다, 나쁘다고 할 일은 아니고, 마치 향수를 고르듯이 자신의 취향에 맞는 사과 향을 찾으면 될 일이다. 많이 먹어 볼 수밖에.

또 하나, 질감이 있다. 단단하며 아삭하거나 부드럽고 무르게 허물어지는 것처럼 각각의 특징이 있다. 단지 와삭와삭 베어 먹는 용도라면 이것도 취향에 맡길 일이지만, 요리용 사과는 가열 후에도 기분 좋은 질감을 유지하는 것이 중요하다.

1902년에 도입된 외래종인 사과가 한국에서 생산량 1위를 차지할 정도로 성장하는 동안에 잊힌 이름이 있다. 능금이다. 사과는 학명으로 말루스 도메스티카Malus Domestica이고 능금은 말루스 아시아티카Malus Asiatica여서 슬쩍 다르다. 이 탁구공만한 크기의 한국 토착종 과일은 왜 사라졌는지가 사과에 대한 마지막 질문이다. 권 연구관의 호쾌한 답이다.

"세검정능금, 자하문능금 등 궁궐 주변의 지명을 붙인 능금 몇 종이 있죠. 조선 시대에는 임금께 진상하기도 했다는데, 맛이 없어요. 병충해에 매우 강해서 유기농 사과 농사를 하는 분들이 묘목을 얻어가 시도해 본 일도 많았는데 쭉 재배하고 출하하는 경우를 한 번도 보지 못했습니다. 그 정도로 맛이 없어요. 능금이 맛없다기보다는 지금 사과가 요즘 사람 입맛에 맞게 맛있는 것이지만요."

루비에스

기존의 미니 사과 품종인 일본산
알프스 오토메를 대체하는
신품종이다.

8월 하순 / 90g

당도 13.5
산도 0.40

히로사키 후지

부사(후지)의 돌연변이종으로
그보다 20일가량 먼저 완숙된다.

9월 하순 / 310g

당도 13.5
산도 0.30

홍로

추석의 대표 품종으로 과육에 당이
뭉친 밀병 현상이 나타나 꿀사과로
불리기도 한다.

9월 상순 / 300g

당도 14.5
산도 0.20

레드필드

과육이 붉은색인 가공용 품종으로
전분질이 매우 많아 생식용으로는
적합하지 않다.

9월 하순 / 300g

당도 10.0
산도 0.60

아리수

농촌진흥청 사과연구소에서
육종한 신품종으로 당도와 산미가
고루 높다.

9월 상순 / 290g

당도 15.0
산도 0.40

시나노 스위트

일본에서 도입한 추석용 품종으로
당도가 매우 높다.

10월 상순 / 300g

당도 15.0
산도 0.32

피크닉

역시 농진청의 신품종으로 아리수
못지않은 당도와 산미에 향도
매력적이다.

9월 중순 / 220g

당도 14.5
산도 0.35

골든 딜리셔스

세계 생산량 2위를 차지하는
품종으로 과피는 연노란색이다.

10월 상순 / 270g

당도 14.5
산도 0.35

황옥

과피는 연노란빛으로 당도가 매우
높고 산도도 그에 걸맞아 균형이
맞다.

9월 중순 / 230g

당도 16.5
산도 0.45

레드 딜리셔스

전형적인 붉은 사과로 전 세계에서
가장 많이 생산되는 사과 품종이다.

10월 상순 / 290g

당도 13.5
산도 0.30

홍장군

추석 때 완숙되는 추석 사과 중
하나로 일본산 품종이다.

9월 하순 / 310g

당도 13.5
산도 0.30

브레번

과육이 가열 후에도 많이 무르지
않으며 가공·생식 겸용인 품종이다.

10월 상순 / 260g

당도 13.0
산도 0.50

* 일부는 시중에 유통되지 않는 연구용 해외 품종이다.

2부

일상
탐미

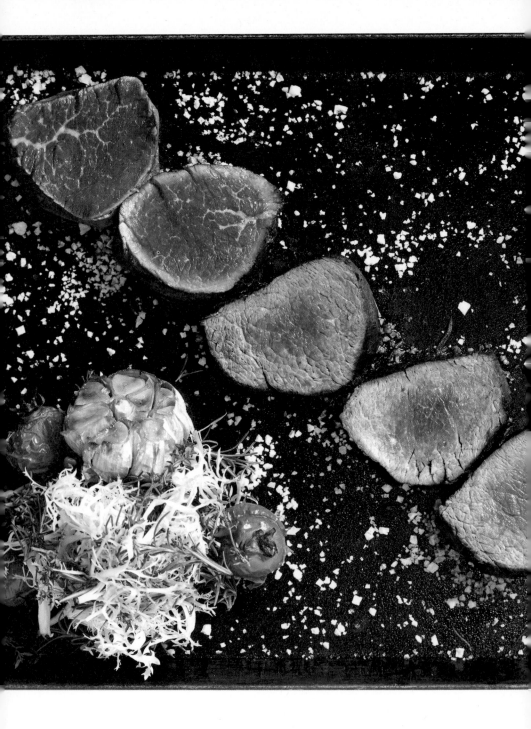

14

완벽한 스테이크의 10계명

한 덩어리의 호주산 안심을 잘라서 단계별로
구웠다. 왼쪽부터 순서대로 블루 레어, 레어,
미디엄 레어, 미디엄, 미디엄 웰, 웰던이다.

온 가족, 친구들 모인 자리에서 갓 구운 빵처럼 고소한 스테이크 향이 집 안에 가득 차면 잔치는 그때부터 시작이다. 그런데 무엇인가 이상하다. 큰맘 먹고 사 온 스테이크가 막상 구워 놓으면 맛이 없다. 핏물이 질질 새고 식감은 퍽퍽해서 입맛을 버리고야 만다.

왜 집에서 구운 스테이크는 레스토랑 같은 맛이 나지 않을까. 미안하지만 못 구워서 그렇다. 숯불에 굽는 로스용 얇은 고기에 익숙한 습관대로 구우면 안 된다. 두터운 스테이크용 고기는 굽는 법이 있다. 오랫동안 잘못 알려진 속설도 많아서 헷갈리기도 쉽다. 몇 가지 포인트만 숙지하면 스테이크를 레스토랑처럼 부드럽고 촉촉하게 구울 수 있다.

1. 취향에 따라 산지와 부위를 따져서 골라라. 고기는 근육이다. 모든 살코기는 그 자체가 근육이며, 부위별로 운동 빈도와 강도가 달라서 물성이 다를 뿐이다. 마블링은 촘촘히 분포한 지방 켜다. 소고기 기름은 그 자체로 고소하다. 하지만 과유불급이다. 마블링 좋은 고기는 막상 먹자면 한두 입은 좋은데, 끝까지 맛있기에는 너무 느끼하다. 마블링에 치중한 고기는 기름질지 몰라도, 버터를 구운 듯 맛날지는 몰라도, 살코기 자체의 맛은 가려진다. 소가 원래 하는 대로 어정버정 걸어 다니며 풀을 뜯어 먹고 자란 고기는 버터 아닌 '고기 맛'을 낸다. 이쪽도 맛있다. 끝까지 물리지 않고 얼마든지 먹을 수 있는 고기다. 마블링이 기준인 현행 소고기 등급제가 분별하지 못하는 맛의 등급이 있다. 찾아보면 한국에도 이런 소를 생산하는 농가는 꽤 있다. 그래서 한우는 때로 맛있는 고기가 낮은 등급에 묻히지 않았는지 잘 살펴볼 필요가 있다. 호주산 중 목초육이 대표적인 저지방 고기다.

미국산은 프라임, 초이스 등 다양한 등급으로 나뉘는데 일본의 영향을 더 크게 받은 한국산만큼 극단적으로 기름지지는 않다. 100그램당 1만 원을 쉽게 훌쩍 넘는 한우는 당연히 부담스럽다. 그보다 저렴한 수입 소고기가 현실적인

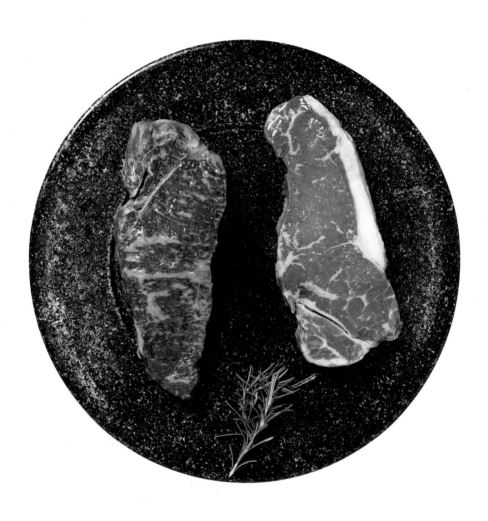

동일한 채끝 등심도 어떻게 키웠는가에 따라 물성이 다르다.
왼쪽은 한우 1++, 오른쪽은 지방층을 덜 도려낸 미국산 프라임 채끝 등심이다.

대안일 것이다.

요즘 가장 인기 있는 스테이크 부위를 고른다면 채끝 등심이다. 등심 뒤쪽에 있는 이 부위는 적당히 씹히는 맛이 있으면서도 연한 편이고 마블링이 보인다. 등심과 안심은 스테이크의 영원한 고전이다. 등심은 풍미가 좋고 마블링도 꾹꾹 잘 들어차 있다. 안심도 풍미는 좋고 부드럽지만 지방이 훨씬 적다. 가장 박력 있는 비주얼의 스테이크는 티본이다.

2. 숙성할수록 맛이 좋아진다. 무엇이든 갓 잡은 신선한 고기는 맛이 없다. 과학 시간에 배웠듯이 동물은 죽으면 사후 경직이 일어난다. 닭은 몇 시간, 돼지는 반나절 정도 지속되는데 소는 하루 종일 간다. 갓 잡은 고기는 확률상 사후 경직이 끝나지 않아서 뻣뻣하기 쉽다. 이 시간을 지낸 고기는 산소와 결합해서 스스로를 소화시킨다. 자가 소화의 느린 화학 반응들이 우리가 소고기에 기대하는 맛을 생성한다. 근육 조직도 약화된다. 흔히 썩기 직전의 고기가 가장 맛있다고 하는데, 이 말은 사실이다. 종이 한 장 차이로 썩기 직전까지는 숙성이요, 썩고 나면 변질이다.

소고기는 진공 포장해 냉장 보관하면 최장 한 달까지도 숙성이 가능하며, 가장 맛있는 스테이크는 냉장고 구석에 두고 한참 잊었다가 꺼내 굽는 것이다. 냉동육도 먹기 며칠 전부터 냉장고에 내려 둘 필요가 있다. 의도했거나 말았거나 이렇게 냉장고 안에서 밀폐 보관한, 아니 숙성시키는 방식이 습식 숙성 Wet Aging이다. 밀폐하지 않고 서늘한 곳에서 고기를 숙성시키는 건식 숙성 Dry Aging은 수분이 빠져나가고 고기가 쪼그라들며 표면은 어쩔 수 없이 변질되지만, 내부에 맛이 응축된다. 굳이 가정에서 따라해 보는 것은 권하지 않는다.

한정된 예산으로 살 수 있는 스테이크용 고기의 등급이 성에 차지 않을 때는 감칠맛을 더해 주는 치트키를 사용해 보자. 국간장, 액젓, 피시 소스 Fish Sauce, 굴 소스 등 단백질을 발효시킨 소스를 고기 표면에 아주 가볍게 발라서 며칠 냉장고에 재워 두면 고기 맛이 향상된 것처럼 느껴진다.

3. **중요한 것은 소금.** 오븐이 없어도, 버터를 사용하지 않고도, 후추, 소스나 허브를 더하지 않아도 스테이크는 된다. 아직 스테이크를 구우려면 멀었다. 소금 없이 스테이크란 없다. 소금을 언제 사용하는가를 두고는 여전히 말이 많다. 고기의 75퍼센트를 이루는 수분이 관건인 까닭이다. 굽기 전에 소금 간을 하면 어느 시점까지는 소금의 삼투압 현상으로 수분이 표면에 올라온다. 그러나 30~40분이 지나면 그 수분이 다시 고기 안으로 흡수된다. 농도를 맞춘 소금물에 담가 두거나Brine, 브라인 허브, 소금, 오일 등의 양념에 재워 두는 Marinade, 마리네이드 방법도 있지만 어디까지나 여유 있을 때의 이야기다.

시간이 부족하면 과감히 날고기를 그대로 굽는 것이 차라리 낫다. 사실 대개의 식당에서도 구우면서 혹은 굽기 직전에 소금 간을 한다. 소금은 스테이크 두께가 두꺼운 만큼, 과하지 않나 싶을 정도로 충분히 뿌리는 것이 좋다.

4. **굽기 전부터 온도가 중요하다.** 스테이크를 굽는다는 것은 1차적으로 고기를 익힌다는 의미다. 보통은 3센티미터 이상인 스테이크용 고기의 속까지 열이 잘 도달해야 한다. 열이 고르게 잘 도달하려면 우선 두께가 일정해야 한다. 균질하게 익히기 위해서다. 고기를 실로 묶어서 굽는 것은 일정한 모양을 잡기 위해서이기도 하지만, 고른 조리를 위해서라는 의미가 더 크다.

열이 속까지 잘 도달하려면 구울 때에 고기가 몇 도인지도 중요하다. 이 점은 조리 과학 전문가들끼리도 여전히 의견이 갈린다. 지금까지의 정설은 고기 온도를 실온에 맞추어야 한다는 것이었지만 요즘 들어서는 차가운 온도 그대로, 심지어 냉동 상태에서 굽기 시작하는 것이 낫다는 의견도 나온다. 내부가 익는 속도를 훨씬 늦출 수 있다는 이유에서다. 얇은 고기로 레어나 미디엄 레어를 굽는다면 후자의 의견이, 두꺼운 고기로 웰던Well Done을 구우려면 전자의 의견이 상대적으로 유용하다.

완벽한 스테이크의
10계명

5. 불과 연기를 두려워하지 말라. 오븐에 굽는 방법도 있지만, 서울 용산구 그랜드 하얏트 서울 '322 소월로' 스테이크 하우스의 이수현 헤드 셰프는 "수분 손실이 많은 가정용 오븐보다는 팬이 낫습니다."라고 말한다. 스테이크 하우스의 전신인 파리스 그릴 시절부터 20여 년간 그릴을 담당한 이 헤드 셰프는 "팬은 두꺼울수록 좋습니다. 열을 오래 지니기 때문이죠."라고 덧붙이기도 했다. 그리고 기름은 많을수록 좋다. 튀김에 가깝게 고기의 3분의 1쯤은 잠길 정도로 기름을 콸콸 둘러도 된다. 가장 강한 불로 팬을 달구는데, 어중간한 온도가 아니라 팬에서 연기가 피어나는 온도까지 도달해야 한다. 그래서 코팅 팬 대신 주물 팬이나 스테인리스 팬이 스테이크에 적합하다. 팬은 타지 않으니 불과 연기를 두려워하지 말자. 뜨거운 기름에 고기를 얹으면 당연히 기름이 튄다. 굽기 전에 키친타월로 고기 표면의 수분을 최대한 제거하는 것이 좋다.

6. 타기 직전까지 자주 뒤집는다. 육사시미는 고기 맛으로 먹지만, 스테이크는 향과 맛으로 먹는다. 향은 표면에서 난다. 스테이크를 굽는다고 하지만 이 단계에서는 튀기거나 지진다는 표현이 더 잘 어울린다. 여전히 강한 불로 위, 아래, 앞, 뒤, 옆까지 6면체를 주사위처럼 돌리며 고깃덩어리의 겉을 모두 튀긴다. 이때 고기 표면의 수분은 빠른 속도로 빠져나간다. 팬에 고기를 구울 때 나는 칙 소리가 수분이 나가는 소리다. 그래서 5밀리미터 이하의 한국식 '로스구이'는 한 번만 뒤집는다. 스테이크는 훨씬 두껍고, 완전히 다른 고기의 세계관이다.

건조하고 뻣뻣해진 고기 표면으로부터, 120도 이상[1]에서 마이야르Mailard 반응이 일어난다. 빵, 고기, 초콜릿, 커피, 흑맥주가

대표적인 스테이크용 소고기 부위들.
◀ 왼쪽 위부터 시계 방향으로 채끝 등심, 안심, 등심, 티본으로 모두 동일한 미국산 프라임 등급이다.

1
『음식과 요리
On Food and Cooking』,
해럴드 맥기
(Harold McGee) 지음,
이희건 옮김, 이데아, 2017.

지닌, 일관된 '맛있는 맛'의 정체다. 스테이크의 표면 전체가 다크 로스팅한 커피콩이나 다크 초콜릿 같은 색까지 가도 무방하다. 타기 직전까지 마이야르의 혜택을 이끌어 낸다. 겉을 가열하면 안으로 육즙이 몰린다. 이 현상이 와전되어 1850년에 유스투스 폰 리비히Justus von Liebig라는 과학자가 "겉을 재빨리 구우면 육즙을 가둘 수 있다."라는 유언비어를 퍼트렸다. 전문가 중에서도 여전히 이 자의 말을 믿는 이가 많은데 절대 현혹되지 말지어다. 육즙은 가두어지지 않는다. 굽는 내내 기화되고도 충분한 양이 고기 내부에 남아 있을 뿐이다.

7. 고기 속속들이 열을 전달한다. 한편 고기를 가열하면 내부에서는 55~60도부터 근섬유가 쪼그라들며 수분이 빠져나오고 단단해진다. 60~65도일 때 적당히 부드럽게 씹히면서 촉촉하다. 겉에서 마이야르 반응을 이끌어내려면 유지해야 하는 온도인 120도와는 상충된다. 스테이크가 두꺼울수록 좋은 이유다. 겉을 높은 온도로 실컷 지지는 동안에 속은 낮은 온도에서 맛을 끌어낸다. 이때의 붉은 수분은 피가 아닌 육즙이다. 육즙은 맛과 촉촉한 질감 모두의 핵심인데, 고기가 두꺼우면 속까지 열을 전달하기가 쉽지 않다는 점이 문제다. 겉을 어느 정도 완성한 후에는 불을 낮추고 속까지 열을 넣는 작업이 필요하다.

8. 고기는 찔러 보면 안다. 고기를 얼마나 익힐지는 어디까지나 취향의 문제다. 겉만 얇게 익어서 얇은 회색 띠를 두른 블루 레어Blue Rare부터 회색 부분이 좀 더 넓지만 표면 가까이까지 붉은 기운이 고루 퍼진 레어, 미디엄 레어, 속은 분홍에 가까워졌고 가장 안쪽에만 붉은 기운이 몰린 미디엄Medium, 미디엄 웰Medium Well, 골고루 회색에 가까운 빛으로 변한 웰던까지 모든 취향을 존중한다. 다만 촉촉하게 입맛 당기는 육즙을 듬뿍 머금고, 구운 고기의 향도 충분히 나는 단계는 미디엄 레어라는 점만 분명히 해 둔다.

원하는 온도로 구우려면 온도계를 사용하는 것이 편리하다. 뾰족한 끝 부분으로 푹 찔러 내부 온도를 재는 조리용 온도계가 1만 원도 채 하지 않으니 하나 장만해 두자. 정확한 기준은 나라마다 다르지만, 보통은 레어의 심부 온도가 45~55도이고 웰던으로 갈수록 높아진다. 온도계 사용이 번거롭다면 손톱 끝으로 눌러 보는 방법도 있다. 굽는 단계 각각의 탄력은 레어가 볼, 미디엄이 턱 끝의 도톰한 살, 웰던은 이마의 가장 튀어나온 곳을 누를 때 정도다.

9. 원하는 정도로 스테이크를 구웠다면 잠시 쉬게 하자. 앞에서도 간단히 언급했지만, 다 된 밥도 뜸 들일 시간이 또 필요하듯이 원하는 정도로 스테이크를 구운 후에도 레스팅Resting 시간이 필요하다. 팬에서 내린 고기를 따뜻한 온도의 접시나 도마 위에 10~12분 정도 그대로 두는 과정이다. 여열餘熱에 고기가 마저 익도록 하는 동시에, 가열하며 가운데로 몰렸던 수분이 고기 덩어리에 다시 퍼져서 재분배되도록 하기 위해서다. 후자가 더 중요한 목적이다. 충분히 레스팅하지 않고 섣불리 고기를 자르면 그때야말로 육즙이 줄줄 흘러 다 도망간 후의 뻣뻣한 고기 덩어리만 남는다.

10. 다시 가장 좋은 마무리는 소금과 후추다. 간이 잘된 스테이크는 그대로 먹어도 충분하지만 더 맛있게 먹는 방법도 있다. 굽기 전, 혹은 다 구운 후에 후추를 거칠게 갈아 뿌리면 보기 좋은 장식이 될 뿐 아니라 후추 향도 온전히 느낄 수 있다. 구우며 후추를 뿌리면 재가 된 후추 향을 맡는 셈이다. 부족한 간을 채우고 모양을 내기 위해 소금을 활용하는 것도 좋은데 웨일스Wales 소금, 맬든Maldon 소금 등 감칠맛과 존재감이 선명한 플레이크Flake 모양의 소금이 좋다. 짠맛과 신맛을 동시에 지닌 홀그레인 머스터드도 스테이크와 대표적으로 잘 어울리는 한 쌍이다. 팬에 남은 기름이나 버터에 레드 와인과 레스팅하며 나오는 약간의 육즙을 부어서 졸이면, 고기의 맛 마지막 한 방울까지 놓치지 않는 그럴싸한 소스를 간단히 만들 수 있다.

15

만화 고기
스테이크

'만화 고기'에는 멋이라는 것이 넘쳐 흐른다. 이 만화 고기가 무엇인지 아직 들어본 적이 없다면 잠시 과거로 돌아가 보자. 금세 이해된다.

〈고인돌 가족the Flintstones〉에서 원시인 아빠가 굽던 고기는 큼직해서는 가운데에 T자 모양의 뼈가 툭 불거져 있었다. 애완 공룡도 입맛을 다셨던 이 고기는 생김새로 보아 필시 소의 티 본T-bone 스테이크인데, 등심과 안심의 크기가 엇비슷하게 묘사되었으니 티본 중에서도 포터하우스Porterhouse 스테이크로 단정할 수 있다.

또 다른 미국 만화 〈톰과 제리Tom and Jerry〉도 떠올려 보자. 고양이 톰과 생쥐 제리, 개 스파이크가 모두 좋아해서 사이 좋게 나누어 먹기도 하는 음식이 바로 햄 스테이크였다. 돼지 엉덩이에 가까운 뒷다리를 횡단면이 되도록 잘라낸 두툼한 고깃덩어리로, 한가운데에 둥근 다리뼈가 박혀 있다. 잘 드는 칼로 단면을 잘라 내는 모습도 종종 묘사되었다. 이 만화에는 서커스에서 도망쳐 나온 사자도 가끔 등장하는데, 큰 동물인 사자는 이 부위를 통으로 꿀꺽 먹었다.

일본 만화인 〈미래 소년 코난未来少年コナン〉에서 코난과 코비가 모닥불에 통째로 구워 먹던 고기도 돼지고기의 다리 부위로 묘사된다. 자르지 않고 통으로 구워 뼈를 손잡이로 삼는 횃불 모양이다. 그렇다면 최근작인 〈원피스ONE

PIECE〉의 루피가 먹는 만화 고기는 무엇인가. 이 고기는 고기의 양 옆으로 뼈가 드러난 실패 모양이다. 만화 속 요리사 상디의 조리법을 모은 『바다의 1류 셰프 상디의 해적 레시피海の一流料理人 サンジの満腹ごはん』에서는 닭고기로 삶은 달걀을 감싸고 뼈를 달아 만든 것으로 소개되었지만 이 실사판 요리는 만화에서 묘사된 것과 모양부터 명백히 다르다. 정육 전문가 최정락 씨는 어린 양의 뒷다리 허벅지 부위로 추정한다.

한국 만화에서도 만화 고기 형태는 크게 다르지 않다. 『머털도사』의 주인공 머털이 대접받던 고기 역시 주먹만한 고기 양옆으로 뼈가 드러난 실패 모양이다. 크기상 닭, 오리 등 가금류의 다리 부위라고 가늠할 수 있다. 21세기 작품인 『신과 함께』에서도 차사差使들이 같은 모양의 만화 고기를 뜯으며 "고기는 역시 만화 고기!"라고 외친다.

만화 고기는 언제나 '뼈와 함께'다. 살코기만 그려서는 드러내기 힘든 과격한 식욕 때문인지, 만화 고기의 핵심은 손잡이가 되는 뼈에 있다. 허옇게 드러난 동물의 뼈를 움켜쥐고 큼직한 고깃덩어리를 거칠게 우적우적 뜯어 먹는 묘사는 주인공들이 만화 고기를 먹을 때마다 등장한다. 사뭇 원초적이며, 누구에게나 자극적이다. 인류가 불을 발견하고 돌칼을 발명해 고깃덩어리를 구워 먹었을 원시 시대부터 지속된 집단적 향수를 자극했을까? 일종의 만화적 클리셰인 셈인데, 이 클리셰는 세계 공용어인 이모지Emoji로도 만들어져 널리 활용되며 세계인의 식욕을 표현 중이다. 많은 이들은 일본 만화인 『처음 인간 갸톨즈はじめ人間ギャートルズ』를 이 클리셰의 원류로 꼽는다. 참고로 여기서의 만화 고기는 매머드 고기로 묘사되었으니 실제로 맛보기는 영 글렀다.

그동안 이 고기들을 현실에서 먹기는 참 쉽지 않았다. 〈고인돌 가족〉의 포터하우스 스테이크는 그나마 접근이 용이하다. 식당에서도, 마트에서도 만나기 쉬우니 언제라도 즐겨 보시기를 바란다. 그런데 〈톰과 제리〉의 햄 스테이크는

한국에 없는 부분육이다. 특별히 주문을 해서 구해
야 하는데 쉽지 않다. 양의 다리를 통으로 구워 먹는
것은 구로동, 대림역, 건대입구역 주변의 차이나타

1
肉鷄, 고기를 얻기 위해
키우는 닭을 말한다.

운에서 경험할 수 있지만, 사실은 만화와 달리 앞다리여서 모양이 많이 다르다.
돼지 통구이는 전문점에서 이따금 선보이지만 인기가 없어 금세 사라지는 메뉴
다. 어린 양이나 어린 돼지의 허벅지를 구해, 집에서 만화 고기에 도전할 수는 있
겠지만 오븐의 도움 없이 속까지 잘 조리하기가 쉽지 않으니 그만두자. 닭의 허
벅지를 구우면 횃불 모양의 만화 고기와 모양은 똑같이 만들 수 있지만, 애석하
게도 병아리보다 조금 큰 한국 육계1의 부분육으로 만들면 너무 작아진다.

스테이크의 기초를 익혔다면, 만화 고기 스테이크에 한번 도전해 보자.
눈으로 보기에 좋고 굽기도 재미있다. 좌절하지 않고 찾아 보았더니, 멀지 않
은 곳에 실현 가능한 만화 고기가 있으며, 집에서도 누구나 할 수 있고, 시각적
으로나 미각적으로나 맛이라는 것이 넘쳐 흐를 것이라는 확신이 들었다. 소, 돼
지, 양, 닭으로 만화 고기 스테이크를 실제로 구워 보았다.

소고기에는 많은 종류의 본인Bone-in 스테이크
부위가 있다. 미국육류수출협회의 김태경 과장
은 "티본과 포터하우스 외에도 엘본L-bone, 본
인 립 아이Bone-in Rib Eye 등 다양한 만화 고기
스테이크 부위가 있지만, 최근 주목받는 스테
이크 부위는 토마호크입니다. 갈비뼈를

미국산 프라임 등급의 토마호크로 구운 만화
고기 스테이크. 이 글의 스테이크는 모두 같은
그릴에서 격자를 내 크기를 비교할 수 있다.

길게 남겨 도끼 모양으로 다듬은 스테이크 부위로, 등심과 새우살이 붙은 립 아이에 고소한 갈빗살도 함께 붙어서 다양한 맛을 즐길 수 있죠."라고 소개한다.

이 스테이크는 4~5센티미터로 두께로 구웠을 때 무게가 1.6킬로그램에 달한다. 실제 크기도 도끼만 하니 장정 두셋이 먹어도 넉넉하다. 프라임 등급 토마호크를 구워 보았더니 곱게 파고든 마블링 덕분에 조리 시간이 길었음에도 촉촉한 스테이크가 되었다.

다 좋은데, 문제는 크기다. 집에서 조리하기에 너무 크다. 도끼 자루에 해당하는 뼈가 길기 때문에 어지간한 팬 밖으로 비어져 나온다. 또 뼈에 붙은 고기 부위는 뼈의 열전도율이 낮아서 더 천천히 익는다는 이중고까지 감수해야 한다. 물론 방법은 얼마든지 있다. 뼈가 붙은 부분에 팬 바닥으로 고이는 뜨거운 기름을 부지런히 끼얹어서 열전도를 도우면 고르게 잘 구워진다. 베이스팅 Basting이다. 단 매우 뜨거운 기름이 튀면 부상의 위험이 있으니 과격하게 멋 부리는 동작은 금물이다. 굽기 전에 뼈와 고기 사이에 깊게 칼집을 넣기도 하는데, 계속 뒤집다 보면 뼈가 분리되어 버릴 수 있어서 추천하지 않는다.

돼지고기 스테이크는 인기가 없다. 돼지고기는 소고기보다 싸고, 뻣뻣해서 맛이 없다는 선입견 때문이다. 하지만 소고기도 소고기 나름이고, 돼지고기도 돼지고기 나름이다. 소고기보다 비싼 돼지고기도 많다. 특히 스페인에서 수입되는 이베리코 베요타Ibérico Bellota는 어지간한 소고기 가격이다. 돼지고기가 뻣뻣해서 맛없다는 것은 잘못 구운 돼지고기만 먹어 왔다는 자백에 불과하다. 단언컨대 돼지고기 스테이크는 맛있다. 적합한 부위를 잘 고른다면 말이다.

뼈등심 또는 본인이라고 부르는 돼지고기 스테이크 부위가 있다. 갈비뼈를 남기고, 등갈비살과 함께 등심까지 이어진다. 두툼한 비계 부위도 연결되는데 이 비계살은 목살에 붙은 비계처럼 밀도 있게 씹히고, 고소한 지방 맛이 터져 나와서 한 번 경험하면 반드시 다시 찾는다. 무엇보다도 뼈가 붙어 있지 않

만화 고기 스테이크

은가! 대개 2~3센티미터 두께로 판매되는데, 굽는 방법은 일반적인 스테이크와 다르지 않다. 토마호크와 마찬가지로 뼈 부위에 베이스팅을 해 가며 열을 더해야 잘 익는다.

  뼈등심으로 만든 돼지고기 스테이크가 가장 맛있는 익힘 정도는 미디엄 웰이다. 지방이 녹고 비계는 꼬들꼬들하게 다 익어서 고소한 맛으로 변하고, 살코기 안은 분홍빛을 띠며 수분을 머금은 정도가 딱 좋다. 부드럽고 촉촉할뿐더러, 돼지고기 특유의 향과 맛이 가장 잘 산다. 웰던으로 구우면 어느 부위도 맛있기가 힘들다. 그나마 삼겹살이나 목살, 항정살은 기름이 많아서 촉촉하게 느껴질 뿐이다. 돼지고기의 기생충 문제가 해결된 것이 이미 30년도 더 된 일이다. 돼지고기도 소고기의 미디엄, 미디엄 웰처럼 속에 분홍빛이 돌도록 '덜' 구워도 안전하다는 것이 전문가들의 공통된 의견이다.

  한국인들은 한 살이 채 되지 않아서 램Lamb이라고 부르는 어린 양을 즐겨 먹는다. 그보다 나이가 많은 양은 머튼Mutton이라고 한다. 국내에 들어오는 양고기는 대부분 호주산인데 램의 비중이 압도적이다. 익숙지 않은 이들이 질색하는 양고기 냄새는 거의 나지 않는 어리고 보드라운 고기다. 양고기 중에도 물론 만화 고기가 있다. 뒷다리 허벅지를 통째로 구워서 진짜 만화 고기에

돼지의 갈빗대에 갈빗살, 등심과 비계까지 붙은 뼈등심 스테이크다.

도전할 수는 없기에, 그보다 쉽고 귀여운 갈비뼈 만화 고기에 주목해 보자. 뼈가 붙은 양고기는 프렌치 랙과 숄더 랙, 두 종류다. 숄더 랙은 말 그대로 어깨 쪽에 붙은 갈비뼈, 프렌치 랙은 쉽게 말해 통통한 배 부분의 갈비뼈다. 모양이 주는 쾌감은 동그란 등심 살이 탐스럽게 붙은 프렌치 랙이 우세하다. 맛 역시 육향이 더 진해서 만족감도 크다. 숄더 랙은 프렌치 랙처럼 딱 잡힌 모양으로 살이 붙지는 않았지만 지방층이 고루 분포해서 촉촉하게 먹기에 더 좋다. 칭기즈칸식 양고기 구이집에서 양갈비로 인기를 얻으며 한국 시장에 안착한 부위다. 양고기를 전문적으로 취급하는 수입사인 네이쳐스 푸드 정문석 대표는 "프렌치 랙은 주로 레스토랑에서나 사용하던 고급 부위인데 최근에는 칭기즈칸 전문점도

양의 갈비뼈에서 나온 두 종류의 만화 고기 스테이크다.
왼쪽이 프렌치 랙, 오른쪽이 숄더 랙이다.

만화 고기 스테이크

사용하는 곳이 늘어 익숙한 부위일 것입니다. 양의 갈비뼈는 원래 더 길지만 굽고 먹기 좋은 길이로 잘라서 가공되어 들어오죠."라고 말했다.

굽기 좋게 모양이 갖추어졌으므로 기름을 넉넉히 두르고 자주 뒤집어 가며 굽는다. 뼈가 살코기에 비해 크므로 다른 만화 고기와 마찬가지로 뼈 주변에 부지런히 베이스팅을 하며 구워야 한다. 센 불에 순식간에 굽고 충분히 레스팅한 후에, 미디엄 정도로 익혔을 때 가장 부드럽다.

스테이크가 스테이크다우려면 시각적인 포만감도 중요하다. 닭으로 말할 것 같으면 병아리 다리를 구워 먹는 초라한 느낌이 드는 육계보다는 토종닭을 추천한다. 육계는 몇백 그램부터 1.6~1.8킬로그램까지가 구할 수 있는 선인데 반해, 토종닭은 2킬로그램 내외 무게로 출하되므로 그나마 큼직하다. 일반 육계보다 체형이 호리호리해 살집은 적지만 다리가 길어서 보기에도 좋다. 오래 키웠으니 더 배인 육향은 덤이다.

전형적인 만화 고기는 닭의 종아리 부분만으로 탐스러운 모양을 낼 수 있지만 1인 1스테이크를 하기에는 크기가 충분치 않으니, 허벅지 부분까지 연결해서 사용한다. 시중의 닭 다리 부분육은 북채라고 해서 종아리 부분만 예쁘게 모양을 잡아둔 것이다. 허벅지를 붙여 둔 다리 부분육이 없다면, 통닭을 사서 손질할 수밖에. 닭 손질에 자신이 없다면 전문가의 손을 빌리면 된다. 정육점에서 통닭을 구입하되, 허벅지까지 다리를 구이용으로 달라고 부탁한다. 남는 부위는 따로 두었다가 닭볶음탕, 닭곰탕 같은 다른 요리에 쓴다.

닭 다리는 모양이 입체적이다. 두께가 일정하지 않아서 균일하게 잘 굽기가 어렵다는 의미다. 팬에서 겉을 충분히 구운 후, 오븐으로 속까지 더 가열하면 편하다. 팬만 사용한다면 겉이 노릇해질 때까지 구운 다음에 약한 불에서 뚜껑을 덮고 더 구우면 오븐과 비슷한 원리로 익힐 수 있다. 살에 칼집을 깊게 넣거나, 뼈를 따라 살을 반만 발라내서 펼쳐 굽는 것도 방법이다.

닭 스테이크에서 닭 껍질은 생명이다. 과자처럼 바삭바삭한 질감의 표면 Crust과 고소한 맛을 담당하는 까닭이다. 껍질이 팬 바닥과 기름에 잘 밀착되도록 닭 다리를 누르거나 펴서 구워야 바삭거리는 껍질을 얻기 쉽다. 가열되며 생각보다 많이 수축하므로 손질할 때 살코기보다 껍질을 넓게 남기는 것이 좋다.

토종닭 다리로 구운 만화 고기 스테이크.
고소한 껍질을 살려 굽는 것이 포인트다.

고기 색이 붉어서 소고기처럼 보이지만
이베리코 최상 등급인 베요타 돼지고기다.

화력 좋은 숯을 넣은 화로가 열기를 뿜어낸다. 충분히 달구어진 철망 위에 검붉은 고깃덩어리가 놓이자 물기가 재빨리 도망치는 '칙' 소리부터 난다. 능숙한 직원은 고기의 여섯 표면을 강한 불에 다갈색으로 지지고, 온기는 고기 속까지 충분히 미친다. 잠시 약식으로 레스팅까지 마친 후에 잘 드는 가위로 뚝뚝 베어낸 고기를 또 한 번 앞뒤로 지지면, 구수한 향취가 물씬 풍긴다. 한입 크기의 군침 도는 고기. 입안에 넣으면 묵직한 육향과 함께 육즙이 팡팡 터진다. 잘 절인 명이나물이며 생와사비, 히말라야의 벚꽃 빛깔 소금에 갓 간 통후추까지 곁들인다. 고기의 정체는 값비싼 소고기가 아니다. 돼지고기다.

돼지고기 시장에 고급화의 바람이 불었다. 요즘은 동네 돼지고기 구이집들도 스페인의 이베리코 돼지고기를 적극적으로 들여 놓는 추세인데, 최상 등급인 베요타Bellota부터 세보 데 캄포Cebo

de Campo, 세보Cebo까지 다양하다.1 베요타는 방목 환경에서 자유롭게 도토리, 과일, 버섯 따위를 먹고 자라며, 세보 디 캄포는 방목을 하지만 사료를 먹인다는 점이 다르다. 세보는 우리에 가두어서 사료를 먹여 키운다. 베요타 중에서도 '100퍼센트 베요타'는 순종 혈통의 이베리코 돼지로 가장 몸값이 높다. 이베리코 베요타는 소고기 못지않은 돼지고기로 불린다. 소고기처럼 붉은 색깔에 향이 굉장히 진하고, 고기 맛도 고소하다.

돼지고기 고급화의 선두에 품종 다변화가 있다. 한국의 돼지고기도 품종 단일화를 벗어나 다양해지는 추세다. 문정훈 서울대학교 농경제사회학부 교수는 이런 현상을 반긴다. "몇 해 전부터 유행한 제주 흑돼지의 영향으로, 소비자들이 돼지고기도 품종에 따라 맛이 다르다는 사실을 인식하게 되었습니다. 같은 버크셔K 품종인 지리산 인근의 흑돼지도 주목받고 있죠. 버크셔K는 외래산

품종인 버크셔 돼지가 대를 이어 오다가 한국에 토
착화된 것인데 아예 품종명을 브랜드화해서 판매하
기도 합니다. 오랫동안 시장을 장악하며 획일화시
켰던 백색 교잡종[2] 이외에도 다양한 특화·단일 품
종이 등장하고 있습니다. 요크셔와 버크셔Berkshire

2
YLD, 요크셔(Yorkshire)와
랜드레이스(Landrace)종을
교배해서 나온 돼지와
듀록(Duroc)종 돼지를
교배한 삼원 교잡종이다.

종을 교배한 돼지와 듀록종을 교배시켜 낳은 YBD나 듀록종 등이죠."

　이런 변화에 따라 수입산 돼지고기를 향한 인식도 재고되었다. '수입 고급
육'이 끝이 아니다. 문 교수는 한국인들이 선호하는 돼지고기 부위의 지형 변화
까지 내다본다. "예를 들어 이베리코는 삼겹살 부위가 지방이 과도해 되레 맛이
없기 때문에 그동안 비선호 부위였던 목심, 항정살 외에도 갈빗살, 치마살 등을
경험하는 계기로 작용하고 있습니다. 이제는 삼겹살만 맛 좋은 부위라는 오해
가 깨질 때도 되었죠. 등심, 전지, 후지 등 비선호 부위도 자르는 방식에 따라 좋
은 구이용 부위가 됩니다."

　삼겹살을 제외한 비선호 부위는 다른 방향에서도 소비자의 눈길을 끈다.
정천수 서동한우 본부장은 "돼지고기 역시 장기간의 건식 숙성으로 맛이 농축
되고 육질이 부드러워지는 효과를 얻을 수 있습니다. 건식 숙성한 소고기에서
치즈 향이 나는 것만큼 극단적이지는 않지만, 숙성한 고기 특유의 장점이 드러
납니다. 고기 결도 부드러워지고 맛도 향상되죠. 숙성 기간에 발생하는 보관과
관리 비용, 그리고 말라 붙은 표면을 도려내서 버리는 경우도 있기 때문에 단가
가 상승하는 것이 단점입니다."라고 설명했다. 수요 예측에 따라 생산량을 정하
기 때문에 갑작스러운 수요 증가에 대처하기 힘들다는 점도 무시하기는 어렵
다. 숙성 기간은 짧게는 30일, 길게는 45일 이상으로 가변적인데 편차를 줄이고
안정적인 맛을 유지하는 것이 과제다.

　익숙한 정육점의 풍경을 잠시 환기해 보자. 반으로 분할되어 매달린 돼지,

붉은색 조명 아래 고깃덩어리들이 부위별로 놓인 진열대, 고기를 돌돌 말아 주던 신문지가 있다. 당연히 그 고기는 정육점에 오기 전에 도축되었을 것이고, 도로를 달리고 달려서 그곳까지 당도했을 것이다. 돼지고기의 숙성은 이 모든 순간에 이루어졌다. 어느 특정한 시간에만 일어나는 과정이 아니었다. 유통 환경이 개선되면서 돼지고기가 숙성될 기회는 크게 줄어 버렸다. 진공 포장해서 냉장 유통되는 돼지고기는 숙성이 억제된 상태다. 유통 중에 진행되었던 자연스러운 숙성을 돼지고기 전문점에서 한다. 건식 숙성뿐 아니라 습식 숙성, 냉동 숙성 Ice Aging 등 새로 시도된 숙성 방식들이 슬로건으로 등장하고 있다. 비록 절반 이상은 무리수 수준의 마케팅으로 비추어지지만 말이다.

정육 전문가 최정락 씨는 돼지고기 고급화 트렌드가 계속 이어질 것으로 내다보았다. 문제는 자영업자들의 생존과 연관되기도 한다. "돼지고기의 프리미엄화는 이제 다양한 방면으로 발전 중입니다. 돼지고기 구이집들은 곁들이는 반찬과 찍어 먹는 소스, 소금, 서비스 등 작은 요소들에서부터 차별화를 시도하고 있습니다. 삼겹살은 여전히 서민 음식의 이미지가 강해서 단가가 높아져도 가격을 올리기 어렵습니다. 그래서 식당들이 돼지고기는 무조건 싸다는 이미지를 탈피하기 위해 노력하는 것이죠."

돼지를 사육하는 단계부터 맛의 차별화를 꾀하기도 한다. 이른바 '관행 양돈'이라고 불리는 기존의 방식에서 벗어나 좀 더 적은 수의 돼지를 공들여 사육하는 농가들이 등장했다. 동물성 사료나 콘크리트 돈사 대신, 산과 들의 나물이나 비바람에 떨어진 낙과 같은 식물성 사료를 먹고 흙, 톱밥, 쌀겨 등으로 돈사를 채워서 돼지들이 스스로 더위나 추위를 견디며 자연 생활에 가깝게 먹고 자라도록 돕는 것이 대표적인 예다.

소비자가 가장 선호하는 돼지고기의 육질은 100~120킬로그램에서 형성되는데, 보통은 6개월만에 이 정도로 성장하는 데 반해서, 이렇게 여유로운 양

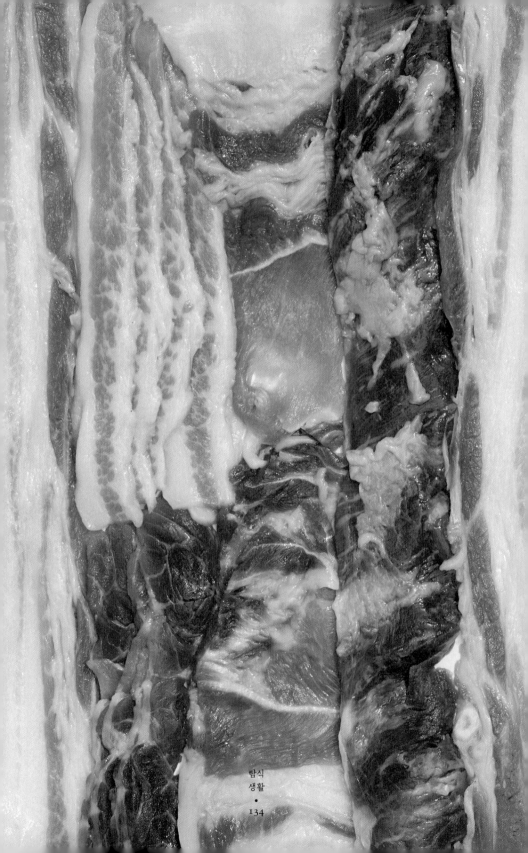

돈 방식에서는 1년은 길러야 이 출하 체중에 맞을 정도로 성장하게 된다. 분명 시간이 더 소요되지만 기존에 만날 수 없었던 돼지고기의 맛을 찾아가고 있다는 점에서 의미가 있다. 특히 삼겹살이나 목살과 같이 소비자들이 선호하는 부위와 등심, 사태 등 기타 부위를 골고루 혼합해서 판매하기도 한다. 특정한 인기 부위만을 소모하기 위해 급하게 키운 도구가 아니라, 모든 부위에 같은 가치를 둔 하나의 개체로서 돼지를 대한다는 점에서 주목할 만하다. 가격은 누구나 선뜻 사기에는 부담스러운 경우가 적지 않지만, 먹을 때의 선택뿐만 아니라 키울 때의 가능성도 넓어진다는 점이 중요하다.

더 다양하며 새로운 돼지고기들이 찾아온다니, 우리 지갑에는 안된 일이지만 입은 신날 일이다. 노릇노릇, 바삭바삭하게 익은 돼지고기의 구수한 풍미와 그 안의 보드랍고 촉촉한 살결은 값을 좀 더 치르고 취해도 아깝지 않을 오랜 쾌락일지니.

경상북도 봉화군 땅파는 까망돼지 농장의 돼지고기.
◀ 무리해 살을 찌운 돼지가 아니라 자연스럽게 육색이 짙게 들었다.
비계 역시 과하지 않다.

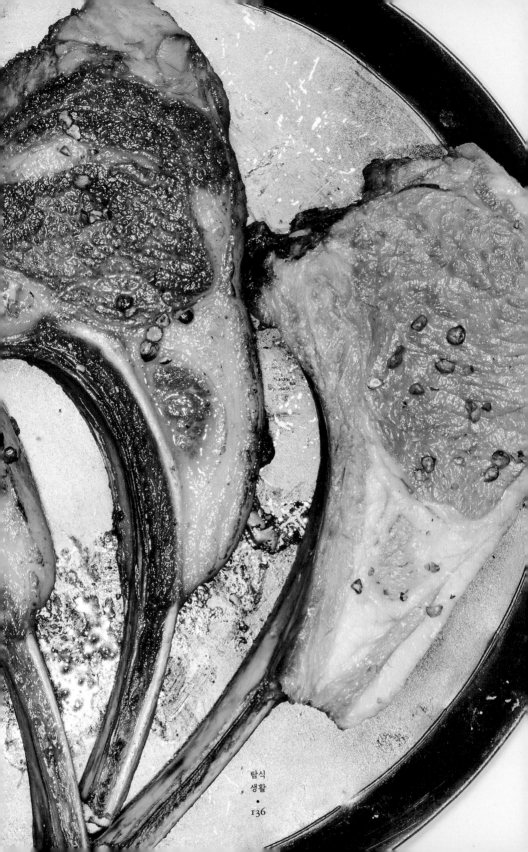

17

양고기,
다양성의 맛

"양꼬치엔 칭다오!" 때는 2015년. 배우 정상훈의 목소리가 울려 퍼질 때마다 양꼬치집이 폭발적으로 늘어났다. "오늘 양꼬치 어때?"는 몇 년 전만 해도 유별난 이야기 같았는데, 이제는 "삼겹살 먹으

1
孜然, 중국 등지에서 널리 쓰이는 향신료의 하나로 커민(Cumin)이라고도 한다.

러 갈까?"만큼이나 평범한 말이 되었다. 호주축산공사가 낸 통계에 따르면 한국으로 들어오는 양고기는 2014년부터 해마다 껑충껑충 뛰는 중이다. 2013년의 4,167톤부터 시작해 2015년 7,775톤, 2016년에는 1만 598톤까지 증가했다. 10년 전인 2007년에는 2,645톤에 불과했다. 이제 양꼬치쯤 먹는 것은 대단한 일도 아니다. 맵싸한 즈란[1] 양념의 보위 덕택에 양꼬치가 익숙해지자 그 너머 양고기에 대한 저항감이 줄어들면서 새로운 고기 취향으로 자리 잡았다. 소고기, 돼지고기가 아닌 제3의 붉은 고기가 찾아왔다.

네이쳐스 푸드의 정문석 대표는 "사업을 시작할 때만 해도 양고기는 몽골, 방글라데시, 네팔, 인도, 파키스탄 등 외국인 노동자들 위주로 소비가 이루어졌습니다. 서울 이태원의 강가나 마포의 램랜드 정도가 한국인들이 가는 식당 거래처였죠."라고 회상한다. 그의 기억에 따르면 중국인들이 한국에 유입되면서부터 양꼬치집이 하나둘 나타났다. 서울에서는 구로구 가리봉동, 영등포구

대림동, 광진구의 건국대학교 앞, 경기도는 안산시 등 중국인들이 모여 사는 지역 위주다. "양꼬치집들이 사용하던 부위는 다 자란 양인 머튼의 '트렁크 2'였어요." 정문석 대표의 기억이다. 한국 사람들이

2
다양한 부위의 살코기가
섞인 저렴한 양고기를
말한다.

양꼬치에 맛을 들이면서부터는 어린 양인 램이 사용되었다. "10년쯤 전부터 양꼬치집에서 램을 찾는 일이 많아졌죠. 경성 양꼬치, 호우 양꼬치 등 한국 사람들도 즐겨 찾는 체인점이 생기면서 폭발적으로 수요가 늘었습니다." 이렇듯 양고기의 한국 정착은 하루 이틀 사이에 일어난 일이 아니었다.

대개 1년 미만의 어린 양이 램이라 불린다. 그보다 더 어리면 밀크 램, 베이비 램 등으로 구분하기도 한다. 5~6개월 되면 스프링 램이라고 부른다. 양의 나이가 돌을 지나면 머튼이라고 불린다. 나라에 따라서는 1년~1년 7개월은 호깃Hogget, 1년 7개월을 넘기면 머튼으로 구분하기도 한다.

세월이 죄는 아니지만, 월령에 따라 양고기를 이토록 냉정하게 구분하는 것은 양고기의 독특한 향 때문이다. 초식 동물인 양은 풀을 많이 먹고 성체가 될수록 육색이 붉어지고 향이 짙어진다. 스카톨Skatole이라는 화학 물질이 체내에 쌓일수록 이 향은 강해진다. 때문에 도축 전 마지막 한 달 동안은 곡물만 먹여서 향을 줄이기도 한다. 어린 양일수록 살결은 밝은 분홍빛이고 특유의 향이 없다. 물론 근육도 적게 발달해서 육질이 부드럽다.

한국 사람들 대부분이 양고기 향에 거부감이 심한 이유는 그간 경험했던 양고기가 짙은 향을 지닌 머튼이어서일 확률이 매우 높다. 그 향은 거세하지 않은 수퇘지의 꼬릿한 누린내 또는 방귀 등 불쾌한 냄새들의 기억 뭉치와 연결되기 때문이다. 즈란과 고춧가루 등 강한 향신료를 찍어 먹는 양꼬치가 양고기 냄새의 트라우마를 1차적으로 치료했다고 볼 수 있다.

그런데 잠깐, 양고기 냄새는 정말로 두려운 것이기만 할까? 중국인들이

즐겨 찾는 양고기 전문점에서는 머튼이 더 선호되는 곳이 여전히 많다고 한다. 칭기즈칸 양고기 요리는 일본 홋카이도北海道의 대표 음식인데 그곳에서도 나이가 지긋한 애호가들은 밍밍한 램 대신 향이 강한 머튼을 찾는다고 한다. 양고기 특유의 향도 익숙해지면 악취가 아닌 향기로 느껴지는 것은 사실이다. 향 없는 내장탕, 육향 없는 설렁탕이 시시하듯이, 양고기의 고유한 향 그 자체를 인정할 필요도 있다. 익숙해질 수 있다면 말이다.

물량 대부분을 수입에 의존하는 양고기는 또 다른 두 가지 형태로도 나뉜다. 냉동과 냉장이다. 네이쳐스 푸드는 이치류나 라무진 등 칭기즈칸 양고기 전문점이 생기면서부터 냉장 램을 수입했다. 숯불을 피워 투구 모양의 두꺼운 무쇠 팬에 양고기와 양파, 대파, 숙주 등 채소를 함께 구워서 간장 소스에 찍어 먹는 요리다. 본래는 내장을 포함한 모든 부위를 구워 먹는다. 칭기즈칸이 고급 요리로 자리를 잡으면서 냉장 램에 대한 수요도 일어난 셈이다. 현재도 상대적으로 가격이 저렴한 머튼은 냉동육으로 수입된다.

2010년 11월 개업한 이치류는 양고기의 거부감을 치유하는 식당으로 불린다. "근막이나 힘줄, 지방 등 부위의 향이 강하기 때문에 다 제거하면 냄새를 줄일 수 있어요."라고 말하는 주성준 대표는 고기 손질에 큰 공을 들인다. "양고기 냄새의 원인인 부위를 제거하면 고기의 양도 크게 줄어들죠. 이치류가 지점마다 갈비숄더 랙, 등심, 살치를 각 30인분만 판매하는 이유입니다."

양고기의 부위별로 맛도 다르다. "갈비는 스테이크처럼 두껍게 나와서 부드럽게 익혀 먹기 좋고, 뼈가 붙은 부위라 육향을 충분히 느낄 수 있어요. 등심은 근내 지방이 끼어서 부드럽고 육향이 다소 있죠. 살치살은 마치 소고기처럼 고소한 데다, 쫄깃하게 씹히는 맛도 있습니다." 그의 말에 따르면 가장 향이 약한 부위는 등쪽의 목 아랫살인 살치살이다.

현재 양고기 시장은 중국식 요리인 양꼬치와 일본식 요리인 칭기즈칸이 이끄는 셈이다. 양꼬치는 요즘 더욱 세분화되는 중이다. 부위별로 맛을 보는 식당이 흔해졌다. 지방이 많아 고소한 갈비가 인기다. 큼직한 다리도 통째로 굽는다. 커다란 꼬치에 꿰어 불 위에서 돌려가며 잘 익은 표면부터 긴 칼로 저며내가며 먹는다. 훠궈火锅와 마라샹궈麻辣香锅도 빼놓을 수 없다.

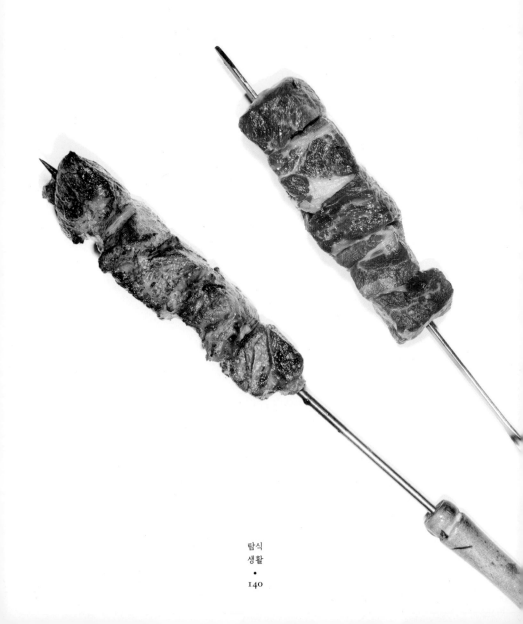

게다가 양고기를 좋아하는 입맛은 중국과 일본의 전유물이 아니다. 소스를 곁들인 양갈비구이, 양고기만두, 양고기볶음국수 등 몽골식 요리나, 그와 멀지 않은 나라인 우즈베키스탄의 양고기 요리들도 자리를 나누어 가지고 있다. 우즈베키스탄의 양고기 요리는 구이, 만두, 수프, 국수 등의 생김새가 몽골식과 비슷하지만 좀 더 서양에 가까운 인상이다. 두툼한 꼬치 요리인 샤슐릭Shashlik은 풍미가 독특하다.

세계 지도를 남쪽으로 훑어 내려와서 인도, 네팔, 파키스탄 쪽을 짚어도 양고기는 당당한 주재료다. 서울 종로구의 네팔 식당인 나마스테와 에베레스트는 2000년대 초부터 영업해서 '커리 노포'라 부를 만한데, 각종 향신료를 풍부하게 넣어 깊은 맛을 내는 커리에 양고기가 어김없이 등장한다. 다시 지도의 서쪽으로 방향을 돌려 중동, 터키, 지중해 일대를 지나 유럽까지 모두 훑어 보아도 양고기는 어디서나 중요한 식량 자원이다.

이렇게 세계가 먹는 양고기인데, 한국식 양고기는 없을까? 물론 있다. 서울에서는 마포구 램랜드, 동작구 운봉산장 등이 대표적이다. 아직 가정에서는 양고기가 여전히 낯설다. 양고기의 약 98퍼센트가 식당에서 소비되고 있다. 호주 축산공사에 따르면 2017년 소매점의 양고기 판매량은 2.5퍼센트에 그친다. 부지런한 얼리 어답터Early Adopter들은 프리미엄 식재료 배달 업체에 양고기를 주문해 집에서 굽기 시작했다. 대형 마트도 꾸준히 양고기 코너를 유지하고 있다. 저녁 식탁에 오를 고기의 선택지에 양고기도 자연스레 포함될 때가 머지않다.

양고기,
다양성의 맛

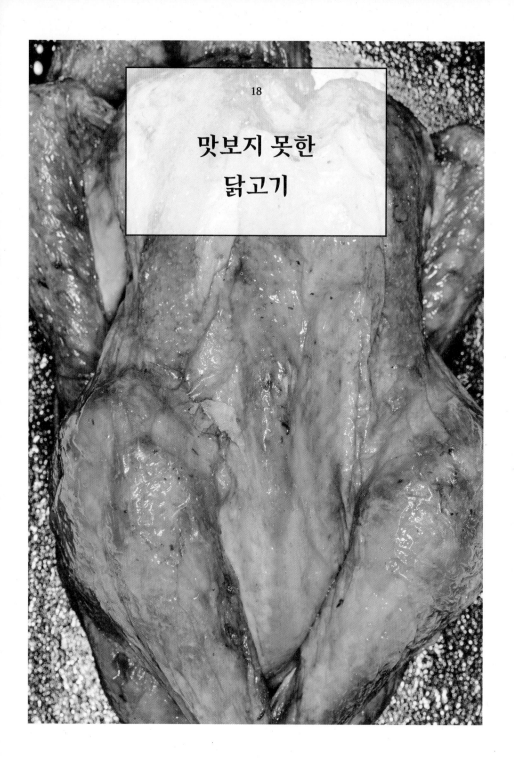

18

맛보지 못한
닭고기

'닭 한 마리'란 대체 무엇일까? 7,000원짜리 닭을 사 오면 바가지를 쓴 것일까? 3,500원짜리 닭 한 마리를 다 먹으면 행복할까? 우리가 먹는 닭의 크기는 실로 다양하다. '병아리떼 종종종'을 며칠 전 졸업한 듯이 보이는 '두 마리 영계'는 5호(500그램)이다. 이 닭이 삼계용이다. 두 마리를 사도 7,000원 선이니 복날에 1인 1닭을 하면 된다. 그런가 하면 가격이 곱절인 15호(1.5킬로그램) 닭도 있다. 한 사람이 300그램을 먹는다고 치고, 뼈 무게를 제외하면 3~4인분이다. 두 마리 영계에 비하면 마치 타조 같다. 체중은 세 배지만 덩치는 그보다 듬직해 보인다. 백숙, 닭볶음탕, 아니면 프라이드 치킨을 해서 나누어 먹으면 된다.

닭의 생은 과자의 생과 그리 다르지 않다. '나리 나리 개나리 입에 따다 물고' 봄나들이 가는 병아리는 3~4일간 어미닭의 자궁에서 형성된 달걀을 21일간 어미닭이 따뜻하게 품으면 알을 깨고 태어난다. 그런데 요즘 어미닭은 부지런히 달걀을 낳아야 해서 아주 바쁘다. '워킹닭'이 알을 품을 시간이 없기 때문에 병아리는 부화장이라는 문명의 품에서 태어난다.

병아리가 육계로 자라야 하는 목표는 1.3킬로그램 혹은 1.7킬로그램 내외다. 표준적인 두 가지 크기인 10호, 15호 통닭으로 시장에 나온다. 10호는 28일, 15호는 35일가량 키우면 된다. 농촌진흥청 자료에 따르면 3킬로그램까지 자라는 데 걸리는 시간도 불과 40일 남짓이다. 그러나 일반적인 육계를 3킬로그램까지 키우는 일은 거의 없다. 2킬로그램 이내에서 도축한다. 육계보다 크게 키워 먹는 토종닭이라도 2킬로그램 이내에서 출하한다. 병아리가 쑥쑥 자라는 성장기인데도, 목표 체중만 도달하면 출시킨다. 도축을 뜻한다. 삼계탕용 품종은 주로 55호로 출하되는데 5~6주 키워서 생체 체중은 700그램이다. 뚝배기에 쏙 들어가는 크기까지만 키우는 백세미 품종이다.

제대로 성장부터 노화까지 겪고 죽는 닭의 천수는 그보다 훨씬 길다. 장성한 닭이 되어 흙바닥의 지렁이를 잡아먹고 잡초도 쪼아 먹으며 꽁무니에 제 병아리도 졸졸 붙이고서 다니는 모습은 어디까지나 만화 속 정경이다. 육계의 생은 5주를 넘기지 못한다. 산란계[1]라 해도 인간이 정해 준 수명은 2~3년 정도다.

닭은 점점 작아졌다. 배달 온 프라이드 치킨이 점점 작아졌고 삼계탕의 닭도 뚝배기에 쏙 들어갈 정도로 점점 작아졌다. 왜 이런 일이 일어났을까? 같은 육계 중 5호 영계와 15호 닭만 해도 맛의 차이가 꽤 크다. 5호는 질감이 부드럽고 온화한 대신에 향이 백지장처럼 비었다. 태어나서 근육으로 한 일이 별로 없어서다. 근육은 곧 단백질이고, 그 사이에 지방이 있다. 단백질과 지방의 갖가지 성분이 닭고기의 맛과 향에 관여할 만큼 자랄 겨를이 없었다. 15호 닭만큼만 자라도 제대로 닭 맛을 낸다. 자칫 잘못 넘어가면 누린내가 되지만 조류 특유의 구수한 향이 있다. 특히 큰 닭의 다리 부위는 다른 고기라고 해도 속을 만큼 향이 진하다.

닭도 부위가 있다. 크게 두 부류인데, 색이 다르다. 색에 따라 맛과 질감도 아주 다르다. 닭의 가슴살과 그 안의 안심이 흰 살코기White Meat 부위다. 닭은 오리나 기러기와 달리 공식적으로는 날지 않는다. 몇 미터 체공하는 정도다. 날개를 지탱하는 부위인 가슴과 안심, 즉 흰 살코기는 하는 일이 없다. 일부러 산소를 쓸 일이 없으며, 열량도 거의 소비하지 않는다. 따라서 닭 다리에는 있는 미오글로빈[2]이 적고, 그래서 빛깔도 하얗다. 근육 사이사이에 파고드는 지방도 거의 없으므로, 칼로리가 훨씬 낮다. 큰 역할을 하지 않는 날갯살 역시 흰 살코기 부위다.

흰 것이 있으면 검은 것도 있다. 어두운 살코기Dark Meat는 다릿살과 허벅지살이다. 이쪽 고기들은 육색이 짙다. 향도 상대적으로 뚜렷하다. 닭의 운동은 뛰어다니는 것이 전부다. 휴가를 못 가는 사무직 인간의 다리 근육은 퇴화 중이

맛보지 못한 닭고기

지만, 닭의 다리 근육은 평생 단련된다. 근육이 움직이면 산소를 많이 소비하며, 단백질이 붙든 철분도 많아진다. 그러므로 운동을 많이 한 닭은 미오글로빈의 육색을 띠고, 강인한 근육에 지방이 깃들었으니 쫄깃하고 촉촉하다.

세상에 세 종류의 사람이 있다. 닭의 하얀 퍽퍽살만 좋아하는 사람과 그 반대로 퍽퍽살만 싫어하는 사람, 그리고 닭이라면 물불 가리지 않는 일부의 사람이다. 닭의 흰 살코기를 두고 '요리사의 빈 캔버스'라고도 부른다. 흰 살코기는 색뿐 아니라 맛도 무미에 가까워서, 요리사가 맛과 향을 그리는 흰 도화지가 된다. 닭의 가슴살과 안심에 대한 퍽퍽살이라는 표현은 옳다. 수분을 잃기 쉬운 부위여서 촉촉한 요리에 어울린다. 어두운 살코기는 요리사의 역할이 크지 않아도 괜찮다. 소금 간에 굽기만 해도 충분하다.

심지어 닭이 더 커지면 부위는 더 세분할 수 있다. 현재 일반 소매점에서 판매하는 닭의 부분육도 가슴살, 안심, 다리살, 날개와 닭봉까지는 구분되지만 그보다 훨씬 세세한 구분도 가능하다는 얘기다. 지금 당장 부위별로 닭고기 맛을 제대로 경험해 보자면 일본식 닭꼬치인 야키토리燒き鳥가 제격이다. 듣도 보도 못한 닭의 부위들이 메뉴에 올라 있다. 서울 홍대 앞 쿠이신보의 김현종 대표는 "공급이 안정적인 한에서 가장 큰 16호닭(1.6킬로그램)을 부위별로 정형해 공급받습니다. 제가 야키토리를 배워 온 일본에서는 더 큰 닭도 다양한 선택이 가능하죠. 닭이 크면 부위를 정밀하게 나누어 사용하는 재미도 있어요. 야키토리 전문점마다 부위도 제각각 다르게 나누기도 합니다."라고 전했다.

닭의 안심은 작아도 가슴살과 분리되어서 세부 부위 중 가장 친숙하다. 미디엄 정도로 살짝 구워 고추냉이를 발라 먹으면 촉촉하게 입맛을 당긴다. 기름기가 고소한 다릿살이나 진한 향의 염통도 어느 정도 익숙하다. 날개도 마찬가지여서 닭이 크면 닭봉과 아랫날개로 나눌 수 있다. 가슴살에 붙은 연골은 난코츠軟骨, なんこつ나 야갱藥研, やげん이라고 부르며, 무릎의 연골은 히자膝, ひざ라고 한

다. 목살, 골반살이나 엉덩이살, 등에 붙은 등심, 어깨에 붙은 어깨살은 뼈까지 발라 먹는 셈이다. 끝이 아니다. 닭 껍질도 엄연히 하나의 부위다. 호불호는 갈려도 좋아하는 사람은 없어서 못 먹는다. 보통은 떼어 내서 버리는 닭의 꼬리도 기름이 많아서 구우면 바삭하며 고소하다. 쿠이신보에서 아킬레스로 파는 부위는 닭발의 바로 위쪽인데 역시나 콜라겐Collagen의 풍미가 진하다.

사실 우리는 이 모든 부위를 다 먹어 보았다. 삼계탕이나, 박스에 든 배달 치킨을 먹을 때 분명 먹었다. 그러나 단지 닭 다리를 통째로 먹는 것과, 허벅지의 튼튼한 살과 두 다리뼈를 연결하는 연골을 골라 먹는 것은 매우 다른 경험이다. 이제까지의 한국 식문화는 큰 닭을 먹을 필요가 점점 줄어드는 길을 걸어왔다. 3킬로그램짜리 닭을 나누어 먹기보다는 500그램짜리 닭 한 마리로 알차게 혼밥하는 일이 더 많다. 온전한 모양새로 1인분을 내려면 작을수록 유리하다.

한국의 대표 종교는 치킨교라고 할 정도로 모두가 치느님을 찾는다. 여름에는 복날마다 일제히 삼계탕을 찾는다. 닭 가슴살을 아끼는 다이어터Dieter들 덕분에 부분육 시장의 성장 가능성이 보인다. 닭 가슴살과 함께 큰 닭에 대한 수요도 점차 커지고 있다. 큼직한 가슴살이 나오려면 닭도 커져야 하는 까닭이다. 닭 가슴살 외의 다른 부위도 특성을 살려 잘 먹을 방법을 고심할 때가 왔다.

닭을 먹는 방식이 불과 몇 가지에 불과한 한국의 조리법은 좀 더 다양해져도 된다. 어차피 복날에 삼계탕, 저녁 식사로 닭볶음탕을 먹는 생활 양식 그대로라면 지금의 닭만으로도 충분하다. 하지만 더 많은 종류의 닭 요리를 즐길 때, 더 큰 닭과 그 닭의 부위 구분도 필요해진다. 세상은 지금의 작고 어린 닭만으로는 모든 취향을 채울 수 없게끔 변하는 중이다. 작은 닭은 여전히 쓸모가 있지만, 큰 닭도 마찬가지다. 치느님이 현재의 일률적인 양계 산업과 편협한 식문화에 만족하고 계신지는, 인간이 질문해야만 한다.

19

제3의 고기, 샤퀴트리

"고기가 없어서 못 먹지"라는 말은 한민족의 역사와 함께해 왔다. 농경이 삶의 기반이었던 한국인에게 고기는 인색하게 주어졌다. 어쩌다 한 번 밭 갈던 소가 노쇠해 죽거나, 돼지나 닭을 잡을 정도의 잔치가 열리거나, 아니면 꿩 같은 야생 동물이라도 잡는 사냥날이 아니면 고기 볼 일이 없었다.

마을 잔치를 상상해 보자. 다 큰 돼지 한 마리를 잡았다 치는 것이다. 살코기부터 마을 사람들이 나누어 갖는다. 입은 많은데 고기는 적다. 껍데기나 머리, 족 같은 부산물마저 알뜰하게 가져가서 어떻게든 요리해 먹어야 한다. 이것은 돼지를 잡은 백정 몫일 때가 많았다고 한다. 심지어 내장과 피마저도 잡은 그날에 어떻게든 먹으려 했을 것이다. 그래서 순대가 한국의 음식 역사에 존재한다. 신선한 피와 내장이 상하기 전에 재빨리 음식으로 변환시켜서 소비했다는 방증이다. 이렇게 애지중지 소비하고 나면, 동물성 단백질과 지방이라고는 한 톨도 남지 않는다. 고기가 모자라니 국물을 우려내 양을 불려 나누어 먹기 위해서 한반도에 탕·국 문화가 발달했다고 음식 역사가들은 공통적으로 분석한다.

전기와 냉매가 발명되기 전에 잉여 식량을 보존하는 방법은 하나같이 수분 제거였다. 소금을 이용하든, 끈을 묶어서 매달아 놓든 아무튼 목적은 수분을 통제해 유기물의 부패를 담당하는 미생물을 억제하는 것이다. 하지만 적어

도 한반도에서는 고기가 보존 식품이었던 적이 없다. 그나마 소고기 육포 정도
인데 소고기의 귀한 살코기뿐 아니라 참기름, 간장 등의 고급 재료가 투입되는
지라 매우 적은 수의 특권 계층만 향유하던 음식 문화였다. 실은 살코기를 구워
먹는 것도 권세 있는 양반들이나 즐겼던 특권층의 문화였다.

대신 젓갈과 말린 생선이 있었다. 3면을 둘러싼 바다에서 풍족하게 잡히
는 생선이며 조개류를 염장해서 보존한 것이 젓갈이고, 며칠 동안 바닷바람에
바싹 말린 보존 생선도 지역마다 발달했다. 김치도 있었다. 채소가 끊기는 겨울
철의 대비책이다. 부뚜막에 대롱대롱 매달아 놓은 나물도 추운 계절에 요긴한
보존 식량이었다. 물론 들판에 지천으로 심은 콩도 장으로 담가 두고두고 먹었
다. 염장·건조되는 동안에 맛이 풍부해진다. 이 보존 음식 문화를 아울러서 현
재의 우리는 발효 문화라고 부른다.

반면 유럽은 풀이 잔뜩 돋은 초원 지대 탓에 고기가 남아서 문제였다. 우
리가 생선을 염장하고 콩으로 장을 담고 나물을 말렸던 바로 그 원리로 이들은
고기를 보존했다. 스페인, 이탈리아, 프랑스, 독일 등 기후가 온화한 유럽에서는
고기로 만든 보존 식품이 발달했다. 방법은 여러가지지만, 여기서도 원리는 하
나다. 첫 단계는 고기를 통째로, 또는 다지거나 갈아서 준비한다. 거기에 지방과
부재료를 첨가하는 것은 선택이고, 소금을 묻히거나 섞는 것이 필수다. 두 번째
단계는 보존이다. 통고기 혹은 다지거나 간 고기는 내장에 넣는 등의 방식으로
모양을 잡아서 건조 과정을 거치며, 여기서는 훈연이 옵션이다. 다지거나 간 고
기를 용기에 넣고서 오븐으로 가열 조리하고 또다시 보존한다. 보존 과정에서
유익한 발효가 일어나 맛이 숙성되는 것이 핵심이다. 이 단순한 보존 조리에서
집집마다 조그만 요소를 더해 변주함으로써, 거의 같으면서도 조금씩 다른 결
과물이 완성되는 점은 한국의 젓갈이나 장, 김치와 꼭 같다.

이제는 우리도 고기가 남기 시작했다. 현대적 축산 기술과 콩, 옥수수 등

사료 작물의 재배 기술이 발달한 덕이다. 소고기와 돼지고기를 언제나 먹을 수 있고, 심지어 닭은 다 크기도 전에 잡아먹을 정도로 넉넉하고 빠르게 고기가 공급되는 시대다.

한국의 돼지고기는 두 종류로 나뉜다. 선호 부위와 비선호 부위다. 선호 부위는 지방이 많아서 고소하게 구워 먹기 좋은 삼겹살과 목살, 항정살 등이다. 돼지 한 마리당 30~40퍼센트에 불과한 이 부위들 외에는 모두 비선호 부위다. 지방이 적어서 구워 먹으면 퍽퍽하거나 질긴 부위들은 가격대가 낮아도 소비자의 선택을 덜 받는 실정이다. 앞다리와 뒷다리만 해도 돼지고기 중 40퍼센트가량인데 이것이 모두 잉여 고기가 되는 셈이다. 유사 이래 처음으로 남는 고기를 보존 식품으로 만들어 볼 만한 시대가 되었다는 뜻이기도 하다. 게다가 이 비선호 부위들은 햄이나 소시지를 만들기에 딱 맞다.

동시에 한국은 지난 100여 년 간 외국의 음식 문화를 매우 빠른 속도로 흡수했다. 우리는 소시지, 햄과 캔 햄으로 고기, 특히 돼지고기로 만든 보존 음식의 입맛을 깨쳤다. 주로 미국의 양산 제품이었다. 아니면 분홍 소시지 등 밀가루로 양을 불린 '고기 향 삶은 빵'이기도 했다. 세계화가 진행된 21세기 들어서는 미국식보다 역사가 앞선 오리지널 육가공품이라고 할 수 있는 유럽의 하몽[1]이며 초리조[2], 살시차[3] 같은 낯선 명사들에도 점차 익숙해졌다.

외식 문화가 발달하며 최근에는 샤퀴트리 Charcuterie라는 명사도 자연스럽게 발음하게 되었다. 프랑스의 육가공품을 아울러서 넓게 부르는 말이다. 프랑스 음식을 전문으로 하는 레스쁘아 뒤 이

1
Jamón, 돼지 뒷다리의 넓적다리 부위를 통째로 잘라서 소금에 절여 건조·숙성해 만든 스페인의 대표적인 생햄이다.

2
Chorizo, 돼지고기와 비계, 마늘, 피멘통(Pimentón, 빨간 파프리카 가루)으로 만드는 스페인의 대표적인 소시지다.

3
Salsiccia, 다진 돼지고기와 각종 허브, 향신료를 넣어서 만든 이탈리아식 소시지를 말한다. 훈제나 자연 건조를 거치지 않는 경우가 많아서 익혀 먹는다.

브의 임기학 셰프가 2014년 서울 강남구에 서브 브랜드 식당으로 라 까브 뒤 꼬숑을 내면서 레스토랑 주방에서 만든 샤퀴트리를 소개했다. 마포구의 랑빠스 81도 2015년부터 식당에서 샤퀴트리를 만들며 짭짤한 감칠맛을 알렸다.

2013년 말 축산물위생관리법이 개정되어 소규모 육가공품 판매가 가능해진 이후의 일이다. 수제 베이컨을 파는 작은 가게들과 온라인에서 수제 햄을 파는 귀농인들이 하나둘 등장했다. 현재는 소규모 육가공품 시장이 군웅할거의 과도기에 이르러서, 이제 서울에서는 유럽 각국의 전통적인 육가공품을 대부분 만날 수 있다. 잘한다고 손꼽히는 곳도 생겨났다.

마포구의 소금집은 유럽·미국에서 영향을 받아 나름의 방식으로 만든 다양한 육가공 제품이 강점인 대표 주자이고, 한국의 입맛에 맞춘 생생한 맛을 내는 용산구의 그로서란트Grocerant인 사실주의 베이컨도 영역을 굳히고 있다. '프랑스인이 만드는 프랑스 샤퀴트리'를 표방하며 재한 프랑스인들의 미각적 향수병 치료를 책임져 온 경기도 광주시의 프랑스 구르메와 다년간의 프랑스 샤퀴트리 유학을 마치고 서울 서초구에 문을 연 작은 가게인 메종조에서는 고기 강국으로부터 온 맛을 제대로 느낄 수 있다. 그리고 1998년 대형 육가공 업체에서 시작해 2013년 독일의 메츠거라이Metzgerei를 표방하는 매장을 연 어반나이프는 독일 육가공품의 넓은 세계를 보여 준다.

이런 육가공품들은 아직 낯선 문물이어서, 소수의 사람들이 맛보고 즐기는 서브컬처Subculture라고 말할 수 있다. 다양한 육가공 공방이 소개하는 낯선 '보존 고기'를 하나하나 살펴본다.

소금집의 브레사올라Bresaola[1]는 북부 이탈리아가 고향인 소고기 생햄이다. 월계수와 와인, 정향과 주니퍼 베리Juniper Berry, 후추로 염지한 후에 100일간 건조·숙성시켜서 만든다. 육회를 그대로 압축한 듯한 진한 감칠맛이 특징이다. 이곳의 파스트라미Pastrami[2]는 소고기 홍두깨살을 3주간 숙성한 후에 후추를 입

히고 훈증한 뉴욕New York 스타일의 델리 미트다. 히코리Hickory 나무를 사용해 향이 묵직하며, 진한 소고기 육즙이 후추 향과 어우러진다. 루벤Reuben 샌드위치에는 꼭 이 햄이 들어가야 한다. 반면 사실주의 베이컨의 파스트라미[3]는 소고기 홍두깨살에 천일염, 마늘, 설탕, 월계수를 입히고 저온에서 12시간 동안 굽는다. 차게 먹어도 되지만 살짝 구워 먹어도 맛이 좋다. 프랑스 구르메의 론조Lonzo[4]는 돼지 통등심으로 만든다. 가장 오랜 시간 말리는 건조육으로 프로슈토나 하몽처럼 멜론과 잘 어울린다. 프랑스 가정식에서 빠지지 않는 국민 햄인 잠봉 드 파리Jambon de Paris[5]도 이곳의 제품이다. 뒷다리를 염지해 오랜 시간 익힌 것으로 그대로 먹거나, 바게트에 끼워서 샌드위치로 먹는다. 크로크무슈Croque-monsieur나 크로크마담Croque-madame에도 이 햄이 꼭 들어간다.

어반나이프의 로우슁켄Rohschinken[6]은 돼지 등심에 향신료를 묻혀서 온도, 습도, 바람을 조절하며 통째로 한두 달 숙성한 것이다. 소금집에서는 돼지 목살을 6개월 이상 저온에서 건조·숙성시켜서 코파Coppa[7]를 만든다. 발효된 지방의 고소한 맛과 녹아드는 식감이 포인트다. 올리브 오일, 레몬즙을 곁들여서 바게트 오픈 샌드위치를 만들어 먹으면 잘 맞는다. 또한 이곳에서는 돼지 목살을 통째로 숙성·훈연해서 햄 스테이크Ham Steak[8]를 만드는데, 낮은 불로 천천히 익혀서 구운 마늘과 양파, 감자를 곁들여 먹기를 권한다. 메종조의 라르도Lardo[9]는 돼지 등심의 비계 부위를 통째로 향신료와 소금으로 염장해 숙성시켜서 만든다. 얇게 썰어서 구운 바게트에 올려 살짝 녹아들 때 먹는 단순한 방법이 가장 잘 어울린다.

소금집의 판체타Pancetta[10]는 염장과 건조·숙성만으로 만드는 이탤리언 비훈연 베이컨이다. 후추, 마늘, 타임Thyme, 적후추Red Pepper, 월계수 등으로 다채로운 향을 입혔다. 페코리노 로마노Pecorino Romano 치즈와 달걀 노른자, 후추로만 만드는 정통 카르보나라Carbonara 조리법에 잘 맞는다. 또한 관찰레Guanciale[11]

는 돼지 턱살을 소금과 후추만으로 오랜 시간 건조·숙성한 것이다. 판체타와 함께 이탤리언 베이컨의 양대 산맥으로 꼽는다고 소금집은 설명한다. 파스타나 리소토에 베이컨 대신 사용하거나, 얇게 저며 왕새우에 감아서 오븐에 굽는 등 다양하게 활용할 수 있다. 한편 이곳의 캐내디언 베이컨[12]Canadian bacon은 기름기가 적은 돼지 등심을 15일 동안 염지 숙성한 후에 훈연 조리한 햄이다. 별도의 조리 없이 차가운 채로 먹어도 맛이 좋다. 사실주의 베이컨의 페퍼 롤 베이컨[13]은 돼지 삼겹살에 여러 종류의 후추를 듬뿍 묻히고 돌돌 말아서 5시간 동안 사과나무로 훈연해 만든다. 카르보나라 재료로 사용하거나, 살짝 구워서 블루 치즈를 곁들여 먹을 수 있지만 뜨거운 밥에 그대로 올려서 반찬처럼 먹어도 맛이 좋다고 사실주의 베이컨은 제안한다. 어반나이프는 소금과 향신료만으로 돼지 삼겹살을 숙성시켜서[14] 롤 베이컨을 만든다. 동그랗게 말린 형태로 나온다.

메종조의 시스토라[15]Txistorra는 스페인과 맞닿은 프랑스 바스크Basque 지방의 전통적인 소시지다. 훈제한 파프리카와 마늘, 소금을 넣고 돼지 살코기와 기름을 함께 갈아 만든다. 5~7일가량 숙성한다. 기름을 두른 팬에 굽고, 소시지에서 나온 기름으로 꽈리고추, 파 등 채소나 달걀까지 구워서 곁들여 먹는 것이 원 테이블 레스토랑을 겸하는 메종조의 가정식 레시피다. 어반나이프는 고기를 부드럽게 간 것에 입자를 살린 반죽을 섞고 오븐으로 구워 플라이쉬케제[16]Fleischkaese를 만든다. 구워 먹으면 우리가 아는 그 '수퍼마켓 햄' 고급 버전의 맛을 느낄 수 있다. 프랑스 구르메의 메르게즈[17]Merguez는 소고기와 돼지고기의 허벅지 부위를 사용한다. 매콤한 향신료가 들어가서, 구워 먹기 딱 좋은 프랑스 소시지다. 이곳에서는 마늘을 넣은 두툼한 소시지인 툴루즈[18]Toulouse 소시지도 만든다. 그대로 구워서 머스터드 소스와 먹는 것이 보통이지만 스튜에 넣어 끓여 먹어도 잘 어울린다.

어반나이프에서는 양파와 파슬리를 가미한 화이트 소시지인 바이스부어[19]

스트Weisswurst를 만든다. 끓는 물에 데쳐 먹으면 가장 맛이 좋다. 부드러운 고기 반죽에 숙성시킨 고기를 섞은 이곳의 비어쉥켄Bierschinken[20]은 돼지고기 특유의 쫄깃한 식감과 부드러움을 동시에 느낄 수 있다. 구워서 그대로 먹거나, 샌드위치에 넣어 먹으면 어울린다. 소금집에서는 미국의 루이지애나주에 정착한 프랑스 이주민들이 만들었던 안듀이 소시지Andouille Sausage[21]도 만날 수 있다. 케이준 스타일의 풍미가 곁들여져서 독특한 매콤함을 느낄 수 있다. 돼지 어깨살을 돼지 내장에 채워 히코리 나무로 훈증해 만든다. 라거 계열의 쌉쌀하고 시원한 맥주와 잘 어울린다. 소금집의 허니 베이컨 소시지[22]는 베이컨을 갈아 넣은 소시지다. 아카시아 꿀을 넣어 달콤한 향도 난다. 구워 먹어도 되지만, 차가운 채로 와인에 곁들일 수도 있다. 사실주의 베이컨의 이탈리언 소시지[23]는 돼지의 엉덩이살을 거칠게 갈아서 갖가지 향신료를 섞고 돼지 내장에 채워 만든 생소시지다. 파프리카 가루와 고춧가루가 들어가서 매콤한 맛이 구미를 당긴다. 대충 터트려서 파스타의 건더기로 사용해도 잘 맞는다고 한다.

메종조의 크레피네트Crepinettes[24]는 소시지 종류이지만, 동그랑땡처럼 동그랗게 빚는다. 어깨살을 갈아서 소금, 후추, 몇 가지 채소와 섞고 찰지게 반죽해 돼지 내장을 감싸는 대망막Crepine, 크레핀으로 겉을 감싸는 것이 특징이다. 약한 불에 앞뒤로 구워 먹는데, 찰기 없는 롱 라이스 계열의 쌀밥을 버터에 비벼 함께 먹으면, 당연히 맛있다. 메종조가 만드는 살시차[25]는 고기 반죽에 소금, 마늘, 굵은 흑후추, 화이트 와인을 넣는 것이 특징인 이탈리아식 소시지로, 5~7일간 건조·숙성한다. 홀그레인 머스터드와 잘 어울린다. 이곳의 부댕 누아르Boudin Noir[26]는 한국의 전라도식 피순대와 본질적으로 같다. 돼지 내장에 선지와 다진 머릿고기, 양파, 간 고수 씨, 육두구, 계피, 후추, 소금을 섞어서 채우고 삶아 만든다. 프랑스에서는 감자 퓨레Purée 또는 밤, 덜 신 종류의 사과 구이와 곁들여 먹는다고 한다. 소금집의 소시송Saucisson[27]은 돼지고기와 비계 부위, 소금, 후추가 재료의 전부다.

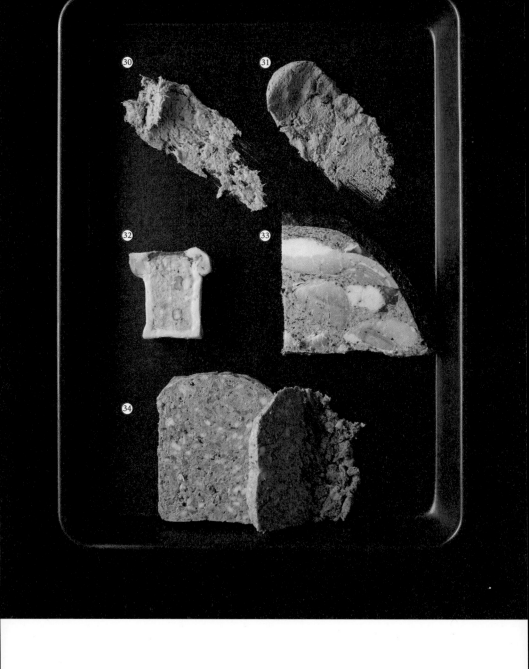

치즈와 같은 발효의 향을 즐길 수 있으며, 그대로 썰어서 와인에 곁들이기 좋다. 치아바타Ciabatta에 끼워 먹어도 잘 맞는다. 이곳에서 만드는 살라미 코토Salami Cotto는 펜넬Fennel, 흑후추, 적후추 등 향신료와 두툼하게 간 돼지 어깨살을 대형 케이싱에 채워 낮은 온도에서 로스트한 것이다. 얇게 썰어서 그대로 먹는다. 어반나이프에서는 간 돼지고기와 향신료를 섞어 양의 내장에 채우고 한 달 동안 숙성시킨 건조 소시지인 양장 살라미도 만든다.

프랑스 구르메의 리예트Rillettes는 '프랑스 장조림'이라고도 불린다. 장조림 캔과 흡사한 질감이어서 붙은 별명이다. 돼지 등심을 채소와 함께 장시간 뭉근히 끓여서 만들어 빵이나 크래커에 발라 먹는다. 어반나이프의 레버부어스트 Leberwurst는 돼지의 간과 머릿고기를 부드러운 페이스트 상태로 갈아서 만든다. 빵에 발라 먹기 좋은 질감이다. 프랑스 구르메의 파테 앙 크루트Pâté en Croute는 돼지고기에 그때그때 수급 가능한 다양한 부재료와 피스타치오를 섞어서 틀에 채워 넣고 오븐에 구운 일종의 고기 파이다. 샐러드나 피클, 올리브와 함께 먹으면 적당하다. 메종조의 잠봉 페르시에Jambon Persille는 프랑스 부르고뉴Bourgogne 지방을 대표하는 샤퀴트리다. 뭉근히 익힌 돼지고기에 파슬리를 갈아서 버무린 후 굳힌 테린느Terrine의 일종이다. 이것만 따로 먹는 방식이 가장 좋지만, 샐러드와도 잘 어울린다. 파테 드 캉파뉴Pâté de Campagne는 샤퀴트리라고 하면 가장 먼저 떠오르는 대표 주자다. 메종조에서는 돼지의 간과 항정살을 갈아서 우유, 달걀, 소금, 후추, 파슬리 등과 함께 반죽해 틀에 넣고 오븐으로 익힌다. 디종 머스터드, 작은 오이 피클과 함께 먹거나, 시큼한 사워브레드에 발라 먹으면 무척 잘 어울린다.

20

맛있는 달걀의 조건

맛있는 달걀은 무엇으로 결정되는가. 첫째가 신선도다. 병아리가 될 1밀리미터 남짓한 배자胚子의 먹이가 달걀의 노른자와 흰자다. 달걀은 병아리 태아의 자궁인 동시에 도시락 통인 셈이다. 달걀 껍데기는 공기와 수분이 투과되는 스마트 홈Smart Home이기도 하다. 송아지의 먹이인 우유처럼, 병아리의 먹이인 달걀도 냉장 유통이 중요하다. 서늘한 온도에서 세균 활동을 저지해야 신선도가 유지된다. 신선하지 못한 달걀은 수분을 잃고 흐물흐물해진다. 달걀은 두 달까지는 식용에 적합하지만, 맛을 위해서는 최대한 산란일에 가까운 것을 골라서 뾰족한 쪽이 아래로 가도록 냉장 보관해야 한다.

달걀도 냉장 유통 체계는 갖추어졌지만 콜드체인이 불완전하다. 기껏 냉장차에 운송하고도 소규모 소매점에서는 실온 매대에 진열하는 경우가 너무나 많다. 여름철 혹서기면 유통 중에 부화 온도인 37.8도까지 도달해 버려 수정된 병아리의 발육이 시작되는 경우도 있다. 손시환 경남과학기술대 교수는 "혹서기에 잘못 유통될 경우 배자의 발육 가능성이 있고, 이 경우에 발생하다 중단된 병아리 태아를 먹는 셈인데 병아리는 3일만 지나도 심장이 생성됩니다. 특히 온도 변화 때문에 달걀 안에서 병아리 태아가 죽으면 부패가 진행되기도 합니다."라고 경고했다.

또한 손 교수는 "맛을 위해 유정란을 고집할 이유가 없다고 말하기도 합니다. 결국 인간이 먹는 노른자와 흰자는 1밀리미터 가량의 배자 수정 여부와 관계가 없기 때문이죠. 유정란은 암탉과 수탉을 풀어놓고 기르는 방사 환경에서 얻는 경우가 많으므로 유정란을 낳은 닭이 더 건강하다고 보는 것은 맞습니다."라고 덧붙였다.

그렇다면 방사한 닭이 낳은 달걀이 더 좋을까? 손 교수에 따르면 달걀의 품질은 공장식 사육, 즉 밀집 사육한 닭의 것이 오히려 좋다. 상식과 다른 셈이다. 반면 맛은 방사한 닭 쪽이 낫다. "공장식 사육에서 얻은 달걀은 껍데기에 사료 냄새가 배어 비릴 수 있어요. 방사할 경우에는 상대적으로 이 냄새가 덜하죠."라고 설명한다. 달걀에는 미세한 숨구멍이 촘촘하게 뚫려 있다. 강보석 농촌진흥청 연구관 역시 "닭을 방사한다고 해서 무조건 품질이 올라가지는 않아요."라고 말한다. 닭들이 아무 곳에나 낳은 달걀을 사람이 일일이 찾아내어 거두는 방사 방식보다 공장화된 밀집 사육이 더 유리한 측면도 있다. "대형 양계장에서는 달걀이 산란되자마자 벨트로 운반되어 세척과 포장까지 자동으로 진행됩니다. 산란 후의 출하 시점으로 보면 가장 빠르고 위생적이죠." 다시 손 교수의 이야기다.

달걀은 닭의 항문에서 나온다. 그러므로 씻어야 할까? 유럽에서는 세척하지 않는다. 닭도 진화한 생물이다. 산란 시에는 큐티클액이 분비되어서 달걀 껍데기가 거칠거칠하게 코팅된 상태다. 큐티클액으로 형성된 막은 달걀의 위생에서 중요하다. 이 반투과성 자연 보호막이 외부 균의 침투를 막기 때문이다. 김상호 농촌진흥청 가금연구소 연구관은 "채소류처럼 가정에서 달걀을 사용하기 전에 흐르는 물에 씻어서 사용하면 위생에는 문제가 없어요."라고 설명한다.

세척 달걀의 경우, 세척액에 염소계 소독제가 사용되기 때문에 위험하다는 말은 틀렸다. 수영장의 물도, 수돗물도 염소계 소독제를 사용한다. 달걀을 세척할 때도 인체에 무해하다고 확인된 농도로 사용하도록 정해져 있다. 큐티클 보호막을 잃은 세척란도 한 달 정도는 문제없이 스스로를 보호한다.

특란이나 왕란 같은 큰 달걀, 또는 처음 낳은 달걀이라는 초란은 다른 달걀과 맛이 다를까? 2003년 도입된 달걀 등급제는 자율 사항이다. 등급은 두 가지의 지표로 나뉜다. 중량 기준으로는 43그램 이하부터 소란, 44~51그램은 중란, 52~59그램이 대란이다. 대란 위로 60~67그램은 특란이고 68그램 이상부터가 왕란이다. 달걀의 크기는 산란계의 나이에 따라 결정된다. 많이 낳을수록 달걀은 커진다. 산란계는 70주경에 도태되는데 이 이전의 전성기에 들어선 닭

맛있는 달걀의 조건

들이 특란과 왕란을 낳을 수 있다. 맛과는 별 관계가 없다.

이 기준으로 보자면 초란은 44그램 이하의 등급 외 분류인 경란에 속한다. 또한 흔히 알려져 있듯 초란을 닭이 처음 낳은 알로 정의하기에는 무리가 있다. 닭은 군집 사육을 하기 때문에 어느 닭이 처음 알을 낳는지, 어느 알이 처음 나온 달걀인지 알 길이 없다. 산란을 시작한 지 얼마 되지 않은 닭의 알이라고 보는 것이 맞다. 강보석 연구관은 "산란 2주차까지는 초란으로 구분합니다. 이 시기는 배란이 일정하지 않아 노른자가 둘인 쌍란이 나오는 경우가 왕왕 있어요."라고 말한다.

물리적인 특성을 기준으로 삼은 등급도 있다. 껍데기 표면에 돌출된 것이 없고, 기실[1]의 깊이가

1
氣室, 달걀 안의
공기 주머니를 말한다.

정상 범위여야 하며, 육안으로는 보이지 않는 얇은 실금도 없으며, 달걀 생성 중에 섞일 수 있는 혈액도 없어야 한다. 이 특성을 모두 갖춘 달걀이 A등급을 받는 정상란인데, 1+등급은 같은 날짜에 산란된 달걀들의 샘플 중 A등급이 70퍼센트, B등급이 90퍼센트 이상이면 매겨진다. 1등급 이하는 A·B 등급의 비율이 점차 내려간다.

달걀의 품질 등급에는 중요한 평가 기준이 하나 더 있다. 호우 지수Haugh Unit다. 노른자와 흰자가 얼마나 탱탱하게 솟아 있는지 측정하는 신선도 지표인데 극단적으로 신선한 달걀은 120까지도 나온다. 이 숫자가 72이상이면 A등급이고 60이상이면 B등급이다. 따라서 가장 높은 1+등급 달걀은 정상란인 동시에 신선한 달걀이라는 의미다. 소고기나 돼지고기와 달리 달걀은 신선도가 품질 평가에 반영된다. 소고기의 근내 지방처럼 맛과 객관적으로 연결되는 특질이 신선도이기 때문이다.

혹시 토종닭과 일반 육계의 고기 맛이 다른 것처럼 토종닭의 달걀이 더 맛있지는 않을까? 또는 흰색 달걀 등 다른 색의 달걀이 더 맛있을까? 그렇지 않

다. 재래종, 토착종과 오골계까지 포함한 총 12종의 토종닭 중에는 산란계가 아예 없다. 육계는 산란계보다 알을 적게 낳는다. 현재 한국의 산란계는 모두 외래종이다. 하이라인Hy-line 브라운이 70퍼센트, 이사ISA 브라운이 5퍼센트, 로만Lohmann 브라운이 25퍼센트로 모두 갈색란을 낳는데, 품종 간 차이는 없다. 생산성이 높은 이 닭들 이외의 흰색 달걀이나, 청계의 푸른빛 도는 달걀도 마찬가지다. 달걀 껍데기의 색은 암탉의 색에 좌우되는 결과일 뿐이다.

결국 달걀의 맛은 다시, 신선도다. 그리고 똑같이 신선한 달걀이라면 맛에 영향을 주는 요소는 단 하나뿐이다. 닭이 먹은 사료다. 닭이 건강하게 살면서 알을 낳기 위해 필요한 영양소를 고루 갖춘 신선한 사료를 먹어야 달걀도 맛있다. 물론 건강한 사육 환경도 중요하다. 김상호 연구관에 따르면 한국은 1인당 연간 달걀 소비량이 254개로 세계적인 달걀 소비국이다. 닭의 복지 수준도 그만큼 발전해 있는지는 반문해 보아야 한다.

우리는 맛있는 달걀을 선택했는가? 단지 저렴한 달걀을 골랐던가? 이제 한쪽에는 언제나 그랬듯 한 알에 200원도 채 하지 않는 그냥 달걀이 있고, 다른 쪽에는 한 알에 1,000원씩 하는 방사 유정란이 있다. 똑같이 신선하다면, 양쪽이 지닌 맛과 가치의 차이는 소비자 개개인이 선택할 문제다. 김상호 연구관은 이제까지는 주목받지 못했던 '달걀의 맛'에 대해 이렇게 말한다. "소비자가 더 많이 관심을 갖고, 그 관심이 구매로 이어져야 농가에서도 더 맛있는 달걀을 생산할 수 있어요. 현실에 부대끼는 달걀 생산자들이야말로 고밀도 사육에 대한 피로감이 상당히 큽니다." 기왕이면 더 맛 좋은 달걀을 먹고 싶은 마음과 가치 있는 식재료를 생산하고 싶은 마음은 결국은 같을 것이다.

21

두 번째 우유,
저지 우유

언제인가부터 저지Jersey 우유는 일종의 도시 전설이었다. 일본 등을 여행하며 한국의 우유에서는 맛보기 어려운 더 고소한 맛을 경험한 이들이 구전한 저지 우유는 밋밋한 맛의 우유가 아닌, 그 무엇이었다. 최근에 한국에서도 등장한 저지 우유는 점차 또렷한 호응을 얻을 듯하다. 저지 우유는 서울과 경기도의 일부 지역에서만 제한적으로 공급되는 실정이지만, 풍부한 유지방에서 비롯된 농후한 맛과 향이 그동안의 우유와 차별화를 이룬다. 이제 한국도 두 번째 우유의 단계에 들어선 셈이다.

그래서 이 저지 우유의 정체는 무엇일까. 우선 '저지'는 소의 품종 이름이다. 이제까지 우리가 먹던 우유는 모두 홀스타인Holstein종의 우유다. 검고 흰 얼룩이 있는, 모두가 아는 그 젖소가 바로 홀스타인종이다. 네덜란드의 프리슬란트Friesland 지방에서 유래한 까닭에 프리지언Friesian이라고 부르기도 한다. 암컷만 해도 덩치가 약 650킬로그램 정도로 무척 크고, 다른 품종에 비해 유량도 압도적으로 많아서 전 세계에서 널리 사육하는 젖소 품종이다. 이 밖의 젖소 품종은 건지Guernsey, 에어셔Ayshire, 브라운스위스Brown Swiss, 덴마크 적색우Red Danish 등이 있다.

저지종은 영국 출신이다. 프랑스 노르망디 해안에 인접한 영국 왕실령, 저지섬이 고향이다. 털은 한우처럼 갈색이며, 홀스타인종보다 덩치가 작고 생김새도 동글동글해서 깜찍하다. 코는 검고 주둥이와 눈 주변에는 흰 털이 나서 노루가 떠오르기도 한다. 귀엽다. 전문가들의 공통된 이야기에 따르면 성격도 순해서 사람도 잘 따른다. 유량은 훨씬 적지만 우유의 유고형분 함량이 월등히 높아서 골든 밀크Golden Milk 또는 로열 밀크Royal Milk라는 별칭으로 불린다. 로열 밀크는 실제로 영국 왕실에 납품되는 우유이기도 한 까닭에 붙은 별칭이다.

농촌진흥청 국립축산과학원 낙농과 임동현 연구사의 연구에 따르면 저지종 한 마리당 하루 평균 우유 생산량은 미국에서 27킬로그램, 캐나다에서는

22킬로그램으로 홀스타인 종과 비교했을 때 각각 73퍼센트, 65퍼센트가 낮다. 국내에서 첫 분만한 저지종의 생산량 데이터를 보면 16킬로그램으로, 같은 조건의 홀스타인종과 비교하면 57퍼센트에 불과했다. 생산성은 홀스타인종이 압도적인 셈이다.

반면 우유의 맛을 결정하는 유고형분 함량은 저지종의 우유가 단연 발군이다. 홀스타인종 3.93퍼센트, 저지종 5.07퍼센트로 평균 유지율의 차이가 크며, 평균 유단백율도 저지종은 3.82퍼센트로 홀스타인종의 3.22퍼센트보다 높다.

아직 한국에서 저지 우유를 판매하는 곳은 무척 적지만, 이 시장에 본격적으로 나선 서울우유협동조합(이하 서울우유)은 이미 저지종 두수 증대에 열중하고 있다. 이 회사가 현재 보유한 저지종 암소는 52마리이며, 이 중 착유 가능한 암소는 11마리라고 한다. 전국에 있는 저지종 소는 80여 두로 파악된다. 암소 23마리를 포함, 총 37마리의 저지종 소를 보유하고 연구 중인 농촌진흥청 국립축산과학원에서는 향후 축산 농가로의 보급도 추진할 예정이다.

그런데 이 귀여운, 아니 맛있는 우유는 왜 이리 늦게 한국에 도착했는가. 먼저 2010년에 젖소 품종 수입 제한 규정이 개정되었다. 2010년부터 수정란 등의 형태로 저지종 수입이 가능해졌고, 이렇게 수입한 저지종이 연구를 거쳐서 이제 시장에 등장한 것이다. 1970년대에도 저지종 및 기타 품종이 존재했지만 홀스타인종으로 우유 생산이 굳어지며 시장에서 도태되었다. 서울우유 생명공학연구소의 김형종 부소장은 이렇게 답한다. "우유의 생산성이 떨어지다 보니 농가들에서 저지종에 관심이 없었죠." 1961년 제1차 경제 개발 5개년 계획 중 축산 진흥 정책의 일환으로 홀스타인종 소가 매해 1,000여 두씩 수입되었다. 홀스타인종이 워낙 우유를 잘 만드는 데다가, 육우로 이용하기에도 유리했던 까닭이다. 참고로 20개월가량 키운 홀스타인종 거세 수컷과 송아지를 낳지 않은 암소 소고기가 바로 육우다. 송아지를 낳은 적이 있는 암컷 홀스타인종의 소고기는 젖소라는 이름으로 유통된다.

　　저지 우유는 왜 지금 새삼 등장했는가. 김 부소장은 "소비자의 입맛이 다양화되어 저지 우유에 대한 수요도 존재할 것이라고 판단했습니다."라고 답하는 한편, 기후 변화도 한몫을 했다고 짚었다. "홀스타인종은 더위에 약해서 여름철 생산량이 현저히 떨어져요. 그에 반해 세계적으로 가장 작은 젖소 품종에 속하는 저지종은 여름철에도 더위를 잘 견딥니다." 홀스타인종은 여름에 섭씨 27도 이상의 기온이 지속되면, 고온 스트레스를 받아서 컨디션이 저하되고 생산성이 현저히 낮아진다.

　　또한 저지종은 에너지 절감형 젖소라는 평가도 받는다. 동일한 양의 유고형분 생산에서 저지종은 홀스타인종보다 물 사용량은 32퍼센트, 면적은 11퍼센트, 탄소 배출량은 20퍼센트가 낮다. 환경 친화적인 유기농 축산 환경에 더 걸맞은 품종이라고 말할 수 있다.

　　서울우유 중앙연구소 우유연구팀의 강신호 팀장 역시 "다품종 소량 생산 등 다양성을 중시하는 시장 흐름에 따라서 저지 우유를 소비하는 계층이 형성되었다고 보고 있습니다."라고 낙관적으로 평가하면서도 "그러나 저지 우유는 산업적으로 기존의 홀스타인 우유 시장을 대체하지는 못할 것"이라고 예상했다. 한국보다 먼저 저지종을 도입한 일본에서도 낙농 산업에서 저지종의 비중은 1퍼센트 정도에 불과하다. 강 팀장은 "온순하고 예쁜 저지종 소는 일본에서도 체험 목장 등 관상용으로 키우는 경우가 많고, 어디까지나 프리미엄 유제품 시장을 형성하고 있어요."라고 설명했다.

　　강 팀장은 저지종 개체 수가 안정적으로 증가한 후에는 크림, 버터, 치즈 등 제품 개발도 고려할 것이라고 밝혔다. 홀스타인 우유에 비해서 저지 우유의 수율은 치즈는 25퍼센트, 버터도 30퍼센트가 높다고 한다. 같은 양의 우유로 더 많은 치즈와 버터를 얻을 수 있는 것이다.

홀스타인 우유는 생산성도 좋고, 맛도 지금까지 마셔왔다시피 좋다. 한국의 대규모 낙농 업체가 모든 젖소를 저지종으로 대체할 일은 없을 것이다. 우유와 연관된 음료·아이스크림 시장과 제과·제빵 시장에서도 저지 우유와 유제품으로 굳이 대체하지 않아도 무방하다. 다만 우유와 유제품 시장에 새로운 취향의 가능성 하나가 추가된 것은, 비록 몇 퍼센트에 불과할지라도 새로운 가치 소비 시장이 창출된다는 의미다. 더 진하고 고소한 우유를 찾던 사람들, 그리고 이제까지와는 다른 우유를 경험해 보고 싶었던 사람들에게 저지 우유 출시는 중요한 변화다.

일상
탐미
•

두 번째 우유,
저지 우유

22

염소젖의
맛은?

별자리 중 염소자리가 있다. 1월 상순~2월 상순에 태어난 사람들의 별자리다. 분명 염소자리였다. 그런데 어느 때부터인가 산양자리로 쓰는 일이 잦아졌다. 물론 양자리는 따로 잘 있다. 염소, 산양, 그리고 우리가 아는 양은 대체 무슨 관계여서 이렇게 이름이 오락가락하는 것일까?

산양의 여러 품종 중 젖을 얻기에 유리한 품종들을 일컫는 유용종乳用種이 곧 유산양乳山羊이다. 한국에 가장 많은 유용종은 알파인Alpine종과 자아넨Saanen종인데 자아넨이 90퍼센트가량을 차지한다. 그 밖에 누비안Nubian종, 토겐부르크Toggenburg종도 있다.

털을 얻기 위해 기르는 산양도 있다. 모용종毛用種이라고 하는데 보드라운 고급 모직물의 대명사인 앙고라Angora종과 캐시미어Cashmere종이 여기

> 1
> Ankara, 앙고라의
> 현재 이름이다.

속한다. 각각 터키의 도시인 앙카라1, 인도와 파키스탄 간 국경의 분쟁 지역인 카슈미르Kashmir에서 온 이름이다. 한국의 흑염소도 산양 중 하나다. 한국의 재래 흑염소는 고기를 이용하기 위해 키웠기 때문에 육용종肉用種으로 분류된다. 난교잡이 이어지면서 순 재래종 흑염소는 드물어졌다. 국내에서 사육하는 육용종으로는 보어Boer종도 있다. 누비안종을 육용종으로 구분하기도 한다.

그렇다면 염소는 무엇인가. 양 중 한 종류다. 생물학적으로 면양綿羊, Sheep과 염소Goat는 다른데, 우리가 통상 양이라고 부르는 그 동물의 정식 이름이 면양이다. 그러므로 염소 또는 유산양이라고 불러야 한다. 동물 이름 하나가 이렇게 복잡하다. 그런데 하필 산양과 염소가 함께 쓰이며 혼란을 야기한 이유는 무엇일까?

◀ 상남치즈공방의 염소다. 흰 염소, 즉 유산양이다.

젖을 얻기 위해 들여온 유산양에서 '유'를 생략하고 부르다 보니 산양이 이름으로 굳어지며 이런 혼동이 발생했다. 흰 염소라고 부르기도 했지만 탕약용인 흑염소의 이미지가 워낙 강해서, 결국 산양이라는 명칭이 굳어졌다. 참고로 산양은 또 따로 있다. 천연기념물 217호 산양인데, 옅은 회갈색 털에 흰 목도리를 둘렀다. 유산양인 염소와는 염색체부터가 다르다. 그리고 육용종인 흑염소도 요즘은 탕약을 내기보다 고기를 먹는 경우가 더 많다고 한다. 결국 흰 염소가 유산양이고, 양이나 산양은 유산양과 남남이다. 따라서 염소자리도 산양자리가 아니라 유산양자리라고 불러야 옳다. 다만 이 글에서는 이해를 돕기 위해 유산양 대신 염소로 부르기로 한다.

자아넨종의 염소는 하루에 2킬로그램 정도의 젖을 짤 수 있다. 홀스타인종 소는 하루에 30킬로그램가량의 젖이 나온다. 원래 한국도 염소젖의 자리가 있었지만 홀스타인종이 보급된 이후로 낙농·축산업에서 염소의 자리는 급격히 축소되었다. 현재 남은 염소는 약 3,500두에 불과하다.

그래서, 염소젖은 맛있을까? 맛있다. 그런데 취향이 갈린다. 염소취臭라고 부를 수 있는 특유의 향이 있다. "수컷이 한 우리에 섞이기만 해도 젖에서 웅취雄臭가 납니다."라는 함준상 국립축산과학원 연구관의 이야기를 듣고 나니 더욱 궁금하다. 보존 상태에 따라서도 향이 진해질 수 있다. 젖 안의 지방 방울 크기가 작다 보니 산패가 빠르다. 대신에 유당이 아주 적어 소화와 흡수가 쉬워서 우유를 못 마시는 사람들도 염소젖은 탈이 덜하다.

아무튼 가장 신선할 때 마셔서 향이 거북하다면 염소취의 악평이 맞는 것이고, 아니라면 그저 취향의 범위다. 경상남도 하동군 백운산 자락의 상남치즈

목장에서는 착유기로 염소젖을 짜지만, 마무리만큼은 항상 사람 손으로 한다. ▶

공방에서 당일 새벽에 짠 신선한 염소젖을 살균하자마자 바로 마셔 보았다. 채식지 않은 따뜻한 상태라서 더 고소하고 달달하다. 그리고 향 분자가 활발하다. 풀 내음, 아니면 풀 비린내라 할 만한 향이 돌고, 특유의 동물 냄새는 분명히 나지만 거북할 정도는 아니다. 우유와 다를 뿐이다. 단련된 미식가는 군침이 돌고 평범한 이들은 고약한 냄새로 여길 만하다. 치즈를 만들어도 이 향은 남는다. 공방의 김상철·김남순 대표가 만든 파라슈Parasure · 체더Cheddar · 카망베르Camembert · 모차렐라 · 라클레트Raclette 치즈와 이 공방의 대표 치즈인 상남치즈를 먹어 보았다. 소젖으로 만든 치즈들로 익숙한 이름들이지만 치즈는 염소젖으로도 만든다. 고트Goat 치즈다. 치즈라는 음식 자체가 발효하면서 온갖 향을 내뿜기 때문에, 염소의 동물 냄새가 유별날 것도 없다. 하기야 김치에 새우 좀 넣었다고 새우 향만 진동하던가. 전부 섞이면 다른 것이 되는 법이다.

염소는 산악 동물이어서 가파른 지형과 돌밭을 오히려 좋아한다.

염소는 사육 두수가 많지 않고 시장성도 아직 우울하다. 그러다 보니 염소 농가의 수익 구조는 요거트, 치즈 등의 가공 식품을 생산해 부가 가치를 조금이라도 더 높이는 쪽으로 자연스레 흘러간다. 아직 산양유 수요가 많지 않은 것도 이런 방향을 찾게 만드는 한 원인이다. 이 목장은 사육 두수가 25두에 불과하다.

공방의 김상철 대표는 전라북도 임실군에서 숲골이라는 브랜드로 치즈를 만들었던 '사장님'이자 스위스에서 두 차례 치즈를 공부한 치즈 장인이다. 지리산 자락의 소박한 터전으로 옮겨서 젖소를 두고 우유 치즈를 만들려 했던 그가 구할 수 있었던 땅은 해발 500미터쯤 되는 고지대의 작은 우리다. 암석이 많은 돌밭인 탓에 소가 지내기는 힘들었다. 대신 염소를 풀어놓으니 되레 경중경중 뛰어다니며 건강하게 지내는 모습을 보고 염소 치즈를 하게 되었다. 원래 고산 동물인 염소는 건조하고 척박한 지형에서 풀부터 낙엽까지 닥치는 대로 하루 종일 씹으며[2] 90퍼센트에 달하는 영양소를 소화시키며 산다. 상남치즈공방의 염소들이 먹는 것은 토끼풀 건초이지만 말이다.

25두의 염소 중 절반 이상은 아직 어리다. 젖이 나오는 염소는 그중 10마리뿐이다. 애초에 그가 생각한 수익 구조는 부가 가치 노동 투입형의 소규모 목장이다. 김상철 대표의 꿈을 이루어 주고 있는 희고(자아넨종) 검은(알파인종) 염소들은 저들끼리 뿔로 받으며 놀다가, 건초를 하염없이 씹다가, 벌컥벌컥 물을 마시다가[3], "음메" 하거나 "풍" 하는 콧소리를 냈다. 큰 카메라를 든 낯선 사람이 축사에 어슬렁거리자, 호기심 어린 네모난 눈동자를 하고 고개를 갸웃거리며 사진가의 주변을 맴돌기도 했다. 별 걱정 없이 사는 생명체들이었다.

김 대표가 새벽 5시 반과 저녁 6시에 염소젖을 짜고 목장을 돌본다. 하루에 한 마리당 하루 2킬로그램씩 젖이 나오는데, 그 무거운 것을 빼내는 시

염소젖의 맛은?

2
염소는 소와 같은
반추 동물(反芻動物)이다.

3
하루에 4리터는 마신다.

간이 염소들에게는 가장 행복하다. 실제로 젖이 나올 때 옥시토신Oxytocin이 분비된다고 한다. 훈련이 된 덕분에, 젖이 탱탱하게 부은 염소들은 김 대표가 오면 차례로 축사 문 앞으로 줄을 선다. 모든 과정이 습관화되어 있다. 문을 열어주면 알아서 착유 위치로 뛰어가 자리에 맞추어 서고, 착유가 끝나면 다시 축사 안으로 제 발로 뛰어간다. 축사 문 앞에서 기다리던 다음 염소가 또 똑같은 동선을 반복한다. 심지어 서열에 따라 착유 순서도 정해져 있다. 김 대표는 "1주일 정도 먹이로 유인해 훈련을 시키면 곧잘 합니다. 염소는 지능이 높은 동물이라 제 이름도 알아들어요."라고 말한다. 산양유라는 이름은 시장에서 미미한 지분을 차지하고 있을 뿐이다. 염소와 염소젖은 다양성 이상의 의미를 지니지 못한다. 넓지도 좁지도 않은 산속 목장에서는 사람의 꿈과 염소의 행복이 온순하게 자란다. 이런 공존의 풍경도 있다.

염소가 제 발로 걸어 나와 착유하는 자리에 정확히 자리를 잡았다.
지능이 높아서 약간의 먹이로 훈련이 가능하다.

▶

아기 염소는 강태훈 사진가에게 적극적으로 다가왔다.

염소젖의 맛은?

23

꿀맛도 꿀맛 나름

여름은 항상 기기묘묘하고도 다채로운 매혹을 남기고 떠난다. 바로 꿀의 단맛이다. 벌은 5만 년 전부터 지구에 살고 있었으며, 인간이 벌집의 꿀을 훔친 최초의 기록은 1만 년 전, 즉 기원전 8000년경의 스페인 발렌시아Valencia 지방 아라냐Araña 동굴 벽화로 남아 있다. 인공 벌집과 양봉업이 등장한 것은 기원전 2500년경의 일이다.

마침 스산한 바람도 불자 불현듯 오리 구이가 먹고 싶었다. 오븐에서 잘 구워 낸 오리는 나무처럼 노릇한 껍질 속에 기름과 수분을 촉촉하게 머금은 살코기를 감추고 있다. 접시로 옮긴 오리 한 덩어리의 바삭해진 껍질에 로즈마리 꿀을 바른다. 그 위에 낙엽처럼 내려 앉은 포트 와인Port Wine 한 모금과 향긋하고 기름진 가금류 고기 한입. 꿀맛이다.

그런가 하면 더스틴 웨사Dustin Wessa 셰프는 채집 요리에 일가견이 있는 숲속의 요리사다. 삼겹살에 꿀을 입혀 베이컨을 만들 때, 그는 밤꿀을 선택한다. 쌉싸래한 밤꿀 향이 녹진한 돼지 비계와 맞아떨어진다. 한국의 풀숲을 헤치고 다니는 미국 출신 캐나다인 더스틴 셰프가 만든 밤꿀 베이컨을 구워 먹는 맥주 술상은 나도 그와 함께 밤꽃 핀 여름 들판을 걷는 듯한 기분을 안겨 준다.

세상의 설탕은 모두 얌전하게 정제되어 그저 달지만, 세상의 꿀은 모두 다르다. 달지 않은 꿀도 있다. 꽃의 화밀Nectar이 채집과 분해[1], 증발[2]을 담당하는 꿀벌과 수확, 여과[3]를 담당하는 사람을 거쳐 꿀이 된다. 꿀 속에는 다양한 성분과 신맛, 쓴맛, 떫은 맛 등 다채로운 맛도 들어 있다.

[1]
벌이 몸 안에 모아 온 꿀과 벌이 분비하는 효소가 뒤섞여 화밀의 전분이 당 분자들로 분해된다.

[2]
벌이 반복해서 방울 형태의 묽은 화밀(花蜜)을 코 밑으로 배출하며 수분을 40~50퍼센트까지 증발시키고, 벌집의 얇은 막 안에 담은 후에는 날갯짓으로 다시 20퍼센트대까지 낮춘다. 분해와 증발의 숙성에는 약 3주가 소요된다.

[3]
이 과정에서 채밀기, 거름망과 같은 장비가 사용되며 단백질이 파괴되지 않는 낮은 온도로 가열하기도 한다.

벌이 만들고 인간이 완성하는 꿀은 자연의 맛이 그대로 응축된 만큼 다양한 맛과 향, 색을 낸다.

꿀맛도 꿀맛 나름

그 각각의 맛 요소들이 나름의 균형을 이루는 덕분에, 세상 모든 꿀은 저마다 다른 맛을 낸다. 심지어 같은 벌집에서 나온 꿀도 맛이 제각각이다. 자연이 돌린 룰렛인 셈이다. 룰렛 안의 공이 돌고 돌아서 꿀은 마치 와인과도 같은 무한한 스펙트럼을 펼친다. 꿀맛은 날아갈 듯한 샴페인과 묵직한 시라Syrah부터, 미묘한 포트 와인까지 와인 하나하나에 대입해 볼 수 있다. 아닌 게 아니라 해외에는 꿀 소믈리에도 있다. 꿀의 맛을 보고 마리아주Mariage를 이루는 음식까지 권하는, 딱 와인의 소믈리에와 같은 일을 한다.

국내에서 생산되는 꿀의 종류만 해도 충분히 다양하다. 대형 마트나 수퍼마켓에서는 아카시아꿀, 잡꿀 정도가 있겠지만 소규모 양봉업자들을 찾아 보면 팔도강산의 꽃에서 수집한 다양한 꿀을 얼마든지 구할 수 있다. 그 꿀의 맛을 여러 음식들과 조합시켜 보면 꽤나 흥미진진한 결과가 나온다.

지난 2016년 여름에 서울 중구 명동성당 1898 광장에서 열린 '마르쉐@명동'의 꿀 세미나 겸 테이스팅에 간 적이 있다. 꿀.건.달, 히즈 허니, 산향 벌꿀, 자연의 뜰, 준혁이네농장, 우보 농장, 맹추네 농장, 영진양봉원, 어반비즈 서울, 토종벌의 꿈, 댄디펑크, 차차로 등이 참여해 현재 한국에서 맛볼 수 있는 꿀의 다채로움을 확인한 자리였다.

준혁이네농장이 내놓은 아까시꿀은 익히 먹어 온 아카시아꿀이었지만, 진지하게 맛을 보니 드라이한 브뤼트Brut 샴페인처럼 날아갈 듯이 경쾌한 맛이었다. 차차로의 감귤꿀에서는 감귤류 과실 특유의 새콤한 향이 스쳤다. 가벼워 보이는 색과 달리 맛은 두터워서 숙성되었다는 느낌까지 받았다. 자연의 뜰이 내놓은 여러가지 꽃꿀은 산미가 살짝 얹힌 달콤하고 가벼운 맛이었다. 감꽃, 찔레꽃, 아카시아꽃에서 온 꿀이라고 했다. 히즈 허니의 피나무꿀은 기분 좋은 산미가 샤블리를 떠오르게 했다. 그러면서도 툭 치고 올라오는 단맛이 좋았다. 밤이나 고구마, 팥 앙금처럼 구수하고 부드러운 단맛이 독특한 꿀도 있었다.

꿀.건.달의 팥배나무꿀이다. 순서대로 꿀의 색은 점점 짙어졌지만 맛의 농도와는 상관이 없었다.

우보 농장의 풀꽃밤꿀부터는 꿀의 색도 시골 시장에서 파는 이른바 토종꿀처럼 짙어지기 시작했다. 맛과 향도 포트 와인의 오묘함으로 넘어간다. 밤꽃과 갖가지 야생화에서 모인 이 풀꽃밤꿀은 밤의 고소한 향에 강한 산미가 어우러졌다. 맹추네 농장이 선보인 여러가지 꽃꿀은 단맛보다 한약 같은 쓴맛이 먼저 느껴졌다. 밤꽃, 클로버, 민들레가 피는 지역에서 모았다는데, 꿀이라는 식재료에 대한 단단한 선입견을 깨기 충분했다. 영진양봉원의 메밀꿀은 놀라울 정도로 까맣고, 한약재에 청량함이 더해진 맛이었다. 향을 맡으니 숙취 해소 음료가 떠올랐다.

단 여덟 가지 꿀만 맛보고서도 세상의 모든 꿀맛을 상상해 보게 되었다. 맛은 설탕보다 슬쩍 덜 달고 향은 은은하게 새콤한, 그동안 우리가 알았던 꿀 바깥에 더 넓은 꿀맛의 세계가 있었던 것이다. 그 각각의 꿀이 지닌 맛을 어떤 요리에 어떻게 쓸지, 그 가능성만으로도 요리사들에게는 재미있는 숙제가 또 하나 늘어난 셈이다.

24

맛있는 밥,
쉽지 않은 문제

흰 쌀의 흰색은 볼수록 제각각이고 맛도 그렇다.
이제는 그 다름을 인지해야 할 때다.
왼쪽부터 차례로 호품, 한가루, 하이아미, 오대,
팔방미, 신동진, 삼광, 세계진미, 추청, 영호진미
품종의 쌀이다.

밥이 맛이 없다. 밥이 맛없으니 어제 먹은 제육백반 대신에 오늘은 파스타 정식이나 먹을까 하는 생각이 든다. 쌀밥을 대신할 선택지까지 입맛의 세계화와 함께 점차 다양해지니, 국가적으로 쌀 소비량이 줄어서 큰일이라고 한다. 쌀밥을 중심에 두고 갖가지 반찬과 국, 탕을 곁들이는 한국 전통의 식문화가 파괴되는 것도 큰일이란다.

밥이 왜 맛없는지는 근심할수록 골치 아픈 문제다. 몇 해 전부터 밥맛 투정을 시작하고서 이 문제를 헤쳐 보았으나, 맛있는 밥을 위해서 택할 수 있는 유효한 행동이 실상은 많지 않다는 사실만 알게 되었다. 돈 들이지 않고 할 수 있는 일들을 다 해 본 결과로, 쌀을 사는 데에 더 많은 돈을 쓰게 된 것이 결론이다. 형편없는 밥맛은 사회 구성원 전체가 같이 문제를 찾고 바꿔야 할 문제다. 이럴 때 소비자는 소비 형태를 바꾸어 시장의 변화를 알려야 한다. 애초에 쌀밥은 왜 맛없다는 소리를 들으며, 식단에서 외면당하게 되었을까? 맛있는 밥을 위해서 알아야 할 지식들을 검증해 가다 보면 그 답도 나온다.

우선 식당에서는 밥을 뚜껑 있는 스테인리스 밥그릇에 미리 담아 온장고에 보관했다가 손님이 오면 내놓는다. 운영의 효율을 위해 맛을 포기했다. 온도의 문제인 한편, 온도만의 문제가 아니기도 하다. 미리 담아 둔 밥은 전분이 노화되고 향을 잃는다. 맛있는 밥을 찾기 위해서는 노력이 필요하다. 그때그때 밥을 지어 바로 퍼 담아 주는 집까지 찾아가거나, 갓 된 밥을 스테인리스 밥그릇에 담는 때인 점심 시간 직전에 찾아가 밥솥에서 금방 푼 밥을 받고야 만다. 식당에서 이렇게 밥을 주면 밥맛이 좋아서 남길 일이 없고, 양이 적은 사람은 처음부터 반만 달라 주문할 수 있어서 남길 일도 없다.

한국인의 밥맛, 혹은 쌀 맛은 전 세계의 대세가 아니다. 90퍼센트의 생산량을 자랑하는 품종은 장립종인 인디카Indica다. 전분 중 아밀로스Amylose가 많아서 딱딱하고 부슬부슬하게 날린다. 아밀로스가 쌀알 조직을 단단하게 잡고 있는 까닭에 물을 많이 써서 오래 조리해야 한다. 흔히 부르는 이름은 안남미安南米다. 안남은 중국에서 베트남을 부르던 이름이라, 해석하면 베트남 쌀이다. 동남아시아, 중동, 인도에서 주식으로 먹는다.

한국인이 주로 먹는 쌀인 자포니카Japonica는 고작 중국, 한국, 일본의 주식일 뿐이다. 아밀로스가 상대적으로 적어 찰기가 있고 좀 부드럽다. 상대적으로 적은 압력과 수분으로도 밥이 된다. 한국의 농촌진흥청에서 개발한 논벼 품종만 해도 357종이다. 그중 무엇이 맛있을지는 좀 더 뒤에서 이야기하겠다. 파에야, 리소토에 사용하는 유럽의 쌀인 아보리오Arborio 등은 중립종中粒種 자포니카에 속한다. 흔히 파에야용이라고 파는 쌀이다. 리소토를 일반 쌀로 만들면 맛이 덜하다.

눈을 감고 밥맛을 보면 쌀에서 나는 향은 풀, 버섯, 오이, 기름, 팝콘, 꽃, 옥수수, 건초, 동물의 향 등이다. 팝콘의 향이 가장 구미를 당기는데, 이 향을 내는 성분은 향미香米에 유독 많다. 아세틸 피롤린Acetyl Pyrroline이라는 성분인데, 이름보다는 오래 익히면 순식간에 휘발된다는 점을 기억하자. 그래서 향미를 조리할 때는 오래 불렸다가, 단시간에 밥을 지어야 맛있다. 세계적으로 유명한 향미로는 인도의 바스마티Basmati, 타이의 재스민Jasmine, 미국의 델라Della 등이 있다. 물론 한국에도 있다. 설향찰, 미향, 아랑향찰, 향미1호, 향남, 향미2호 등 6종이 등록되어 있다.

돈을 쓰지 않고 집에 있는 쌀로 맛있는 밥을 지으려면 먼저 잘 씻어야 한다. 쌀은 건조된 상태로 보관하므로, 밥을 짓기 위해 적당한 수분이 필요하다. 이 중 대부분이 씻을 때에 흡수된다. 생수로 쌀을 씻는 일은 드물지만, 생수를 꼭 쓰겠다면 꼭 첫 물이어야 한다. 예전 쌀에는 돌도 섞여 있었지만 요즘은 도정 기술이 좋아져서 쌀을 과하게 박박 문지를 필요가 없다. 손끝을 세워 한 방향으로 돌리면서 손가락으로 쌀을 씻는다. 이때 물은 쌀이 푹 잠길 정도로 쓰지 않아도 무방하다. 혼탁한 물을 자주 따라 내면서 조금씩 보충하는 식으로 씻는다. 맑은 물이 나오면 쌀에서 나온 여분의 전분이 충분히 제거되었다는 뜻이다. 불리는 시간은 보통 30분이지만, 30분을 기준으로 잡고 쌀의 상태에 따라 가감한다. 1시간을 넘길 필요는 없다.

　밥을 짓는 도구는 전기밥솥부터 압력밥솥, 냄비, 돌솥, 가마솥까지 선택지가 다양하다. 하지만 밥 짓는 원리는 하나다. 열과 수분, 그리고 냄비 안 공기의 압력으로 쌀을 밥으로 만드는 것이다. 쌀이 밥이 되려면 열이 솥 안에 고르게 퍼지고, 물은 적정해야 하며1, 뚜껑이 꽉 닫혀서 압력이 느슨해지지 않아야 한다.

> 1
> 쌀 부피의 1.2배 선에서
> 쌀의 상태와 취향에 따라
> 가감한다.

　밥을 짓기 전에 잠깐 멈추어 보자. 예전부터 우리는 햅쌀을 최고로 쳤다. 과연 햅쌀은 묵은쌀보다 맛있나? 그렇지 않을 수도 있다. 잘 보관한 쌀이 수분 많은 햅쌀보다 나을 수 있다. 쌀은 가을에 추수해서 1년을 두고 먹기 때문에 보관 상태가 중요하다. 쌀의 수분 함유량이 14~16퍼센트일 때 가장 밥맛이 좋다. 서늘하고 그늘진 장소에서 보관하면 유지된다. 현미는 껍질과 배아의 유분 때문에 퀴퀴한 냄새가 나기 쉽다. 산화를 늦추기 위해 집에서는 냉장 보관할 필요가 있다. 백미도 냉장 보관이 속 편하다. 수확 시기에 따라서 쌀을 먹는 기한도 다르다. 조생종 쌀은 다음해 여름 이전에 먹어 치워야 한다. 중생종과 만생종 쌀은 다음해 여름을 나도 괜찮다. 사실 추석에 먹는 송편은 원래 조생종 쌀을 떡으로 빚어 먹던 풍습이 흘러온 것이다.

　게다가 필요한 조건들을 잘 지키며 보관한 쌀을 그때그때 도정해서 사 오면 밥은 더 맛있어진다. 수확했을 때의 쌀은 현미 상태다. 쌀알을 둘러싼 누르스름한 껍질을 벗기고 배아도 떨어져 나가게 하는 과정이 도정이다. 완전히 도정한 것이 백미다. 씨눈이 온전히 남아 있고 껍질을 쌀알 중량의 3퍼센트 정도만

깎아 내면 5분도미, 씨눈은 70퍼센트 가량 남고 쌀알 중량의 5퍼센트가량 껍질을 깎아 낸 것이 7분도미다. 껍질을 잃은 쌀은 수분이 빠져나가고 산화되며 빠르게 변한다. 경험상 2주가 한계다. 쌀을 한 섬(144킬로그램)씩 쌓아 두던 그 옛날 부잣집들보다 "쌀 한 되(1.8리터) 팔아 오라."라고 하던 가난한 집들의 쌀 구입법을 따라야 더 맛있는 밥을 먹을 수 있다. 전기밥솥이 주방 필수품이 된 것처럼 작고 예쁘면서도 성능이 뛰어난 가정용 도정기가 정착된다면 그것도 괜찮겠지만, 그런 도정기는 없어서 쌀을 1~2킬로그램씩 즉석 도정으로 사 오게 되었다. 쌀에 쓰는 비용이 늘어난 첫째 이유다.

쌀값이 늘어난 둘째 이유는 품종이다. 커피가 지역과 품종마다 맛과 향이 판이하게 다르듯이 쌀도 그렇다. 그런데 한국에서 밥맛 좋은 쌀의 이름은 재배한 지역이나 농법의 이름을 딴 경우가 많았다. 아무거나 모아 두었다가 탈탈 털어서 배를 채우는 것이 쌀밥의 사명이었던 혼합미 시절의 쌀이다. 물론 쌀을 섞는다고 무조건 나쁘지는 않다. 우연히 밥맛 좋은 혼합미가 있을 수 있다. 커피도 몇 가지 커피콩을 섞어 맛과 향이 더 좋은 블렌드를 만드는 일이 유별나지 않다. 어떤 의도로 얼마나 잘 섞는가가 중요하다.

요즘은 쌀도 싱글 오리진, 즉 단일 품종을 주목하는 추세다. 정부도 밥맛과 품종에 관심이 많아서 최고 품질의 쌀 품종을 고시한다. 농촌진흥청이 정의하는 최고 품질의 쌀은 쌀알 가운데와 옆면에 하얀 반점이 전혀 없고 일품 이상의 밥맛을 내야 하며, 도정 수율은 75퍼센트 이상, 벼에서 발생하는 주요 병해충 2종 이상에 저항성을 가져야 한다. 그리하여 이 조건을 충족하는 품종은 삼광, 운광, 고품, 호품, 칠보, 하이아미, 진수미, 영호진미, 미품, 수광, 대보, 현품, 해품, 해담쌀, 청품 등 15종이다.

밥맛도 와인처럼 테루아Terroir, 경작지를 따라간다. 김진영 식품MD는 "쌀 품종마다 잘 자라는 산지가 따로 있어요. 아무리 맛있는 품종도 엉뚱한 지역에

맛있는 밥,
쉽지 않은 문제

서 키우면 맛이 떨어지기 마련입니다. 가령 강원도 철원 지역의 오대, 경상북도 포항 지역의 삼광, 전라도의 호품, 충청도면 추청처럼 품종과 산지가 잘 맞아떨어진 쌀이 맛있습니다."라고 조언했다.

나의 쌀값이 많이 드는 마지막 세 번째 이유는 완전미다. 쌀은 완전미가 맛있다. 완전미는 특정 쌀의 이름이 아니라 상태를 이른다. 도정은 물리적인 힘으로 하기 때문에, 쌀알이 지나치게 건조하거나 상태가 좋지 않으면 깨지거나 흠이 간다. 이런 쌀은 전분이 흘러나와서 밥이 질척인다. 그래서 밥이 맛있으려면 완전미가 중요하다. 도정 후에도 상하지 않고 모양새를 유지하는 쌀을 완전미라고 한다. 미국이나 일본의 쌀은 완전미 비율이 대개 90퍼센트 이상이다. 한국은 완전미 비율이 65퍼센트 이상이면 높은 편으로 본다.

집집마다, 사람마다 원하는 밥의 이상향이 따로 있다. 모두가 더 맛있는 밥을 먹기 위해서는 각자가 ▶ 더 까다롭게 쌀을 고를 필요가 있다.

맛있는 밥,
쉽지 않은 문제

25

감자를
골라 먹는 맛

윗줄 왼쪽부터 서흥, 자흥, 홍영, 울릉도
홍감자, 둘째 줄 왼쪽부터 대지, 수미, 조풍,
새봉, 셋째 줄 왼쪽부터 강선, 대서, 금선,
두백, 하령 품종의 감자다. 모든 감자는
생식이 가능한데, 요즘에 조명받는 컬러
감자는 특히 생식용으로 자리 잡는 중이다.

닭볶음탕에 넣은 감자가 사라졌다. 바벨탑처럼. 닭볶음탕 냄비는 한 번도 뚜껑을 열지 않은 밀실이다. 아무도 감자를 먹지 않았다는 알리바이 역시 명확하다. 그러나 감자는 사라졌다. 남은 것은 토막 난 닭과 당근, 양파, 그리고 되직한 국물뿐이다. 트릭은 무엇일까?

이렇게 추리 소설 같은 감자 실종 사건이 끊이지 않는다. 의문의 사건이 이어진다. 카레에 넣은 감자도 종종 사라진다. 당근만 남긴 채. 맑게 끓인 감자국은 왜 감자 곤죽이 되었을까? 기껏 채 썰어서 감자채볶음을 했는데 왜 프라이팬 위에는 감자전이 있을까? 감자조림은 왜 간장색 진흙 덩이가 되었을까?

한편 반대의 미스터리도 왕왕 발생한다. 감자전을 부쳤는데 바삭하지 않고 떡처럼 눅눅하다. 삶은 달걀과 다진 양파, 소금에 절여 물기를 짜낸 오이까지 준비해 감자 샐러드를 간만에 만들어 볼라치면 이 또한 끈적한 떡이 된다. 프렌치 프라이를 튀겼더니 고구마 줄기처럼 축 늘어진 것은 맥도날드 같은 세계적인 프렌치프라이French Fry 전문점의 노하우를 갖추지 못해서라고 치자. 그래도 때이른 더위에 쪄 낸 감자, 그것 하나만큼은 껍질이 쩍쩍 갈라져서 포슬포슬한 속살을 드러내고, 입안에서 녹듯이 사라져야 하지 않나? 매끈한 껍질을 벗겨서 베어 물면 쫀득쫀득하게 들러 붙는 것이 영 이상하다.

고대 남아메리카 국가의 중요한 식량 자원, 현재 한국에서도 식량 작물로 관리되는 작물, 감자. 너는 정녕 잉카Inca와 마야Maya 문명의 신비를 품은 미지의 덩이줄기인가. 우리는 감자를 잘 알지 못한다. 품종마다 다른 감자의 성질은 우리에게 미지의 영역이다. 특히 모든 감자가 그저 감자라고만 불리는 한은.

국물 요리에서 사라지는 감자는 분질감자라고 부른다. 전분이 많고, 그중에서 아밀로스 함량이 높은 것이 다수다. 아밀로스는 일一자 형이어서 뭉치지 않는 탓에, 물을 만나면 부풀어서 덩어리지다가 으스러지고 결국 흩어져 버린다. 그래서 이런 감자로 닭볶음탕, 카레, 감자국, 감자볶음, 감자조림을 만들면 국물에 녹아 없어진다.

반대의 감자도 있다. 점질 감자다. 같은 감자라고 하기에는 성질이 많이 다르다. 전분이 적고 그나마도 아밀로펙틴Amylopectin이 대부분이며, 수분 함량은 높다. 가지처럼 생긴 아밀로펙틴은 풀처럼 굳는다. 이 감자는 끈적하고 쫀득거리며 열과 수분에 강하다. 단단히 뭉친다.

따라서 감자는 다음의 표와 같이 요리에 맞는 품종을 골라 쓸 필요가 있다. 감자가 수분에 얼마나 녹기를 바라는지에 따라, 점질 감자와 분질 감자 중에서 선택하는 과정이 하나 더 필요하다. 장을 볼 때마다 "이 감자는 무슨 감자에요?"라고 물어야 오늘 저녁 닭볶음탕 속 감자의 운명을 정할 수 있다. 국물에 포슬포슬하게 녹은 감자를 흰 쌀밥과 비벼 먹을지, 아니면 양념이 묻은 감자를 알맹이 그대로 먹을지 말이다. 그러나 실상은 물어도 제대로 된 답을 듣기는 힘들 것이다. 현재의 감자 유통 구조가 그렇다. 다만 계속 묻다 보면 언젠가 답도 돌아오게 되어 있다. 품종 이름까지는 아니어도, 최소한 분질 감자인지 점질 감자인지는 답을 듣고 싶다.

그런데 현재로서는 애초에 품종을 물을 필요도 없다. 국내에서 생산되는 감자 70퍼센트가 수미 품종이다. 저장했다가 팔기 좋고 분질 감자와 점질 감자의 특성을 적당히 함께 갖춘 중간질 감자다. 대부분의 한국 음식에 적합하고, 무엇보다도 한국 어디서나 대충 잘 자란다. 게으른 농부도 잘 키울 수 있을 정도로 병충해에 강하며 소출까지 좋다. 대신 다소 맹맹한 맛은 흠이고, 점질에 가까운 중간질인 까닭에 분질의 장점은 약해서 아쉽다. 시설에서 재배해 5월 상순까지 수확하는 조풍은 수미와 성질이 비슷하지만 맛이 훨씬 달고 고소하다. 수미보다 더 맹맹한 감자도 있다. 추백, 대지는 시장에서 아예 물감자로 불린다.

어른들이 흔히 이야기하는 "예전에 쪄 먹던 포슬포슬한 감자"는 분질 감자의 극단인 남작이라는 품종이다. 물감자에 비하면 '물고구마와 밤고구마'를

감자를
골라 먹는 맛

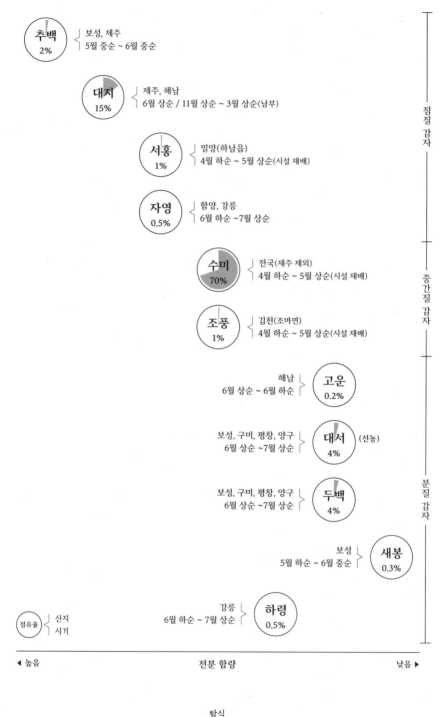

추백
2%
┤ 보성, 제주
5월 중순 ~ 6월 중순

대지
15%
┤ 제주, 해남
6월 상순 / 11월 상순 ~ 3월 상순(남부)

서흥
1%
┤ 밀양(하남읍)
4월 하순 ~ 5월 상순(시설 재배)

자영
0.5%
┤ 함양, 강릉
6월 하순 ~ 7월 상순

수미
70%
┤ 전국(제주 제외)
4월 하순 ~ 5월 상순(시설 재배)

조풍
1%
┤ 김천(조마면)
4월 하순 ~ 5월 상순(시설 재배)

해남
6월 상순 ~ 6월 하순
고운
0.2%

보성, 구미, 평창, 양구
6월 상순 ~ 7월 상순
대서 (선농)
4%

보성, 구미, 평창, 양구
6월 상순 ~ 7월 상순
두백
4%

보성
5월 하순 ~ 6월 중순
새봉
0.3%

강릉
6월 하순 ~ 7월 상순
하령
0.5%

점유율 ┤ 산지
시기

◀ 높음   전분 함량   낮음 ▶

점질 감자

중간질 감자

분질 감자

차용해서 밤감자라고 부를 만하다. 이 감자는 병이 잘 들고 소출도 좋지 않아 농민이 고생을 했다. 수미가 보급되면서 급속도로 자취를 감췄다. 대체 품종으로 대서와 두백이 각 4퍼센트의 생산량을 차지해서 그나마 구해 볼 만하다. 6월 말경 강릉 지역에서 나오는 하령은 특성이 남작과 가장 비슷하지만 생산량이 0.5퍼센트에 불과하며, 감자의 아린 맛을 내는 솔라닌Solanine 성분이 너무 잘 생긴다는 단점도 있다. 2017년부터 농촌진흥청이 처음 보급한 종 중에서는 강선, 만강, 금선이 분질 감자며 특히 금선은 고소한 맛이 좋다.

시중에 널리 유통되는 감자의 이름은 몇 가지가 있다. 흙 감자, 햇감자, 알 감자 등이다. 감자 껍질에 흙이 묻어 흙 감자라고 팔리는 감자는 흙을 너무나

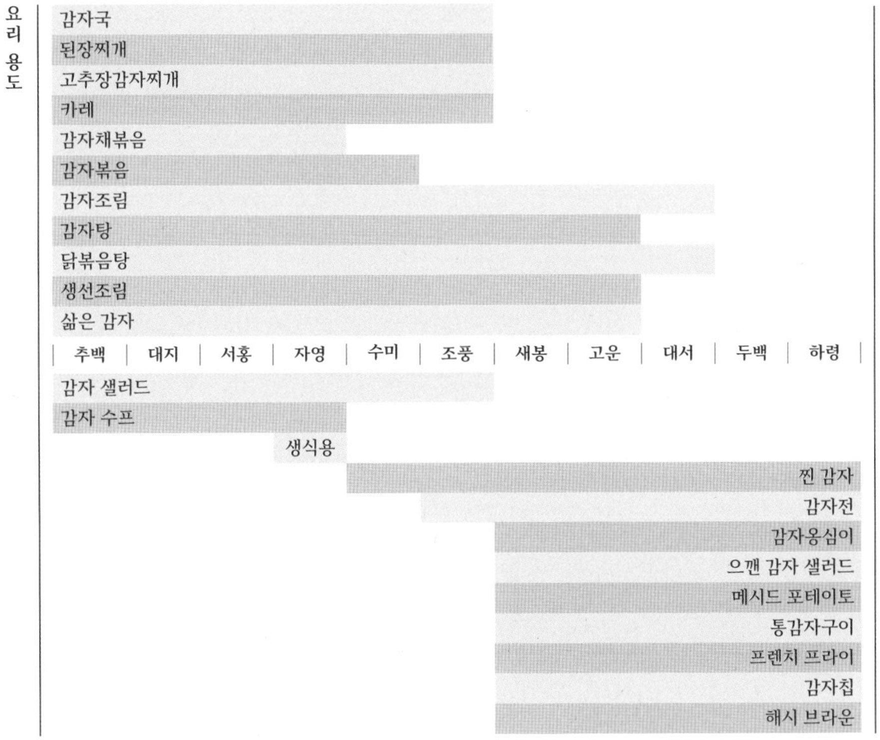

요리 용도

감자국
된장찌개
고추장감자찌개
카레
감자채볶음
감자볶음
감자조림
감자탕
닭볶음탕
생선조림
삶은 감자

| 추백 | 대지 | 서홍 | 자영 | 수미 | 조풍 | 새봉 | 고운 | 대서 | 두백 | 하령 |

감자 샐러드
감자 수프

생식용

찐 감자
감자전
감자옹심이
으깬 감자 샐러드
메시드 포테이토
통감자구이
프렌치 프라이
감자칩
해시 브라운

감자를
골라 먹는 맛

좋아하는 품종이 따로 있는 것이 아니라, 황토 토양에서 자라서 찐득한 흙이 묻은 채로 유통되는 감자를 그냥 그렇게 부르는 것이다. 농촌진흥청 국립식량과학원 조지홍 연구사에 따르면, 같은 품종이라도 황토 토양에서 자란 감자는 상대적으로 분질성이 좀 더 강한 경우가 있다. 햇감자는 수확 후 별도의 저장을 거치지 않고 바로 판매한다는 의미로, 저장 감자가 아니라는 의미로 이해하면 된다. 저장 감자는 수분이 날아가 맛이 농축되지만 전분 함량은 다소 떨어진다는 단점이 있다. 저장 온도에 따라 감자의 당도가 올라가기도 한다. 알감자나 조림감자는 예전에 덩이줄기의 크기가 작은 품종이 실제로 있었지만 캐도 캐도 조그만 것뿐이라 수확이 어려워 소외되었다. 대신 캐낸 감자 중에서 크기가 작은 것을 선별해 조림용으로 따로 유통시킨다.

감자에게도 이름이 있다. 가명 말고, 감자의 실명을 찾아 주자. 감자 실종 사건을 막기 위해, 그리고 프렌치 프라이가 고구마 줄기가 되는 일을 다시 겪지 않기 위해, 감자 품종은 수미 편중에서 벗어나 더 다양해질 필요가 있다. 유통과 판매에서도 품종을 끝까지 구분해 소비자에게 선택권을 되돌려 주어야 한다. 모든 감자는 그만의 적합한 요리법이 있고, 그 음식을 먹을 사람은 결국 소비자이기 때문이다.

감자를 쪘을 때 껍질이 터지는 것이 분질 감자다. 햇수미도 껍질이 갈라지는 분질성을 갖고 있는데
며칠만 지나도 사라지고, 껍질이 갈라지지 않는 점질성이 강해진다.

26

양파가 감춘 맛

양파를 썰 때면 평생의 서러웠던 일들이 주마등처럼 지나간다. 가장 아픈 말을 가족의 입으로 들었을 때 고아가 된 것 같았던 나, 그 사람을 뜨겁게 그리워하며 우주에 혼자 남은 것 같았던 나, 고약한 상사의 집요한 분탕질을 견디는 것이 월급의 대가라 여기며 인고했던 나. 풀리지 않았던 궁상맞은 감정이 펑펑 솟는 눈물에 투영되는 듯하다.

그럼에도 삶은 지속되고, 양파는 썰어야 한다. 어떤 음식에나 요긴하게 들어가는 만능 재료가 양파다. 어떤 요리가 되었건 양파는 그 요리의 시작이기 쉽다. 그래서 부엌에 온기가 감도는 집의 냉장고라면 양파 한두 알쯤은 꼭 굴러다니기 마련이다.

햇양파는 4월부터 나온다. 양파는 밭에서 겨울을 나고 여름이 멀리서 다가올 무렵에 수확하는 백합과 파속의 알뿌리 식물이다. 그렇다. 줄기나 잎이 아니라 땅속에 묻힌 알뿌리다. 원래 제철은 5~7월이지만 조생종 양파는 한발 먼저 시장에 당도하는 셈이다. 4월부터 수확한 햇양파를 밭에서 사흘 정도 말린 후에 저온 창고에 보관해서 한 해 내내 공급한다. 전라남도 무안군과 고흥군, 제주도 서쪽 지역이 양파의 주산지로 꼽힌다.

우리가 흔히 먹는 노란양파, 좀 더 매운맛이 강한 흰양파, 납작한 생김에 아린 맛 없이 부드럽고 달달한 단양파, 맛은 노란양파보다 살짝 부드럽고 특유의 붉은 색소가 조리 중에 희석되어서 주로 생으로 사용하는 적양파 등 종류는 여럿이다. 그중 한국에서는 노란양파와 적양파가 주로 재배된다. 양파와 무척 비슷하지만 크기가 작아서 금귤만 하며 맛은 부드러운 샬롯Shallot도 음식 문화가 다양해지면서 요즘에는 꽤 흔해졌다. 파, 마늘은 양파와 한 가족이며 락교를 만드는 교자薤子, 염교, 돼지파와 양하蘘荷, 리크Leek, 명이는 모두 백합과의 종친들이다.

맥기의 『음식과 요리』 등 여러 도서와 자료들이 지목하듯이, 양파의 기원은 중동, 지중해 근방이라는 것이 정설이다. 고대 이집트에서 피라미드를 건설하던 노예들의 식단에 마늘과 함께 포함되었을 정도로 오래된 작물이다. 알뿌리 식물은 땅에서 파내 겉을 말려 두면 오래 보관할 수 있어서 전 세계에서 식량 자원으로 활용된다.

양파는 조선 말기가 되어서야 겨우 한국에 들어왔다. 한국 전쟁 후부터 본격적으로 재배되었다고 한다. 한 세대 전만 해도 일제의 영향으로 양파를 다마네기玉葱, たまねぎ라고 불렸고, 그 말을 그대로 한국어로 옮겨서 둥근파로 부르기도 했으며, 양마늘이라고도 불렸다. 반만년 역사라는 이 나라의 음식 문화에 편입된 지 고작 100여 년이 흘렀을 뿐인데, 한식 곳곳에서 양파가 활약하는 것도 어찌 보면 재빠르고 신기한 일이다. 이것이 다 양파의 마력 덕분이다.

눈물을 자아내는 양파 특유의 괴로운 향은 역시나 양파의 자기 보호 기제다. 무력한 식물이 동물들에게 먹히지 않기 위해 진화시켜 온, 쓴맛, 떫은맛, 매운맛과 같은 수단이다. 양파의 향은 휘발성이 강해서 최루탄을 맞은 것처럼 도마 앞에서 날뛰고는 한다. 고등 동물씩이나 되어서 고작 양파를 썰다가 눈물의 주마등을 보고 싶지는 않다면 해결 방법은 많다.

아무도 보지 않는다면 양파 조각을 입에 물고 썬다. 모양새를 희생한 만큼의 보람은 없다. 입안에 물을 머금는 것도 방법이다. 양파를 30분에서 1시간 정도 얼음물에 담가 온도를 낮추면 휘발성이 억제된다. 덤으로 양파 결 사이의 막이 수분을 흡수해서 질겨지므로 이 막을 제거하기도 쉽다. 양파를 뿌리에서 위쪽 방향으로 써는 것도 눈물을 피하는 데 도움이 된다.

이 모든 번거로움을 극복하고서 전 세계가 양파를 사랑하게 된 것은 양파가 부엌에서 부리는 마법 덕분이다. 가열하면 생성되는 프로필메르캅탄Propyl mercaptan 성분이 핵심이다. 골치 아픈 이름이지만 매캐한 양파가 달콤한 마법의 세계로 승천하는 키워드라는 사실은 기억하자. 이 성분은 같은 양의 설탕보다 무려 50~70배나 되는 어마어마한 단맛을 낸다.

이것 외에도 대단히 많은 분자들이 양파를 구성하므로 동량의 양파가 설탕의 수십 배 정도로 심각하게 달지는 않지만, 요리에서 단맛을 내기에는 충분하다. 게다가 설탕은 낼 수 없는 감칠맛까지 더해져서, 설탕을 들이붓는 것보다 한결 섬세한 맛을 완성한다. 이 단맛을 끄집어 내려면 양파를 약한 불에 오래 가열하거나, 강한 불에 빠르게 가열하는 두 가지 방법이 있다. 전자는 동서양을 막론하고 갖가지 음식에서 활용하는 캐러멜라이즈Caramelize 양파, 후자는 서양이나 동남아시아의 음식에서 볼 수 있는 바삭바삭한 식감과 고소한 맛의 양파(혹은 샬롯) 튀김이 대표적인 예다.

뭉근한 불에 끈질기게 볶아서 달콤한 잼으로 만드는 캐러멜라이즈 양파의 매력이 후자보다 훨씬 드라마틱하다. 볶는 데는 최소 1시간, 권장 기준으로는 2시간이 적당하며 그 인고의 시간을 거치면, 양파는 10분의 1 분량으로 압축된다. 이때 설탕을 넣는 약식 조리법도 있지만 돌아가더라도 정도를 걷는 것이 언제나 낫다. 설탕은 캐러멜라이즈가 더 빨리 진행되도록 돕지만, 그 결과가 시간을 들인 맛과 똑같지는 않다.

이 마법을 이용한 대표적인 조리법이 프랑스의 대표적인 해장 음식인 수프 알 로뇽Soupe à l'Oignon, 바로 프렌치 어니언 수프French Onion Soup다. 치즈를 듬

세상 흔한 것이 양파지만 생으로 사용할 때, 그리고 조리하기에 따라 다채로운 맛과 향,
질감을 내는 팔색조 같은 매력이야말로 양파가 그렇게 흔한 이유다.

노란양파에 비해 덜 아린 적양파는
주로 생으로 사용한다.

양파가 감춘 맛

뿍 없은 비주얼부터 식욕을 자극한다. 캐러멜라이즈한 양파가 듬뿍 들어간 이 수프는 고기를 쓰지 않는데도 고기 맛이 물씬 난다. 겨울에 차게 식은 몸을 덥히는 데도 제격이지만 한여름에도 당기는 마성의 맛이다.

가정에서 이렇게까지 올곧은 프렌치 어니언 수프를 만들기는 부담스러울 수 있다. 그러나 캐러멜라이즈한 양파를 활용할 음식은 어디나 있다. 평소와 똑같이 카레를 만들되, 캐러멜라이즈한 양파를 듬뿍 넣은 카레를 시도해 보자. 마치 완전히 다른 카레처럼 깊은 맛이 난다.

오랜 시간 조리하는 찌개, 찜 요리를 할 때도 양파는 유용하다. 듬뿍 넣으면 설탕을 생략해도 될 정도로 훌륭한 단맛을 낸다. 재료를 재워 두었다가 사용하는 볶음 양념에, 물 대신 양파를 갈아서 즙을 넣어도 부드러운 단맛을 더한다. 모아 둔 양파 껍질은 육수 재료로도 쓴다.

양파는 아무래도 요리의 부재료로 사용될 때가 많지만, 주재료로도 손색이 없다. 특히 양파튀김은 다른 튀김이 범접할 수 없는 고유한 장르다. 묽은 반죽을 묻혀서 양파를 튀길 때, 튀김옷에 가람 마살라Garam Masala 같은 강렬한 향신료를 살짝 섞으면 맛이 좀 더 풍부해진다. 가람 마살라 대신 유사한 카레 가루를 조금 섞어도 색과 맛이 크게 나아진다. 맥주가 끝없이 들어가는 안주다.

늦봄 무렵에 간장 달이는 냄새가 골목에 확 퍼진다면, 어디서 양파 장아찌를 담고 있다는 뜻이다. 양파가 가장 저렴한 늦봄에만 만날 수 있는 후각적 풍경이다. 진간장에 소금, 설탕, 식초, 매실청을 넣고 달여서 뜨거운 채로, 손질해 둔 양파에 부어서 밀폐하고 사나흘을 숙성하는 간단한 장아찌다. 안 담그면 봄이 섭섭하다. 청양고추를 넣어서 매콤한 뒷맛을 더하면 없던 입맛도 돌아오게 만든다. 전국 양파 생산량의 20퍼센트 가량을 담당하는 무안군에서는 여린 양파로 김치도 담는다. 다 익히지 않고 아삭할 때 먹는데, 군내 나는 다른 젓갈은 줄이고 새우젓으로 시원한 맛을 내면 어울린다.

특히 양파를 생으로 사용할 때는 양파가 숨긴 두 가지 질감을 이해해야 한다. 양파는 도넛 모양으로 썰면 단단하게 아삭거리는 질감을, 결대로 썰면 탱글탱글하게 씹히는 질감이다. 익히지 않은 양파를 먹을 때 아린 맛을 줄이고 단맛을 느끼려면, 썬 채로 차가운 물에 담가 두었다가 사용한다.

양파가 감춘 맛

27

토마토의
마지막 정리

토마토는 과일인가, 채소인가. 인류 지성이 발달해서 수학 난제인 '페르마Fermat의 마지막 정리'까지 증명되었는데, 아직 토마토의 정체는 시원하게 답하기가 어렵다. 한국에서, 그리고 한식에서 토마토는 '일단은 과일'이다. 밥상에 반찬으로 오르는 일은 거의 없기 때문이다. 김치나 장아찌를 담그기도 하지만 어디까지나 흔치 않게 등장하는 음식이다. 애초에 토마토는 과일 가게에서 팔지, 채소 가게에서 팔지 않는다. 고로 한국에서 토마토는 과일이다.

근본적으로 정체성이 모호한 데다가, 한국에 정착한 지 500여 년 밖에 되지 않은 외래종이어서다. 페루, 칠레, 콜롬비아, 에콰도르, 볼리비아 일부 지역을 관통하는 안데스산맥의 서쪽이 토마토의 원산지다. 지구를 반 바퀴 돌아서 한국에 온 시기는, 조선 시대 광해군 때 이수광이 쓴 백과사전『지봉유설芝峯類說』을 참고하면 선조나 광해군 무렵으로 추정된다고 한다.

토마토도 다 같은 토마토가 아니다. 사진의 토마토는 각기 다른 세 계열의 토마토다.
새빨갛게 농익은 붉은색은 적색계 품종인 대프니스(Dafnis)종, 그보다 연하게 선홍빛이 도는 것은
핑크계 품종인 도태랑(桃太郎, 모모타로)종이다.
대추방울토마토는 젊은 층을 중심으로 소비가 증대되는 중인데, 사진의 것은 베타 티니(Beta Tiny)종이다.

이토록 정체성이 애매한 것치고, 토마토는 한국인들이 많이 먹는 작물이다. 농림축산식품부의 농림축산식품주요통계에 따르면 토마토의 생산액은 2015년 9,850억 원으로 과일과 채소의 총 생산액인 4조 8,740억 원 중 20.2퍼센트를 차지했다. 2016년에 파악된 토마토의 재배 면적은 6,836헥타르에 달한다. 2016년의 연간 토마토 소비량도 1인당 8.2킬로그램으로 추정된다. 많이도 먹는다. 그러나 2007년에는 더 많이 먹었다. 이 해에는 1인당 11킬로그램에 달했다.

젊은 층에서는 방울토마토를 선호하고 장년층 이상에서는 여전히 일반 토마토가 우세하다. 모양이 길쭉한 대추방울토마토는 근래에 급성장했다. 한국 농촌경제연구원이 서울의 가락도매시장 등 34개 도매시장의 실적 자료를 분석한 토마토 품종별 전체 도매시장 반입량 추이에 따르면 2012년 일반 토마토 69퍼센트, 원형방울토마토 25퍼센트, 대추방울토마토 6퍼센트로 대추방울토마토의 비율이 상당히 낮았는데, 2016년에 오면 일반 토마토는 65퍼센트로 대동소이했고, 원형방울토마토가 14퍼센트로 감소한 데 비해 대추방울토마토는 21퍼센트까지 증가했다.

일반 토마토도 품종이 다소 변화하고 있다. 요리나 가공용으로 사용되는 적색계 비중이 점차 높아지는 반면에, 생식용으로 소비되는 도색계 출하 비중은 감소하고 있다. 적색계 토마토는 유럽계 토마토로 통칭하기도 하는데, 껍질이 두껍고 단단하며 당도는 낮고 수분이 적다. 과일처럼 먹기보다는 요리에 쓰기 적당해서, 햄버거나 샌드위치 속에 넣으면 딱 좋다. 대프니스와 다볼Tabor 품종을 많이 키운다. 토마토를 샀는데 기대한 맛과 다르다면 적색계 토마토일 확률이 높다. 유통에 유리한 대신 맛은 맹맹하다. 도색계 토마토는 수십 년 전부터 먹던 수분이 가득하고 향긋하며 진한 바로 그 토마토다. 일본계 토마토라고도 한다. 대개 껍질이 얇고 당도가 높아서 그냥 베어 물어 먹어도, 아무것도 넣지 않고 단지 갈아서 주스로 마시기에도 좋다. 도태랑 계열 품종을 많이 쓴다.

현실적으로 가장 맛있는 토마토는 무엇일까. 일단 달아야 한다. 과일이라면 단맛을 상상해야 식욕이 돈다. 동시에 신맛도 충분해야 한다. 그래야 침이 고인다. 신맛 없이 달기만 해서는 되레 밍밍하다. 짠맛도 필수다. 짠맛에는 감칠맛이 따라온다. 특별히 소금 간을 하지 않아도 맛이 진해 간이 맞아야 맛있는 토마토다. 도태랑 계열 토마토는 당도가 높은 경우에 7.5브릭스까지 나오는데 일반 토마토 중 아주 높은 수준이다. 베타 티니종의 대추방울토마토는 9.5브릭스까지도 가능하다.

유기농 토마토를 재배하는 농가에서는 엷게 희석한 바닷물을 살포해서 해충을 막기도 하는데, 완벽한 해결책은 아닌 데다 토마토가 염도에 민감해서 짠물에 닿으면 생산성이 낮아지는 문제도 있다. 하지만 토마토의 당도와 산도를 높이는 묘약이기도 하다. 게다가 수확 직전에 물을 굶겨 더 진한 맛으로 여물도록 하면, 효율은 낮아도 다양한 맛이 황금 비율을 이루는 토마토가 된다.

다시 토마토의 정체로 돌아가 보자. 과일인 동시에 분명히 채소다. 토마토를 요리에 채소로 쓸 때는 단단한 것이 좋고, 껍질은 질겨서 벗기기 쉬워야 하며 수분이 적어서 질척이지 않아야 한다. 기왕이면 젤리Jelly, 씨를 감싼 씨방도 작고 단단해야 유리하다. 샐러드를 해도, 샌드위치나 햄버거 속재료로 써도 이런 토마토가 적합하다. 토마토 소스는 완제품을 구매하거나 대개 이탈리아산, 또는 미국산 토마토 캔을 쓰는데, 달걀 모양의 플럼Plum계 품종, 로마Roma, 특히 산마르차노San Marzano 종이 대표적이다.

한국에서 이런 토마토를 볼 수 없는 것은 우선 수입산 토마토 캔이 워낙 다양하게 잘 나오기 때문이다. 가격이 안정적이며 품질도 일정하다. 이탈리아, 스페인 등 토마토를 사랑하는 지중해 연안 지역과 미국에서 대량으로 재배하고 제조한 토마토 캔은 가장 잘 익었을 때 수확해서 최대한 빠른 시간 안에 껍질을 벗겨 토마토 퓨레토마토를 세 배로 농축한 것에 담가 밀봉한 후 가열 살균한 것이다. 수출을 하기는 하지만 본래 목적이 수출이었던 것은 아니다. 노지 재배하는 가열용 토마토를 여름 한때뿐 아니라 철 없이 1년 내내 먹기 위해, 즉 그들 자신의 탐식을 위해 고안한 저장법이다. 토마토 캔은 크게 토마토를 통째로 넣은 것 Whole, 홀과 작은 주사위 모양으로 썬 것Diced, 다이스드의 두 가지로 나뉘는데 용도에 따라 골라 쓰면 된다. 두 종류 이외에 으깨거나 간 것도 있다.

수입산 토마토 캔이 아니더라도, 한국의 기후는 요리 재료로 쓸 토마토를 직접 재배하기에 적합하지 않다. 안데스산맥을 상상해 보자. 태양은 내리쬐지만 서늘하고 건조한 풍경이 펼쳐진다. 반면 한국의 여름은 고온 다습하고, 특히 여름 내내 열대야가 이어진다. 토마토에게는 가혹한 기후다. 농촌진흥청 노미영 박사는 "플럼 토마토 등 가공용 토마토는 노지에 빽빽이 심어서 한 번에 수확해 바로 가공하는데, 시설 재배가 100퍼센트에 육박하는 한국의 재배 여건은 그렇지 않습니다. 기후 면에서도 노지 재배가 쉽지 않아요. 수요가 미미하기 때문에 수익성 측면에서도 쉽게 시도하기 어렵죠."라고 설명한다.

그러나 언제까지고 한국의 토마토가 과일일 수만은 없다. 시대의 흐름은 농산품의 품종 다양화로 방향을 틀었다. 농촌진흥청에서는 과일이 아닌 요리의 재료라는 이미지 변신과 소비 다변화, 한국 기후에 맞는 품종 개발과 동시에 대부분 수입산인 토마토 종자의 국산화 등을 목표로 연구 중이다. 틈새 수요를 위한 다양한 특수 토마토를 시험하고 새로운 시장 개척에 도전하는 농부들도 있다. 이미 여름철이면 백화점과 마트 매대에 그런 토마토가 보이기 시작한다. 맛 좋은 토마토가 과일이어도 즐겁지만, 채소로서도 맛 좋은 토마토가 흔해진다면 아직도 선조 이전처럼 토마토가 없는 밥상 풍경도 드디어 바뀔 것이다.

토마토를 다양한 형태로 조리했다. 요리 재료로서 토마토의 가능성은 무궁무진하며,
적어도 한국에서는 갈 길이 많이 남았다.

3부

외식
탐구

28

마력의 마라麻辣

훠궈로 대표되는 쓰촨 음식은
비주얼부터 화려하고, 맛도
그렇다. 맵고 얼얼한 통각에
오미가 어우러진다.

중국 음식이라고 하면 짜장면과 짬뽕, 그리고 탕수육이었다. 그러나 요즘에는 좀 더 다양한 메뉴가 떠오른다. 양꼬치는 몇 해 전부터 전국 팔도의 맥주 안주로 군림하면서 중국 음식의 또 다른 대명사가 되었다. 이 계열의 음식은 동북 지역의 맛에서 변형된 것이다. 여기에 비슷한 시기부터 부상한 또 다른 방향의 중국 음식이 있다. 단어만으로도 무시무시한 동시에 군침이 가득 고이는 마라, 즉 쓰촨四川 지역의 얼얼하고 매운맛이다. 새빨간 마라 육수가 기본인 훠궈를 필두로 마라탕麻辣烫, 마라샹궈, 마라룽샤麻辣龙虾, 마라더우푸麻辣豆腐, 라즈지辣子鸡 등 비교적 생소했던 이름들이 중국 음식의 새로운 연관 명사로 떠오르기 시작했다. 대림동, 구로동, 건대입구 등 서울 안의 차이나타운은 물론, 차이나타운과 무관한 곳곳에 쓰촨 음식을 다루는 중국 식당이 불쑥불쑥 나타난다.

땅덩이가 넓은 중국 음식은 풍토와 산물에 따라 워낙 다양하고 제각각 유서가 깊어서 지역별로 다른 나라 음식인 양 개성이 강하다. 4대 요리로 산둥山東, 루차이魯菜 · 쓰촨촨차이川菜 · 장쑤江蘇, 쑤차이蘇菜 · 광둥廣東, 웨차이粵菜 요리를 꼽고, 8대 요리는 여기에 푸젠福建 · 저장浙江 · 후난湖南 · 안후이安徽 요리를 더하며, 좀 더 넉넉하게 10대 요리를 말할 때는 베이징北京과 상하이上海를 독립시켜서 보태는데 이 중 쓰촨과 후난 요리가 매운맛에 특화되었다.

쓰촨의 매운맛은 매운 것 이상이다. 『중국의 음식문화』[1]에 따르면 쓰촨 매운맛의 특징은 마늘과 후추, 쓰촨산초, 생강을 기본으로 사용해서 맵고 시며 향기롭다는 것이다. 특히 쓰촨산초의 싱그러운 산미는 얼얼하고 매워도 더욱 그것을 찾게 만드는 원천이다. 매운맛의 세계 수도 격인 쓰촨 지역에서는 매운맛을 간샹라干香辣, 쑤샹라酥香辣, 유샹라油香辣, 팡샹라芳香辣 등으로 구분할 정도로 자유자재로 사용한다. 고추와 훈제한 고기를 많이 사용한 후난 요리의 매운맛은 맛과 향이 강하고 신선하며, 맵고 시면서도 부드럽다.

1
이해원 지음, 고려대학교
출판부, 2010.

쓰촨성의 성도인 청두시成都市는 한국의 여름이 우스울 정도로 덥고 습하다. 이열치열을 그 어디보다도 생활로 실천하는 지역이다. 또한 종로구의 쓰촨 음식 전문점인 마라샹궈 고윤영 오너 셰프에 따르면 쓰촨 지역의 음식에는 한 약재도 풍부하게 들어간다. 그는 "훠궈의 새빨간 마라 육수는 덥고 습한 날씨에 지친 몸을 보하는 각종 한약재가 들어가는 것도 중요한 특징입니다. 단지 얼얼하고 매운맛만 내는 것이 중요한 것이 아닌데, 최근의 훠궈는 그 의미가 퇴색되어 아쉽습니다."라고 말한다.

쓰촨 음식은 한마디로 마랄麻辣인데, 흔히 마라라고도 부르는 이 단어가 설명하는 맛은 두 가지다. 랄은 우리도 잘 아는 고추의 그 매운맛이다. 고

2
절대 따라하지
마시오!

추에 들어 있는 캡사이신Capsaicin이 담당한다. 더욱 중요한 쓰촨 음식의 특징인 얼얼함을 뜻하는 마는 랄과 마찬가지로 아픈 매운맛인데, 단지 매운 것이 아니라 얼얼하다는 표현이 정확하다. 강한 탄산이 든 음료를 마셨을 때처럼 따끔거리는 느낌, 또는 9볼트 건전지에 혀를 댔을 때[2]의 혀끝이 멍할 정도로 찌릿찌릿한 느낌과 같다. 산쇼올Sanshool이라는 화합물이 만드는 아픔인데, 캡사이신이나 후추의 피페린Piperine과 같은 고약한 족속이다. 동시에 중독될 만치 매력적인 고통의 근원이기도 하다.

마한 맛을 내는 향신료는 쓰촨산초다. 흔히 화자오花椒라고 부르며, 산초로 뭉쳐 부르기도 하지만 한국이나 일본의 산초, 또는 제피와 달라 쓰촨산초라는 이름이 보다 정확하다. 둘은 비슷하면서도 다른 친척 사이다. 화자오는 레몬과 같은 시트러스한 향이어서 신맛을 내고, 좀 더 세분화하면 청靑화자오와 홍紅화자오로 나뉜다. 서울 중구 롯데호텔서울 중식당 도림의 여경옥 셰프는 "청화자오와 홍화자오는 다른 나무에서 나는 두 종류의 화자오입니다. 푸른빛의 청화자오는 키가 작은 나무에서 나는데 신맛과 얼얼한 맛이 더

마력의 마라

냉장고에 있는 재료라면 무엇이든 넣고
볶아서 마라샹궈를 만들 수 있다.
고기는 물론 새우와 주꾸미부터 고구마,
연근까지, 심지어 스팸도 문제없다.

마력의 마라

강하고 홍화자오는 아린 맛은 덜하지만 향이 좋아서 다르게 쓰입니다. 쓰촨에서는 청화자오를 주로 사용해요."라고 말한다. 중국에서는 쓰촨성뿐 아니라 구이저우성貴州省 등 각 산지마다 다른 품종의 화자오를 생산하며 맛과 향이 제각각이라 현지 요리사들도 전체를 정확히 알지는 못한다고도 덧붙였다. 한국의 중국 식재료 도·소매상과 식당들은 청화자오를 특별히 마자오麻椒라 부르기도 한다. 중국에서도 이 단어는 익숙하다. 여 셰프에 따르면 쓰촨성과 구이저우의 화자오가 다른 지역보다 얼얼한 맛과 향이 강해서 마자오로 불리기도 한다.

한편 부산광역시 부산진구에 있는 쓰촨 음식 전문점 라라관은 매운맛으로 서울까지 명성을 떨치는 식당이다. 이곳의 김윤혜 오너 셰프는 청두에서 쓰촨 음식을 배웠고 수시로 이 도시를 오가며 식재료를 구해 오는데, 나에게 충격적인 이야기를 들려주었다. "청두에서는 정작 마자오라는 말을 쓰지 않습니다. 마라탕이라는 이름의 요리도 없어요." 이유를 캐 보니 "마자오는 쓰촨성 바깥 지역 사람들이 쓰촨 음식의 '마'한 특징을 화초 앞에 붙여서 마초, 즉 마자오라고 부르는 것 같아요. 마라탕이 쓰촨성에 없는 것은 쓰촨 음식의 탕은 당연히 '마라'하므로, 굳이 마라탕이라고 부를 것 없이 탕이라고 부르기 때문이죠. 해물탕과 매운탕의 관계와 비슷하다고 보면 됩니다."라는 설명이 따라왔다.

그리하여 마라한 마력의 쓰촨 음식은 무엇을 먹으면 될까. 우선 손댈 메뉴는 이제 어디서나 맛보기 쉬운 한국의 대표적인 쓰촨 음식들이다. 한 가지나 두 가지, 또는 네 가지의 끓는 육수에 갖은 재료를 담가 먹는 중국식 샤브샤브인 훠궈, 맵고 얼얼한 국물과 풍성한 재료의 조화가 일품인 마라탕, 고기, 해산물과 갖은 채소부터 얇게 뜬 피두부에 햄과 소시지까지 온갖 재료를 취향대로 골라 볶는 '무엇이든 볶음'인 마라샹궈, 작은 가재인 샤오룽샤小龙虾를 얼얼한 양념에 볶아 내는 마라룽샤, 청淸 시대에 얽은 자국이 있는 얼굴의 주방장이 창안했다고 알려진, 기존의 중국집 마파두부와 양념부터 다른 마라더우푸, 수북한 말린 고추 안에 튀긴 닭조각을 뒤섞어서 고추 향을 진하게 입힌 라즈지가 한국판 쓰촨 요리 열풍의 주인공들이다.

　　마라의 세례를 받으면 처음은 낯설어도 대번에 입안이 황홀할지니, 다만 다음날 아침까지 소화 기관을 따라 이어지는 얼얼함과 매운맛만이 문제다. 물론 다음날이면 금세 잊고 또다시 마라를 찾겠지만.

쓰촨 음식의 '마라한 맛'을 만드는 결정적인 재료들이다. 왼쪽의 둥근 고추부터 시계 방향으로 채친 고추, 홍화자오, 청화자오, 일초, 쥐똥고추이고, 가운데는 쓰촨고추다.

마력의 마라

29

쌀국수보다
넓은 베트남의 맛

퍼 보는 가장 기본적인 소고기 쌀국수다. 고수와
쿨란트로(Culantro), 고추, 라임(Lime), 타이
바질(Thai Basil)과 타이 민트(Thai Mint), 숙주,
여기에 칠리 소스와 해선장도 따라온다.

무겁고 둔탁한 일본 라멘에 질린 것일까? 가볍고 깔끔한 베트남 쌀국수, 퍼Phở
가 세계적인 대세로 자리를 잡았다. 한국에서는 유독 빠르고 광범위하게 확산
되었다. 한국에 이주한 베트남인들의 음식 문화 정착과 맞물리면서 곳곳에 쌀
국수 전문점이 들어섰다.

　　뉴욕을 평정한 한국계 요리사인 데이비드 챙David Chang은 자신이 만들던
음식 잡지 『럭키 피치Lucky Peach』의 2016년 여름호에서 "나는 퍼가 미국에서 다
음 대세를 이룰 면 요리가 되리라고 생각한다. 퍼는 만드는 법이 복잡하지 않지
만 깊은 맛을 내는 음식이다. 라멘보다 만들기 쉽고, 더 가벼운 것이 장점이다.
고기를 덜 사용하고 재료도 간단하지만 맛은 대단히 좋다. 포는 매콤하고 짭짤
한 간이 기분 좋고, 신맛과 감칠맛도 충분하다."라고 예찬했다. 퍼가 뉴욕뿐 아
니라 전 세계에서 주목받는 요즘의 상황을 "내게는 매우 신나는 일"이라고 표
현한 데이비드 챙은 일본 라멘을 싫어해서 이런 말을 한 것이 아니다. 오히려
그는 뉴욕에서 라멘으로 스타가 된 요리사이자 경영자다.

　　우리가 쌀밥을 먹는 것처럼, 베트남에서는 쌀국수가 쌀밥 못지않은 주식
이다. 파크 하얏트 사이공 스퀘어 원 레스토랑Square One Restaurant의 주방장인
쩐 반 선Trần Văn Sơn이 간명하게 짚어 준 베트남 음식의 특징은 이러하다. 우선
국토가 남북으로 긴 까닭에 지역마다 음식 스타일의 차이도 크다. 한국의 남도
음식이 풍부한 맛을 추구하듯이, 베트남 남부 호찌민Ho Chi Minh의 음식은 다양
한 재료로 풍부한 맛을 내고 달짝지근하다. 한국에서 군사 분계선 너머의 북쪽
으로 가면 심심하고 깔끔한 맛이 대접받는 것처럼, 베트남 북부인 하노이Hà Nội
음식의 미학은 단순함을 추구한다. 요즘 휴양지로 떠오른 다낭Đà Nẵng, 유네스
코 유적 도시 호이안Hội An, 왕조 도시 후에Huế가 있는 중부는 풍부하고 섬세한
맛을 낸다고 한다.

　　쌀국수의 대표 주자인 퍼도 지역마다 스타일이 다르다. 베트남은 3,500년

에 이르는 역사를 지녔지만, 퍼는 고작 1900년대 초반에 탄생했다. 원래 이 지역에서 인기 있던 국수 요리는 물소 고기에 쌀로 만든 베르미첼리[1] 국수를 곁들인 사오 차오Xào Trâu였다. 퍼는 하노이에서 가까운 인접국 중국과 베트남을 식민 통치하던 프랑스의 영향으로 탄생했다. 중국의 영향은 프랑스 상선을 탄 중국 윈난성雲南省 출신 선원들이 썼던 각종 향신료에서, 프랑스의 영향은 육수의 재료로 쓰인 소의 뼈와 자투리 살에서 찾을 수 있다. 베트남은 농경 국가라 소를 잘 먹지 않았다. 소의 기름진 살코기 부위는 베트남을 식민 지배 중이던 프랑스인들이 스테이크로 먹었다. 퍼라는 말은 중국 광둥어의 옛말에서 유래했다고 알려졌다. 프랑스의 포Feu,

불가 어원이라는 주장은 최근 설득력을 잃고 있다. 프랑스의 식민 지배에 항거하던 작가와 시인들이 퍼를 이용해 베트남의 민족적 자긍심을 고취시키는 작품을 즐겨 쓰기도 했을 정도로, 퍼는 베트남에서 중요한 음식이다.

원조 격인 하노이식 퍼는 각설탕과 느억 맘[2]을 최대한 절제하고 숙주나물, 허브 등을 거의 넣지 않는다. 우리가 익히 아는 빨간 칠리 소스와 시커먼 해선장[3]도 거의 넣지 않는다. 1954년 제네바 협정으로 베트남이 독립함과 동시에 분단 국가가 되면서 하노이의 퍼가 호찌민으로 월남한 후에는, 고향에서 절제했던 저 모든 것들을 듬뿍 넣어 맛이 풍성해진 호찌민식 퍼로 변신했다.

칼국수, 밀면, 고기국수, 그리고 잔치국수가 서로 다르면서도 일관된 맥을 지녔듯이, 베트남의 쌀국수도 지역뿐만 아니라 면의 두께, 너비와 육수를 낸 재료에 따라서도 여러 갈래로 나뉜다. 쌀로 만든 면 중 모양이 넓적한 것과 그 면

1
Vermicelli, 아주 가늘고 긴 파스타로 우리나라의 소면보다 가늘다.

2
Nước Mắm, 작은 생선을 발효시켜 만든 베트남의 어장(魚醬, Fish Sauce)으로, 베트남에서 음식의 간을 맞출 때에 항상 들어가는 기본 조미료다.

3
海鮮醬, 호이신소스 (Hoisin Sauce)라고도 한다. 짠맛과 단맛이 주로 나며 고소하면서도 독특한 향을 내서 다양한 방식으로 쓰인다.

쌀국수보다
넓은 베트남의 맛

에 고기 육수를 말아서 낸 요리, 둘 모두를 뜻하는 퍼는 베트남의 숱한 국수 요리 중 하나일 뿐이다. 이제껏 한국에서 경험한 퍼는 기본적으로 모두 퍼 보^{Phở Bò}였다. 소고기 쌀국수라는 의미다. 퍼 가^{Phở Gà}는 닭고기 쌀국수, 퍼 보 코^{Phở Bò Kho}는 소고기 토마토 스튜에 퍼를 넣은 것이다.

퍼 보나 분 보 후에에서 알 수 있듯이 베트남어를 조금만 외우면 메뉴가 이해된다. 가^{Gà}는 닭이어서 퍼 가^{Phở gà}는 닭고기 쌀국수다. 헤오^{Heo}나 런^{Lợn}은 돼지고기, 까^{Cá}는 생선, 똠^{Tôm}은 새우다. 여행 중에 밥심이 필요하다면 메뉴명에서 밥을 뜻하는 껌^{Cơm}을 찾으면 된다. 베트남어로 밥^{Bap}은 옥수수라는 뜻이니 헷갈리지 말자. 조리 방법도 메뉴명에 포함된다. 고이^{Gỏi}는 샐러드, 꾸온^{Cuốn}은 롤, 코^{Koh}는 졸임, 싸오^{Xào}는 볶음, 느엉^{Nướng}은 구이다. 제육볶음, 된장찌개와 같은 원리의 음식 이름이다.

그렇다면 1990년대에 한국뿐 아니라 전 세계에서 유행하던 퍼는 어느 지역 출신일까? 사실상 하노이식이라고 보기도, 호찌민식이라고 보기도 애매하다. 이 무렵부터 유행하며 한국인들이 퍼를 처음 경험한 각종 프랜차이즈에서는 오랜 시간 분단과 전쟁을 겪는 동안 미국, 호주, 프랑스 등 해외로 이주한 베트남 이민자들이 만든 보트피플의 퍼를 처음 소개했다.

그 밖에도 경험해 보아야 할 베트남의 쌀국수는 지천이다. 분 보 후에^{Bún Bò Huế}는 후에 지방의 쌀국수다. 가는 면인 분^{Bún}을 사용하고 칠리 오일이 들어가서 매콤하다. 후 티에우^{Hủ Tiếu}는 메콩강 삼각주 지방의 쌀국수로, 쫄깃한 면을 쓴다. 얇은 쌀국수 위에 채소와 구운 돼지고기를 올려서 비벼 먹는 분 팃 누엉^{Bún Thịt Nướng}은 한국에서도 어렵지 않게 먹을 수 있다. 역시 자주 눈에 띄는 분

퍼 보에 매콤한 칠리 소스를 곁들여 한입 먹으면 100년 된 숙취까지 풀린다. ▶

쌀국수보다
넓은 베트남의 맛

퍼에 사용되는 다양한 재료들이다. 왼쪽 위부터
시계 방향으로 고수, 고추, 샬롯, 쿨란트로,
타이 민트, 숙주와 라임, 타이 바질, 중국생강이다.

쌀국수보다
넓은 베트남의 맛

차 Bún Chả는 북부 지방의 대표적인 국수로, 얇은 쌀국수와 구운 돼지고기를 느억 맘으로 만든 소스인 느억 참 Nước Chấm에 찍어 먹는다. 중부 지방에서 유래한 미 꽝 Mì Quảng은 두툼한 면발을 새우, 땅콩, 채소, 허브와 비벼 먹는다. 볶은 국수로는 미 사오 Mì Xào가 있다. 달걀을 반죽에 넣은 노란 쌀국수를 부재료와 함께 볶아서 만든다. 퍼 사오 Phở Xào는 넓적한 면을 같은 방식으로 조리한 것이다. 미 Mì나 미엔 Miến은 각각 달걀을 넣어 반죽한 노란 국수와 투명한 당면을 뜻한다.

한국에서 경험할 수 있는 쌀국수 외의 베트남 음식도 꽤나 다양하다. 고이 쿠온[4], 차 조[5], 반 쿠온[6], 컴 헤오 Cơm Heo, 구운 돼지고기 덮밥에 반 미[7] 등의 베트남 음식이 타이 음식 이후 대세로 떠오르며 다양성을 확보했다. 동남아권에서 주로 생산되는 커피 품종인 로부스타 Robusta의 씁쓸한 맛을 묵직한 단맛으로 중화시킨 차가운 커피, 카페 스어 다 Cà Phê Sữa Đá도 다른 음식들과 함께 베트남을 대표하는 음료로 이름을 알리는 중이다.

한국 땅에 온 퍼는 우리에게 뜨거운 한 그릇이 되었다. 타이 음식과 쓰촨 음식의 유행을 이은 것이 베트남 음식이고, 그중 대표 메뉴가 퍼. 이제 동네 곳곳에서 베트남 음식 전문점을 쉽게 볼 수 있다. 여기에는 전 세계적인 유행의 영향도 분명히 있지만, 한국에서는 두 가지 의미가 더 있다.

베트남에서의 음식 경험이 한국으로 소환된 것이 첫째 의미다. 지난 몇 해 동안 베트남은 한국에서 동남아시아 관광 시장을 주도했다. 중부의 다낭과 호

4
Gỏi Cuốn, 촉촉한 라이스 페이퍼 안에 새우, 돼지고기, 허브, 채소, 쌀국수 등을 넣고 말아서 만든 차가운 요리다.

5
Chả Giò, 다진 고기와 버섯 등을 라이스 페이퍼로 싸서 튀긴 요리다.

6
Bánh Cuốn, 라이스 페이퍼 안에 돼지고기와 버섯 등 속재료를 채워 찐 요리다. 베트남에서 흔히 볼 수 있는 아침 식사 메뉴다.

7
Bánh Mì, 베트남식 바게트 안에 구운 고기나 베트남식 파테, 햄이나 미트볼 등을 주재료로 넣고 초절임한 무, 당근, 허브 등을 채워 만드는 샌드위치다.

이안, 나짱Nha Trang 등 새로운 관광지가 개발되면서 베트남을 찾는 한국인이 부쩍 늘었다. 이렇게 베트남에서 경험했던 맛을 서울에서 그대로 되새기려는 열망의 발길이 한국의 새로운 베트남 식당들로 몰리고 있다. 한국과 베트남이 공유하는 경험의 폭은 꾸준하고도 빠르게 확장되었다.

베트남 문화가 한국 문화에 녹아든 것이 두 번째 의미다. 일찍부터 한국에 정착한 베트남인들의 사회는 이미 한국의 일부로 단단히 뿌리내렸다. 그들 문화의 다른 면모는 아직 살갗에 와닿지 않을지라도, 그들의 음식은 어느새 성큼 다가왔다. 재한 베트남인 사회는 그들이 매일 먹는 식재료, 특히 향신료와 허브를 한국 안에서 원활히 유통시키는 중이다. 우리가 어디서나 받아 들게 된 맛난 퍼 한 그릇은 우리 사회가 점차 다민족 사회로 완성되는 단계에 들어섰다는 상징이자, 새로운 사회 구성원들에게 받은 뜻밖의 선물이다.

쌀국수보다
넓은 베트남의 맛

30

스시 민주화

그것은 쌀과 생선으로 만든 단순한 음식이다. 좋은 쌀을 잘 불려 고슬고슬하고 감칠맛 나는 밥을 짓고, 신맛과 단맛을 가미해 샤리舎利, シャリ를 준비한다. 생선, 혹은 해물은 가장 때가 좋으며 싱싱한 것을 준비해 제일 맛있는 방법으로 숙성시키거나 조미한다. 이것이 네타[1]다. 샤리는 빛이 통과할 정도로 가볍게 손으로 쥐고, 네타를 적당한 두께로 썰거나 뭉쳐 샤리 위에 얹는다. 샤리와 네타 사이에 와사비고추냉이, 山葵를 갈아 얹거나, 네타 위에 간장을 바르거나 소금을 얹어 간을 맞춘다. 단순하지만, 그럴수록 정교하고 세심한 음식이 스시寿司다.

스시의 출신 성분을 보자면 일본의 에도 막부江戸幕府 시대에 도쿄만東京湾 지역의 노동자들이 길거리에서 후딱 끼니를 때우던 패스트푸드가 그 정체다. 그때의 스시도 지금과 똑같이 밥을 지어 앞바다에서 나는 생선을 되는 대로 올렸다. 에도마에江戸前 스시라는 말이 나온 연유이기도 하다. 하지만 프롤레타리아의 음식이었던 스시는 시대를 지나는 동안 비약적으로 신분이 상승했다.

미들급 스시 열풍은 좀 더 가격대가 낮아진 저가 스시로 확산된다. 사진은 스시를 쥔 스시 려 오봉학 셰프의 손이다.

> 1
> 鮨種, 타네라고도
> 부른다.

스시라는 음식은 가격을 배려하지 않는다. 자본주의적 음식이다. 가격 앞에서 무정하게 정직하다. 터무니없는 가격의 스시는 터무니없이 경탄스러운 맛을 내게 되어 있다. 스시는 전 세계 어디서나 고급 미식 시장을 형성한다. 한국도 마찬가지여서 한동안 한 끼에 10만 원도 훌쩍 넘는 스시 전문점들이 서울 강남 일대에 유성우처럼 펼쳐졌던 시기를 지났다. 엥겔 지수를 조금도 낮출 생각 없는 미식가들이 기꺼이 맛있는 스시에 지갑을 열었다. 강남구 청담동과 도산공원 앞에 형성된 하이엔드High-end 스시 벨트는 이제 안정기에 접어들었다.

그런데 세상의 반대편에는 390원짜리 스시도 있다. 예전에 대형 마트에서 낱개로 판매하던 스시가 판촉 이벤트를 할 때의 가격이다. 업계 관계자의 말에 따르면 이런 스시는 기계로 조립만 하면 되는 대량 생산 재료의 공급 덕분에 가능하다. 1만 원 내외의 가격에 우동까지 얹어 주는 체인점 스시도 있다. 마요네즈를 듬뿍 넣은 롤 초밥도 스시로 불린다. 샤리에 네타를 올렸으니 모두가 스시다. 저렴한 가격만큼 그럭저럭 만족하기도 쉽다. 다만 아쉬운 것은 맛이다. 모르면 속이 편한데, 저 너머의 맛을 아는 탓에 속은 허하다.

스시 재료는 단순하기 짝이 없다. 이런저런 생선과 해물에 쌀, 조미용 식초, 설탕, 간장, 와사비 정도가 전부다. 단순하다 보니 재료의 품질이 여실히 드러난다. 스시 장인의 기술도 맛에 고스란히 반영된다. 전기 신호를 단지 물리적 파장으로 바꾸어 주는 스피커처럼 단순하다. 하지만 스피커에서도 3,000원짜리 플라스틱의 세계관과 케이블의 소재까지 나노 단위로 집착하는 예산 무한대의 세계관이 공존한다. 그리고 그 중간계에는 미들급이라는 영역도 있다. 평균적인 욕구의 소비층이 선택하는 보급형의 세계다.

하이엔드와 공장식 스시 사이, 중간계 스시 시장은 몇 해 전부터 형성되었다. 미들급, 또는 엔트리급이라고 불리는 부류다. 지난하고 권위적인 하이엔드 스시의 도제식 사다리 타기를 거부하고 독립을 서두른 젊은 일식 요리사들은 가격대는 낮추면서도 내실과 정통을 지킨 스시를 선보였다. 주로 서울 홍대 앞이나 용산구의 한남동 같이 취향을 중시하는 젊은 상권에 터를 잡고서 스시 입문의 문턱을 낮추는 역할을 한다. 스시 세계의 부르주아 혁명이다. 공장식 스시에서 아쉽던 맛을 최대치로 끌어올리면서도, 합리적인 취사 선택으로 심리적 저항선 아래의 가격대를 유지한다.

이 스시 혁명이 가능했던 이유는 다시 스시 특유의 단순함으로 돌아온다. 도산공원 앞 스시 선수 최지훈 오너 셰프의 지식을 빌렸다. 고급 재료로 꼽히는 참치도 다 다르다. 참치로 불리는 생선만 해도 여러 종류고, 그중 최고로 치는 것이 구로마구로[2]다. 구로마구로도 부위에 따라 맛과 가치가 다르고, 잡힌 지역에 따라서도 갈린다. 또한 냉동 상태인지, 근해에서 잡아 냉장 상태로 들어오는지도 맛에 큰 영향을 미치므로 가격 차를 일으킨다. 냉동 상태라면 해동을 얼마나 잘하는지에 따라서도 맛이 다르다.

> 2
> 黑鮪, 혼마구로(本鮪)나 블루핀 참치(bluefin tuna)라고 부르기도 한다.

여름을 달구는 스시 재료인 우니海胆, うに를 보자. 성게의 생식소인 우니는 녹진한 단맛과 고소함에, 어느 종류는 쌉싸래함까지 갖춘 인기 재료다. 성게야 바닷물에만 들어가면 발에 채이지만 어느 바다산인가에 따라, 그리고 종류에 따라 맛은 천차만별이다. 맛은 곧바로 가격에 반영되어 저렴하면 1만 원 이하에도 한판을 구할 수 있고, 그 수십 배에 이를 정도의 고가인 경우도 있다. 순수 예술을 지향하는 스시 장인들이야 가격에 전혀 구애받지 않고 최고의 재료만 사용하기도 하지만, 스시 혁명의 주역들에게는 한정된 예산 안에서 최선의 재료를 선택하는 감식안이야말로 중요한 무기다.

스시가 단순하다고 말했지만, 바다는 물론이고 때로는 산과 들에서 나는 것까지 무한대의 재료를 창의적으로 사용하는 복잡한 음식이기도 하다. 게다가 스시는 메뉴 선택을 요리사에게 전적으로 맡기는 오마카세おまかせ로 먹는 경우가

스시 민주화

많다. 그렇게 신뢰를 받은 요리사는 그 철에 가장 좋은 재료를 코스로 펼쳐낸다. 적어도 10점 이상의 스시가 이어지는 긴 코스다. 재료가 다양하면 재료비 비중은 올라가기 마련이고, 가격도 따라서 상승한다. 미들급 스시야寿司屋, 스시 음식점의 요리사들은 기본적인 스시를 중심에 놓고 날렵한 코스를 구성한다. 광어, 도미, 참치, 새우 등 빠지면 서운한 것들을 포함시키고 복어나 값비싼 조개류처럼 단가를 상승시키는 재료는 합리적으로 배제한다. 그럼에도 만족 최대치의 코스를 구성해 내는 명민한 지혜를 다들 갖고 있어서, 이 미들급 스시는 그다지 서

준비된 젊은 요리사들의 진취적인 독립 선언이 가격 문턱을 낮춘 동네의 스시 전문점으로
나타나는 추세다. 스시 이마의 김창규 셰프가 스시를 만들고 있다.

운하지 않다. 아카가이가 없어도 키조개 관자로 만족한 셈 치면 되니까.

물론 세상에는 장인이 끝없이 완벽을 추구하는 고급 스시의 세계관도 이어지고 있으며, 그 작은 구역은 언제나 소중히 다루어져야 한다. 하지만 모두가 그 가치관을 따라야 한다는 주장은 봉건적인 폭력이다. 어쩌다 한 번 맛있는 스시를 접근 가능한 가격 안에서 즐기는 장삼이사들의 스시 세계관도 이제는 하나의 우주를 이루었다. 최지훈 셰프는 이렇게 말한다. "미들급 스시 전문점이 많이 생기는 현상은 반길 만한 일입니다. 크게 부담 가지 않는 가격대에서 누구나 괜찮은 스시를 경험해 본다면, 결국 스시라는 음식의 저변이 확장될 것이니까요." 스시 민주화다.

스시 민주화가 한 단계 진화하면서 2017년경부터는 더 단가를 내린 초저가 스시 시장도 형성되었다. 점심은 2~3만 원대, 저녁은 3~5만 원대로

> 3
> bar, 한국의 스시야에서는 다치(다찌)라고도 부른다.

쑥 내려갔다. 질에서 내실, 형식에서 정통을 지키고, 공장식 스시와 구별되는 한에서는 더 내려갈 수 없는 말 그대로 하한가다. 일회용기에 담겨서 집에 오는 동안 미지근해진 마트 스시를 묵묵히 먹는 대신, 스시 문화의 중요한 부분을 차지하는 바[3]에서 요리사와 소통하며 스시를 제대로 즐기기 위한 비용의 차이가 5,000원 이내로 좁혀진 것이다.

이런 상황은 서울 양천구, 마포구, 은평구, 관악구 등 외곽 지역의 낮은 임대료 덕분에 가능해졌는데, 이들 스시야의 이야기를 들어 보면 단지 임대료 때문에 이곳으로 찾아든 것은 아니다. 당장의 이윤은 적더라도, 직원일 때보다 일을 더 하더라도, 스스로 납득할 수 있는 수준의 음식을 내기 위해 새벽 시장을 가며 잠을 줄이더라도, 장기적으로 지속될 동네 친화적인 스시 음식점을 목표로 한다는 것이 공통점이다. 퇴근 길에 쓱 들르기 좋은, 휴일에 편안한 옷차림으로 휙 들러 부담 없이 즐길 법한 동네 스시집 말이다. 집 근처 백반집처럼 정직

스시 민주화

하고 친근감이 드는, 우리 집 앞에도 딱 하나 있으면 고마울 것 같은 그런 스시 집들이 문을 여는 중이다.

하한가 스시 돌풍의 핵으로 꼽히는 곳은 서울의 양천구 스시 오오시마, 은평구 스시 이마, 관악구 스시 려, 마포구 스시 키노이 등인데, 그들의 목표는 분점을 내는 것도 아니고, 동네에서 성공해 강남 스시 벨트로 금의환향하는 것도 아니다. 쭉 동네 사람들, 그리고 멀리서 찾아오는 단골들과 서로 행복한 거래를 해 나가는 것이다.

그 계절에 무엇을 먹어야 하는지, 그것이 어느 크기에서 가장 맛이 좋고 저렴한지, 어떻게 해야 손님도 만족할 경험을 그가 지불하는 돈, 즉 정해진 예산 안에서 줄 수 있을지, 이 문제를 성심껏 고민한 결과는 누구도 배신하지 않는다. 이보다 대여섯 배의 가격을 지불해도 아깝지 않을 하이엔드 스시도 신나는 경험이지만, 스시 문화가 이 정도까지 숙성한 지금의 서울에는 일상적인 '소확행4'이 되어주는 스시가 더 필요할지도 모른다. 젊은 일식 요리사들의 독립 의지가 그 어느 때보다도 강해진 요즘이니, 일상식으로서의 이런 스시는 앞으로도 꾸준히 등장할 것이다. 동네에 스시 식당이 생겼을 때, 기대하며 문을 열어야 할 시기가 왔다.

> 4
> 小確幸, 무라카미 하루키가 만든 단어로, 작지만 확실한 행복을 뜻한다.

스시 려의 스시 코스 중 일부로 왼쪽부터 광어, 참다랑어붉은살, 청어, 피조개, 단새우, 갯가재다.

스시 민주화

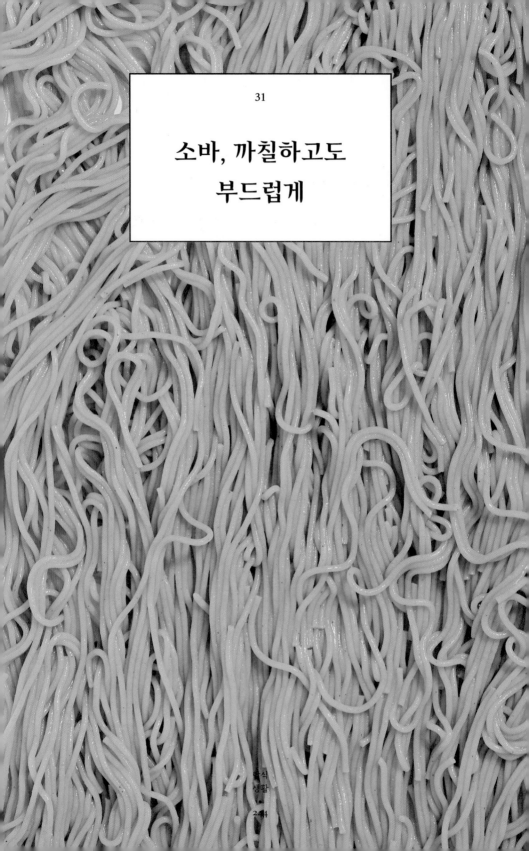

31

소바, 까칠하고도
부드럽게

매년 여름이면 어김없이 떠오르는 맛은 단연 (평양)냉면, 막국수, 그리고 소바そば다. 질감이 탄탄한 밀가루 면인 밀면이나 냉우동을 떠올리는 사람은 그리 많지 않다.

밀가루로 만든 면은 맛있다. 튼튼한 근육질 식감에, 밀가루의 은근한 단맛도 좋다. 그 맛있는 밀가루를 두고 메밀 면을 먹는 이유는 그 무엇보다도 향이다. 고소한데다 살짝 쌉쌀한 여운까지 감도는 그 잔망스러움이라니! 밀가루는 소금만 넣어도 탄력이 생기지만 메밀은 워낙 탄력과 거리가 먼 조성이어서 반죽하기가 쉽지 않다. 최대한 기술과 노하우를 녹여서 면을 만들어 보아도, 결국은 툭툭 끊기고 질감도 거친 면이다. 그것이 좋다. 매끈하게 훌훌 넘어가는 밀가루 면이 주지 못하는, 까칠해서 부드러운 그 질감은 메밀만의 자질이다.

메밀은 짙은 적갈빛 겉껍질 속으로 초여름 메뚜기 같은 연두빛을 띈다. 이 신선한 색은 산소와 만나면 금세 우중충한 적갈색으로 바뀐다. 슬쩍 연두색을 띈 회색이 좋은 메밀 면의 지표다. 과하게 드러내는 듯한 연두색이 아닌, 마치 광택 같은 오묘한 빛깔이다. 이 색의 메밀이 본연의 향과 질감 모두 최상이다. 이 섬세한 색을 기준 삼기 위해, 팬톤Pantone사에 컬러칩을 만들어 달래서 메밀 면을 먹을 때마다 갖고 다니면 좋겠다고 생각할 정도다.

좋은 메밀로 잘 만든 면은 일단 육안으로 알 수 있다. 먼저 속살과 같은 연두빛이 도는 회색이어야 한다. 메밀면은 새카맣지 않다. 겉보리[1]나 메밀 껍질을 섞어서 탄맛을 내고 전분을 잔뜩 넣어 쫀쫀하게 뽑아낸, 한때 유행을 타고 하향 평준화되었던 대량 생산 메밀면은 이제 분식집에서나 볼 수 있다. 메밀 면은 기

까다롭다. 까칠하다. 그러나 고소하고 부드럽다. 여름 별미인 메밀 면은 반전의 매력이 있다.

1
탈곡을 할 때 겉껍질이 벗겨지지 않는 보리를 말한다.

본적으로 회색에 가깝다. 밝은 것도, 좀 더 어두운 것도 있다. 겉껍질을 섞어 드문드문 까만 점이 박힌 것도 있는데 메밀의 이로운 성분은 이 껍질에 더 많다.

그런데 메밀국수의 제철은 언제일까? 상식적으로 여름은 아니다. 저 「메밀꽃 필 무렵」에서 "피기 시작한 꽃이 소금을 뿌린 듯이 흐뭇한 달빛에 숨이 막힐 지경"이라고 했던 계절이 여름인 까닭이다. 소설가 이효석이 소설에서 묘사하기로는 이때에 콩잎이 포기로 자랐고 옥수수는 잎새가 푸르렀다. 우리가 먹는 메밀은 씨앗이어서, 꽃이 져야 열매가 맺히고 그 다음에 씨앗도 튼다. 입맛의 메밀 제철은 여름이지만, 메밀의 제철은 가을이 맞다. 메밀 수확기가 가을이니 보통은 수확 직후의 메밀이 제철이라고 한다.

그러나 실용적 측면을 보면, 가을도 메밀의 제철은 아니다. 무슨 말인가 하면 사실 메밀은 아무 때나 심으면 추수할 수 있는 작물이라는 뜻이다. 춥고 메마른 지역에서 요긴한 식량이었던 메밀은, 척박한 땅에서도 2개월이면 다 자라서 거둘 수 있다. 즉 가을이 수확기라는 법은 없다. 실제로 국내산 중에서도 여름에 수확하는 것이 있다. 제주도도 여름 메밀이 난다. 식당들이 쓰기 곤란할 정도로 소량이라는 점만 문제다. 메밀 주산지로 꼽히는 강원도 평창군의 봉평면도 온통 흐드러진 메밀꽃만 핀 곳이 아니다. 전국의 메밀을 모으고 수입 메밀을 가공한다는 역할이 더 크다. 좋은 메밀을 찾아서 전국의 메밀 산지를 다 둘러보고 다닌 마포구의 소바 전문점 스바루 강영철 대표도 "강원도보다 한라산 구릉에서 보이는 메밀밭이 더 많아요."라고 말할 정도다.

흔히 중국산을 저급한 것으로 취급하며 "평양냉면 한 그릇이 1만 원 넘는 세상에 중국산 메밀을 쓴다."라고 펄쩍 뛰는 면스플레인[2] 부류도 있는데, 실은 잘 몰라서 시끄럽게 떠드는 소리다. 국산 농산물이 다 좋다는 법은 이제 없다. 일단 한국인이 먹는 메밀의 양이 너무 많아서

> 2
> 평양냉면에 대해
> 거들먹거리며 장황하게
> 설명하는 사람들을 빗대서
> 만든 말이다.

좋은 메밀에는 아스라한 연두빛이 살짝 돈다.

소바, 까칠하고도
부드럽게

수입산에 상당히 의존하게 되었다. 요 몇 년 명성 자자한 신흥 평양냉면 전문점 몇 곳에 갔을 때도 국내산 메밀을 쓰는 곳은 전혀 없었다. 다섯 곳 중 중국산이 네 곳, 미국산을 쓰는 곳이 한 곳이었다. 메밀을 다루는 이름난 식당 중 수입산을 사용하는 곳이 더 많다. 미간을 찌푸리거나 부끄러워할 일이 아니다.

수입산이 나쁘다는 오해는 참 낡았다. 메밀은 원산지부터가 중국의 내몽골 어귀다. 그곳에서 세계로 뻗어 나온 작물이다. 잘 키워 수확하고 수입해 와서 보관하면, 국산 메밀 중 저급한 것보다 훨씬 나은 까닭에 쓴다. 100퍼센트 메밀면을 뽑는 것으로 이름난 여러 곳 중 한 막국수 전문점에서는 "어설픈 국내산보다는 수입산 중 좋은 것이 낫죠."라고 말한다. 이 집도 시기마다 들어오는 메밀을 봐서 중국산 또는 미국산 중 좋은 것을 골라 받는다. 둘을 섞는 것이 더 나을 때도 있어서, 절묘한 비율로 배합해 쓰기도 한다. 단가도 문제다. 비슷한 품질이라면 국내산 메밀의 단가가 두 배까지도 비싸니 막국수 한 그릇에 7000원에 팔자면 품질 좋은 수입산이 합당한 선택이다.

그러므로 메밀의 제철을 따지려거든 수입산 햇메밀이 식당에 당도하는 시기를 보아야 한다. 늦다. 최대한 빨라도 1월말이다. 늦겨울까지는 가장 오래 묵은 메밀을 쓰는 셈이다. 스바루 강 대표는 몇 해째 서초구의 양곡도매시장에 매주 나가서 메밀을 사들이는데, "중국산 햇메밀은 1월말부터 나오기 시작해 2~3월에 많아요. 잘 보관하면 1년 내내 햇메밀 상태 그대로 싱싱하게 유지하는 비법을 아는데, 그게 쉽지는 않습니다."라고 설명한다. 저온 창고를 매장에 두는 것이 그의 느릿느릿한 목표였는데, 2018년에 서초구 방배동에서 서대문구 신촌으로 매장을 옮기며 그 목표를 이루었다.

메밀로 만드는 면은 크게 세 갈래다. 평양냉면과 막국수, 그리고 일본의 메밀 면인 소바다. 이 중 평양냉면과 막국수는 요즘 대통합을 이루는 추세다. 원래 평양냉면의 면은 메밀가루에 전분을 넣어서 탄성을 더하는데, 메밀가루로만 만드는 순면이 고급스럽다는 인식이 자리를 잡았다. 본래는 막국수도 밀가루를 혼합하지만 요즘에 잘한다는 집은 메밀 100퍼센트를 내세운다. 면을 만드는 방식은 다양하지만, 평양냉면과 막국수는 압출면이라는 점이 같다. 일정한 크기의 구멍이 뚫린 길다란 통에 반죽 덩어리를 넣고 위에서 누르면, 그 힘에 따라 반죽이 면 모양으로 빠져나오는 방식이다. 재료에서 똑같이 메밀가루 100퍼센트를 추구하다 보니 막국수인지 평양냉면인지 아리송한 면들이 교집합을 이룬다. 어차피 평양냉면이나 막국수나 그 지역에서 흔한 곡물로 면을 만들고 역시 흔한 재료로 낸 육수를 차게 식혀 말아먹는 것이니, 어쩌면 다르게 부를 필요도 없을지 모른다.

　메밀 면을 만들기는 쉽지 않다. 이를테면 경기도의 어느 막국수집은 이런 번거로움을 감수한다. 겉껍질을 깐 메밀쌀을 1주일에 한 번씩 받아서 저온 창고에 보관해 두고 쓴다. 주방에 제분기를 두고 하루에 8~10회 가루를 내는데, 그때마다 10킬로그램씩만 제분해서 바로 반죽을 만들고 1시간 이내에 면을 뽑는다. 이 노고는 모두 메밀의 향을 잃지 않기 위해서인데, 반죽할 때도 오직 찬물만 써서 메밀의 온전한 향을 살린다. 뜨거운 물로 반죽하면 향이 일정 부분 날아간다. 애지중지 향을 아낀 메밀 면은 바다 같은 끓는 물에서 1~2분 사이로 그때그때 메밀의 상태에 맞추어 삶는다.

　일본 소바와 한국 메밀 면의 가장 큰 차이는 국수를 만드는 방법이다. 소바는 반죽을 얇게 펴서 칼로 자르는 도삭면이다. 평양냉면과 막국수의 면은 면을 뽑는 구멍처럼 둥글지만, 소바는 네 면으로 각이 진 이유다. 소바 면은 반죽이 어려운 메밀을 효과적으로 반죽하기 위해 익반죽하는 경우가 많지만, 소바로 주목받는 두 식당인 스바루와 서초구의 미나미에서는 찬물로 반죽한다. 미나미 남창수 대표는 "쉽지 않지만 기술이 있으면 가능합니다."라고 말한다.

　일본의 맛있는 소바를 만드는 3원칙은 "금방 제분한 가루로, 금방 반죽해

자른 것을, 금방 삶아 내는" 것이라고 한다. 두 집 다 여건이 되는 만큼 이 원칙을 최대한 지킨다. 일단 소바 반죽의 황금 비율은 오래전 일본에서 판가름이 났는데 메밀이 8이요, 밀가루가 2인 니하치二八를 이상으로 친다. 두 식당 모두 8대 2로 가루를 섞어서 찬물에 반죽한다. 기술과 노하우는 다르다. 스바루에서는 껍질이 있는 메밀을 그대로 산다. 국내산과 수입산을 모두 쓴다. 일본에서 가져온 맷돌로 제분하는 점이 특징이다. 1주일에 3~4회 맷돌을 돌린다. 면은 아침과 오후에 만들어 두고 18~20초를 삶는다. 미나미는 봉평산 메밀을 쓰는데 이틀에 한 번씩 제분한 가루를 받는다. 주문이 들어오면 그때그때 반죽하고 면을 자르는 점이 특별하다. 딱 15~20초 사이로 삶으면 다 익는다.

평양냉면이고 막국수고 소바고 간에 메밀로 면을 만드는 일은 원래부터 쉽지 않다. 손이 참 많이 가는 과정이다. 잘하는 메밀 면 전문점들은 가히 장인에 가깝다. 더운 주방에서 메밀과 씨름하는 이들을 생각하면, 면 한 가닥조차 소중해진다.

미나미의 자루소바와 스다치소바　▶

소바, 까칠하고도
부드럽게

32

우동의 날선 맛

"국물이 끝내줘요."라는 20여 년 전 광고는 찬바람이 불기 시작하면 특히 생생히 떠오른다. 포근해 보이는 집안에서 호로록 소리를 내며 넘기던 그 따뜻한 국물은 역시나 끝내주는 것처럼 보였다. 당시의 인스턴트 면 시장에는 그렇게 부드럽고 탱탱한 면발이 없었다. 광고 문구조차 "생생한 면발"이었다.

중국에서 태어나 일본을 거쳐 한반도에 상륙한 우동은 열차나 고속버스가 쉬는 사이 바쁘게 넘기는 가락국수로 변모했다. 시큼한 면을 삶아서 한 솥 끓여둔 육수를 붓고, 몇 가지 허술한 고명을 올린 푸근한 한 그릇은 꽁꽁 언 겨울의 장면들 중 특히 선명한 기억이다. 그 맛이 그리워 분식점에서 우동을 찾았고, 충무로의 노포에서도 정성 들인 우동을 썰어 넘겼다. 계보는 일본의 우동과 한국의 가락국수를 넘나들며 이어졌다.

맛이야 있었다. 고소하고 달큼한 국물에 담긴 두터운 면과 미끈하게 넘어가는 질감은 나무랄 데가 없었다. 문제는 우동도 인스턴트 음식의 하나로 자리 잡아 버렸고, 시장이 생겼다는 점이다. 다양한 형태의 인스턴트 우동 제품이 식

◀ 갓 썰어낸 면의 날이 선연하다.

생활에 들어왔고, 체인점도 성행했다. 한국식 장인 정신을 잇는 몇몇 노포가 아니고서야, 대부분의 우동은 쉽게 만든 똑같은 맛을 내기 시작했다. 불어 터진 우동을 국 대신 주는 분식집 세트 메뉴까지 밀려오기도 했다. 음식의 하향 평준화다. 한동안 한국의 우동은 맛보다 효율이 더 중요하다는 획일화의 결과물이었다.

최근 들어서는 공기가 달라졌다. 인스턴트 우동 중에서도 면발과 육수 맛에 변화를 준 다양한 상품을 선택할 수 있게 되었다. 그 배경에는 한국 우동의 계보를 따르지 않고 우동의 고향인 일본의 원전을 참조한 수타 우동이 있다. 굳이 면을 만들고 육수를 우리는 번거로운 일을 자처하는 우동집들이 10여 년 전부터 나타났다. 대개가 일본의 가가와현香川県에서 탄생해 우동의 대표 주자가 된 사누키 우동[1]이다. 새로운 적통의 계보가 이어지는 동안에도 우동은 여전히 묵묵하다. 일본 라멘이 주목받고 짬뽕이나 쌀국수가 권세를 누리는 변화의 와중에도 우동은 결코 화제의 중심이었던 적이 없다.

몇 군데 사누키 우동 전문점들이 엉금엉금 등장하고 정착하며 시대를 이끌어 왔을 뿐이다.

> 1
> 讃岐うどん, 사누키(讃岐)는
> 가가와현의 옛 지명이다.

수타 우동이라는 단어를 붙인 우동집이 적지 않지만 대개는 단지 관용구에 가깝다. 손으로 치대는 수타 대신 체중을 다 실어 발로 치대는 족타로 반죽하는 까닭이다. 시작은 밀가루다. 밀가루를 소금물로 반죽한 후, 날씨와 밀가루 상태에 따라 20~30분씩 네 번 정도 밟는다. 물론 맨발로 바로 밟는 것이 아니기에 청결에는 아무 문제가 없다. 밟는 사이사이에는 일정한 간격으로 짧게 반죽을 쉬게 한다. 이렇게 밟은 반죽은 24시간 정도 숙성시켜서 다음 날에 쓴다. 전날 준비해 둔 반죽을 쓸 때는 다시 한 번 밟고 정한 분량씩 떼서, 짧게 숙성하는 등의 과정을 거쳐야 면이 될 준비가 끝난다.

이 반죽을 어떻게 밀어서 면으로 써는지는 가게들마다 더더욱 다르다. 우선 손으로 직접 밀고 써는 곳과 제면기를 써서 균일하게 면을 뽑아 내는 곳으로 나뉜다. 반죽을 미는 두께, 썰어 내는 너비, 면의 굵기와 같은 세세한 부분은 같을 수가 없다. 다만 어디서나 밀가루를 밟고 기다리는 과정이 반복된다는 사실은 같다.

　제대로 만드는 우동집들은 대체 왜 이 고된 매일을 반복해야 할까. 허리를 뜻하는 일본어인 코시腰, こし가 그 답이다. 우동은 국물 맛이 끝내주면 나쁘지 않지만, 기실은 면이 알파요 오메가다. 사누키 우동의 면은 부드럽게 씹히는 동시에 쫄깃해야 하며, 탄성은 있어도 딱딱하지는 않아야 하며, 매끄럽되 잘린 모서리에 날이 살아야 한다. 존재론적 궤변이 성립하는 이런 우동 면을 "코시가 있다."고 말한다.

숙성까지 마치고 눌러서 늘이기 직전의 반죽이다.
켜가 선명하게 드러나 있고 손으로 눌러도 금세 원래 모양으로 돌아온다.

우동의 낯선 맛

단지 밀가루에 소금물을 섞어서 치댄 반죽이 코시가 있는 면으로 바뀌는 것은 글루텐의 요술이다. 밀가루 안의 단백질이 물과 압력을 만나면, 글루텐이라는 이름의 단백질로 변한다. 이 단백질은 딱 검Gum 같다. 구조가 용수철 모양이어서 쫙쫙 늘어났다가도 이내 제자리로 돌아간다. 또한 저들끼리 붙어서는 잘 떨어지지도 않는다. 그래서 중국에서는 글루텐을 면근麵筋, 밀가루의 힘줄이라고 부른다. 잘 쳐 낸 사누키 우동의 단면을 보면 켜가 촘촘히 나 있다. 반죽은 사방팔방 멋대로 뻗은 글루텐을 일렬종대로 정돈하고 페스트리Pastry처럼 여러 겹으로 쌓는 지난한 과정이다. 밀가루와 수분을 균일하게 혼합하고, 반죽 안의 공기를 사정없이 빼낸다는 의미이기도 하다. 사람의 힘뿐만 아니라 과한 시간이 들어간다.

그리하여 존엄한 우동에 이른다. 강남구 현우동의 박상현 셰프는 "우동 면은 정해진 단계가 많아 번거롭기는 해도 지키기만 하면 좋은 면이 나옵니다. 대신 하나라도 빼먹거나 잘못하면 상태가 확 달라집니다."라고 말한다. 노력과 결과의 인과 관계가 성립하는 것이다. 성의는 배신하지 않고, 편법이 끼어들 자리가 없다. 탄탄한 우동 면이 울대를 스칠 때, 이것은 단지 밀가루에 불과했으나 누군가 치대고 즈려밟아 시간을 두며 숙성시켰음을 기억한다면 노력과 성의의 존엄함을 다시 잊기는 어렵다.

마포구 교다이야의 자루 붓카케우동 정식 차림

우동의 낯선 맛

33

평양 평양냉면과
서울 평양냉면

"우리 집안은 북에서 와서……. 우리 할아버지가 냉면 드시는 방법은 말이죠
……."

　언젠가 처음 평양냉면으로 내 손을 이끈 이는 이북 출신 집안에서 자랐다.
투명에 가까운 찬 국물에 회백색 면이 똬리를 틀고 있었다. 강남구 논현동 평양
면옥은 그때도 이미 낡아 있었고, 주변은 온통 노인들이었다. 평양냉면은 그의
가족 내력 음식이었고, 낯선 맛이었다. 당시의 평양냉면은 이북 출신 집안이거
나, 그 일원과 가깝지 않고서야 알 일도, 궁금해 할 일도 없는 변방의 고독한 음
식이었다. 굳이 권할 일도, 나눌 일도 없는 낯섦이기도 했다. 당시만 해도 평양
냉면을 처음으로 경험하는 일은 그렇게 피차 조심스러운 방식으로 작동했다.

　그날 이후 나는 냉면에 각성해 버려 냉면 요정이 되고야 말았는데, 평
양냉면에 대한 이야기가 세상에 이토록 횡행하는 것을 경천동지처럼 느낀다.
1990년대까지만 해도 평양냉면은 실향민 가족을 둔 집안의 내력이었다. 할머
니·할아버지 세대가 북에 둔 고향 산천과 가족들에 대한 그리움을 달래는 상징

◀ 서울 강남구 평양면옥 강남점의 평양냉면

이었다. 요즘에야 냉면집마다 20~30대가 절반은 섞여 있지만, 그때만 해도 검은 머리로 발을 들이기가 어색할 정도로 어르신들이 동향 친구들과 모이는 사랑방 같은 분위기였고, 이것이 2000년대 초까지 이어졌다. 그래서 몇 되지 않는 노포 냉면집들만으로도 평양냉면 공급이 충분했고, 지금도 손님이 뜸한 오후에 도심 냉면집을 가면 풍경은 크게 다르지 않다.

그 집안 사람을 따라 평양냉면을 맛본 이들은 대개가 고개를 가로저었고 (사람 당황시키는 그 투명한 정결함!), 극히 일부의 취향만이 평양냉면에 고개를 끄덕여 마니아로 진화하고는 했던 소수자의 음식이었다. 2010년대 초반에 평양냉면이 힙스터의 음식으로 새삼 부상하면서는 냉면 소수자들이 쌓아온 그간의 한이 흑화해서, 한때 '면스플레인' 같은 세태가 벌어지기도 했었다. 2세대로 통칭되는 식당들이 차례로 등장하면서 냉면이 힙스터의 원정 음식으로까지 새삼스러운 관심을 받은 때다. 다 지난 일이지만, "냉면은 이래야 한다."라는 강박의 잔치였다.

아무튼 그렇게 명백한 서브 컬처였던 평양냉면이 오버 그라운드로 부상해 2세대, 3세대까지 외연 확장을 겪을 줄, 급기야 2018년 4월 27일의 '옥류관 선언' 덕분에 전 세계적으로 주목 받는 음식이 될 것을 누군들 알았을까.

의정부 계열 평양면옥, 을지면옥, 필동면옥에 장충동 계열 평양면옥들로 나뉜 평양냉면의 두 파벌과 봉피양, 우래옥, 을밀대에 평래옥과 유진식당, 부원면옥 정도가 평양냉면의 노포로 서브컬처 시대를 헤쳐 왔다. 이 식당들은 평양냉면 마니아들의 종교적인 지지를 품고 경쟁인 듯 경쟁 아닌 안정적인 시장에서 각자의 영화를 누렸다. 물론 지금도 그들의 존엄한 태평성대는 이어지고 있어서, 백화점이나 쇼핑몰이 새로 생길 때면 0순위로 입점 유치 대상에 오른다.

2세대라 칭할 수 있는 신진 평양냉면집들은 경기도 광명시의 정인면옥과 성남시 판교의 능라도가 등장하면서 본격적으로 불을 당겼다. 평양냉면 힙스터

추종자들을 짧은 여행길에 오르게 했던 이들은 정인면옥이 여의도에 분점을 냈고, 능라도는 강남과 마포에도 지점을 더 만들어서 접근성을 높였다. 고깃집도 도전에 나섰다. 배꼽집 논현점, 상암점은 고깃집에서 기대하던 수준 이상의 평양냉면을 선보였다. 배꼽집의 주방장 겸 사장은 봉피양에서 20여 년 동안 일하다 독립했다. 2016년 3월 개업과 동시에 노포 못지 않은 위상에 오른 진미평양냉면의 주방장이자 사장도 의정부 평양면옥에서 3년, 논현동 평양면옥에서 15년간 일하다 독립했다. 가족이 나누어 가진 분점으로 이어지던 평양냉면 유전자가 독립으로도 이어진 것이다.

특이한 냉면도 동시다발적으로 등장했다. 마포구의 버섯 향이 강한 무삼면옥, 조개 육수로 맛을 내는 런남면옥, 무미에 가까운 맛을 추구하는 동무밥상 등이다. 강남구 봉밀가는 평양냉면이 아닌 '평양메밀물국수'라는 메뉴명대로 남다른 개성을 뽐내는 집이다.

만개했지만, 끝이 아니었다. 3세대까지 나타났다. 2018년 서울에 문을 연 곳들은 기존 서울 평양냉면의 공백을 파고 들었다. 평화옥, 경평면옥, 평양옥, 더평양 등이다. 2세대가 충실한 재현에 초점을 두었다면, 한편 이 3세대들은 대담하게 개성까지 추구한다. 노포와 구분되는 새로운 세대의 평양냉면집들은 자신만의 평양냉면을 규정하고 독자적인 맛을 추구한다는 점에서 무척 긍정적이다. 평양냉면의 집단 완성도가 견인되고 평양냉면 각각의 완성도도 질적으로 성장할 수 있는 기틀이다. 평양냉면은 이제 외식 선택지의 하나로 완연히 자리잡아, 당분간은 새로운 평양냉면 식당들이 줄이어 등장할 전망이다.

자, 북한의 평양냉면에 대해서 말도 참 많았다. 2018년 4월 27일 오전 10시 15분, 북한의 김정은 국무위원장이 "멀다고 하면 안되갔구나."라고 했던 '4·27 옥류관 냉면 선언'이 옥류관 냉면의 정체를 대중에 알렸다. 평양냉면 마니아들에게 옥류관은 메카요, 메디나였다. 중국이나 동남아시아에 있는 옥류관 분점이라도 경험해 본 것이 성지순례요, 교류단 등의 자격으로 평양 대동강변 옥류관에 다녀온 인물들은 신의 목소리를 직접 듣고 전하는 사제나 다름없을 정도였다. 그런 옥류관 냉면인데, 검붉은 면이 진한 빛깔의 육수에 잠긴 충격적인 모양새였다. 한술 더 떠 옥류관 직원은 면에 식초를 치고 육수에는 양념장과 겨자를 풀어서 먹으라고 했다. "별 맛일 것."이라면서 말이다. 회백색의 순면은커녕, 순수한 육수는커녕, 마치 분식집 칡냉면처럼 보였다. 북한에서도 세상이 바뀌며, 평양의 평양냉면도 그 세상에 맞춘 변화를 택했다.

서울의 평양냉면은 이미 변해 버린 것을 두고 성지 취급을 하며 오이디푸스 콤플렉스 같은 뇌내 망상을 키워 온 셈이다. '출생의 비밀'이 밝혀지자마자 냉면 대중이 각성했다. 덕분에 빨치산처럼 잊을 만하면 나타나던 면스플레인 패잔병들이 모조리 입을 다무는 계기가 되었다.

분단 이전에는 평양냉면과 같은 뿌리였더라도, 음식은 환경과 기술과 시절에 맞추어 변화하는 법이어서 서울의 평양냉면은 그 뿌리와 분리된 길을 오래도록 걸어왔다. 분단 이후 70년이 흘렀다. 북한만큼 전격적인 변화를 겪진 않았어도, 서울의 평양냉면도 시나브로 변했다. 그 사이 논밭에서 일하는 소가 사라졌고, 발전된 축산 기술이 여러 번 도입되었다. 꼴을 베고 여물을 끓여 먹였던 소가 이제는 규격화된 곡물 사료를 먹고 근육 속에 촘촘한 지방을 치며 자란다. 앞에서 이야기한 대로 메밀 경작 면적은 축소되어 이제 냉면집에서 다 같이 사용하기에는 한국산 메밀의 생산량이 너무나 부족하다. 중국과 몽골이나 미국에서 들여온다. 중요한 부재료인 무 역시 시절이 바뀌는 동안에 널리 재배되는 품종이 바뀌었고, 달걀도 이제는 첨단 시설의 축산 공장에서 생산한다. 재료가 달라졌는데, 맛이 같을 수는 없다. 같은 것은 그 형식에 불과하다. 세월이 흐르며 재료가 바뀐 만큼 조리법의 미세 조정은 불가피했을 일이다. 어차피 서울 안 평양냉면 식당들끼리도 저마다 확고한 개성이 있다.

상대적으로 소외되었지만 서울의 함흥냉면 또한 함흥냉면이라는 이름의 정통성을 잃을 것이다. 알려진 바에 따르면 함흥의 함흥냉면 역시 서울의 함흥냉면과 매우 다르다. 애초에 평양냉면이나 함흥냉면이나, 북에서는 매한가지 '국수'다. 맞다. 그래 보아야 메밀 면에 고기 육수, 어떻게 변형되어도 다른 이름으로 부를 수 없는 명확한 '냉면'이다. 서울이나 평양이나 평양냉면은 시절에 맞추어 바뀌었고, 앞으로도 바뀔 것이다. 다만 북한에 가 각지의 국수를 취재하며 평양의 평양냉면도, 함흥의 함흥냉면도 맛볼 그 순간을 고대할 일이다.

34

콩국수의 여름

조마조마한 마음으로 서울 중구 청계천 4가 어느 건물의 어두운 계단을 올라갔다. "부드럽고! 고소한! 콩국수"라고 큼직하게 적힌 시퍼런 현수막이 보였다. 작은 글씨로 적은 문장까지 읽으면 갑자기 초조해진다. "한정 판매로 조기 품절될 수 있습니다." 그 아래에는 영업 시간이 오전 11시~오후 2시 반이라는 안내문도 있다. 문을 열고 들어서는 순간까지도 배짱 식당이라고 고까워해야 할지, 성지라고 불러야 할지 결정하지 못했다.

오후 2시가 넘었는데도 손님들이 가득하다. 노익장이라고 불러야 할 듯한 어르신들뿐이었다. 모두 허연 대접에 담긴 허연 것을 드신다. 걸쭉한 그 소스에 담긴 면이 마치 크림 소스 파스타 같다. 엉성한 벽 너머 주방의 50년 된 부뚜막에서는 연탄불 위로 부글부글 무엇인가가 끓는다.

평소에는 콩비지 전문 식당인데 여름마다 콩국수 명소로 변신하는 강산옥이다. 10여 년 전부터 개시한 이 집의 콩국수는 유독 맛이 좋다. 각종 포장재를 파는 가게들만 늘어선 청계천변의 낡은 건물 2층까지 여름마다 콩국수 애호가들이 모여든다.

굵은 밀가루 면발의 콩국수 대접이 나올 때면 꼭 따라붙는 설명은 이렇다. "비벼 드세요. 스파게티처럼. 숟가락으로 콩국물을 떠 드시면서." 면 두께가 중면

콩국물도 가지가지여서 세 가지 유형의 콩국물을 모아 보니 질감의 차이가 확연하다. 왼쪽 위부터
시계 방향으로 베테랑의 크림 같은 콩물, 이두부야 서울 이촌점의 백태 콩국물, 전라남도 목포시 유달콩물의
묽게 퍼지는 서리태 콩물과 노란 콩국물, 가운데는 같은 이두부야의 묵직한 서리태 콩국물이다.

이니, 역시나 스파게티 같다. 비벼 둔 강산옥의 콩국수 사진을 보더니 단번에 "비빔 콩국수네!"라고 말하던 사람도 있었다. 좋은 콩을 구해다가 매일 콩을 불리고 연탄불에 팔팔 끓여 만드는 이 집 콩국물은 온전하며 진한 콩의 단백질 맛이다. 질감은 꾸덕하지만 된 죽 같지 않고, 잘 유화시킨 파스타 소스만큼 농후하다. 크림처럼 가볍고, 입안을 흐르는 느낌은 유독 부드럽다. 팔이 아프도록 거품기로 휘저어서 공기를 넣은 것이 비결이다. 휘핑 Whipping 콩국물인 셈이다.

입맛에 맞추어서 소금 간을 보고 짜장면 같이 비벼 먹는데, 이때 김치도 생각해야 한다. 혀 끝에 액젓 향이 짜르르하게 와 닿는 새빨간 김치는 매일 담는데, 담백 고소한 콩국수와의 조화가 기막히다. 콩국수 위에 고명으로 듬뿍 얹은 아삭아삭한 오이채는 콩국물과 면의 무거운 질감을 사뭇 가볍게 완화시킨다.

양이 적어 보여도 막상 먹기 시작하면 배가 불러 다 비우기 힘든 점도 파스타와 꼭 닮았다. 이 타이밍에 사장님은 설명 하나를 더한다. "배부르시면 면은 남기고 콩국물만 떠서 드세요." 국수 사이에 밴 콩국물까지 꾹꾹 짜서 긁어 먹었다. 문 닫을 채비를 하는 배짱 식당에서 콩국물 페트병 하나를 사 들고 나왔다. 그나마도 다 떨어지고 주인이 집에서 드시려 따로 챙겨 둔 것을 팔아 주셔서 간신히 샀다. 콩국수의 성지다.

이런 콩국수가 한강 너머 반포구에도 있다. 센트럴시티의 베테랑이다. 전라북도 전주시 한옥마을에 본점을 두었는데, 그곳과 같은 콩국물로 서울식의 짭짤한 콩국수를 만든다. 여름에만 한다. 아무 고명도 없이 쫄깃한 면이 큼직하게 똬리를 틀고, 강산옥처럼 부드럽고 크리미한 콩국물을 붓는다. 마시기가 불가능해서 먹어야 하는 콩국물들이다.

이 집 콩국수도 여간 유별나지 않다. 파주의 햇장단콩이 나올 때 톤 단위로 사서 건조하고 크기별로 선별한 다음, 진공 포장해서 저온 창고에 보관한다. 콩의 크기를 구분하는 이유는 익는 정도를 맞추기 위해서다. 더도 덜도 아니라 딱 떨어지는 콩국물 맛을 맞추려면 콩 크기도 중요하다.

좋은 커피를 만들거나 맛있는 밥을 지을 때는 핸드픽Hand Pick이 중요하다. 베테랑에서 콩국물 만드는 과정에도 핸드픽이 포함된다. 상하거나 깨지거나 벌레 먹은 낱알을 제거해서 콩의 맛있는 맛만 남긴다. 이 과정에서 5~20퍼센트의 콩이 버려진다. 불리고 삶아서 불순한 맛을 내는 껍질까지 남김없이 제거한 후에야 기계식 맷돌로 콩국물을 갈아 낸다. 이것은 끝이 아니다. 대형 거품기로 휘저어서 미세한 거품을 콩국물에 집어 넣는다. 고운 빙수 얼음을 섞어 희석시키는 요령도 발휘한다. '공기 반, 콩 반'인 베테랑식 휘핑 콩국물은 이렇게 전주에서 만들어 서울 지점으로 보낸다. 고속터미널에 매장을 연 이유이기도 하다. 당일 소진이 원칙이다. 본점은 전주식으로 콩가루와 설탕을 뿌려서 내고, 서울 지점들은 둘을 생략하고 원래의 소금 간만으로 서울식 변형 콩국수를 낸다. 서울 입맛에는 충분하다. 콩 외에 아무것도 넣지 않는 이 식당의 콩국물은 잣을 안 넣었는데도 싱그러운 고소한 맛이 톡 튄다.

참, 여기서는 콩국수용 콩국물을 콩물이라고 부른다. 전라도식이다. 전라도 콩국수는 콩물에 면을 넣고 설탕을 입이 떡 벌어질 정도로 부어서 달달한 맛으로 먹는다. 겉보리나 메밀 껍질로 색을 낸 밀가루 소바를 넣어 먹기도 한다. 경상도에서는 이걸 또 콩국이라고 한다. 단맛은 내지 않고 짭짤하게 간하는 대신에 채친 우뭇가사리를 넣는 방식도 있다. 다 같이 콩을 삶고 갈아 먹는데 이름은 제각각이다.

콩국수에 콩만 들어가라는 법도 없다. 인쇄소와 오토바이 상점이 즐비한 서울 중구 충무로5가 좁은 뒷골목의 만나손칼국수에서는 껍질 깐 땅콩과 깨를 첨가해 고소함을 배가시킨다. 이곳도 칼국수 전문인데, 여름 계절 메뉴로 콩국수를 올린다. 사장의 고향인 경상도에서 농사지은 콩을 수확하자마자 콩국수를 시작한다. 한 번에 다 받지 않고 저온 창고에 보관했다가, 그때그때 서울로 받아서 콩국물을 만든다.

이곳도 영업 시간이 오전 11시~오후 6시여서 보통내기는 아닌데, 오후 늦게 가면 이미 다음 날 쓸 배추를 손질하며 문 닫을 채비를 한다. 저녁 영업을 하지 않는 것은 주변 상권이 일찍 퇴근하는 이유도 있지만 새벽같이 면과 김치를 만들고 콩국물을 내는 까닭이다.

노란 기운이 도는 면에 진한 콩국물을 붓고 별다른 고명을 두지 않는 것은 베테랑과 같지만, 얼음 몇 알을 띄우는 점은 작은 차이다. 무엇보다도 크게 다른 점은 바로 맛이다. 면을 들어 올리면 둔중하게 느껴질 정도로 무거운 콩국물에서는 다채로운 고소함이 배어난다. 땅콩의 슴슴한 고소함과 깨의 달달한 고소함이 콩의 말끔한 고소함과 진득하게 어우러진다. 소금을 듬뿍 쳐서 짠맛이 고소한 맛을 만나 시너지를 내는 지점까지 간을 보고 면을 삼키기 시작하면, 뒤로 갈수록 얼음이 슬슬 녹으며 먹기 편한 콩국수가 된다.

마늘 향이 강렬한 이 집의 겉절이 김치도 명물 중 명물이다. 사시사철 널뛰는 배추 가격을 감수하고서, 매일 한 망씩 먹기 좋게 칼로 쓱쓱 쳐 내 만든다. 국물 맛이 진하고 고급스러운 이 집 칼국수와도 어울리지만, 콩국수와도 조합이 잘 맞는다.

이외에도 여름철 콩국수로 이름을 날리는 식당이야 많다. 콩국수 하면 가장 먼저 떠오르는 식당은 단연 서울 중구 진주회관과 영등포구 진주집이다. 두부부터 콩비지, 청국장까지 빠지는 것이 없는 콩 요리 전문점인 마포

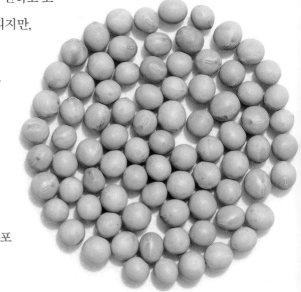

구 황금콩밭, 콩국물에 두부까지 조합시킨
묵직한 콩 요리의 서울 성동구 콩빠두도
유명하다.

2018년 같은 역대급 폭염에 집 안
에서 8시간 넘게 콩을 불리고 김 내며
삶아서 열 나는 블렌더Blender에 갈아 가
정식 콩국물을 만든다는 것은 냉방 낭비
를 초래할 뿐만 아니라, 건강을 위협한다. 그
러므로 우유나 두유에 견과류와 두부를 갈아 만드
는 유사 콩국물로 만족하는 타협도 나쁘지 않다. 그러나
그 맛에 아쉬움을 느꼈던 탐식가들은 차라리 전문가에게 콩국수 가사 노동을
외주로 넘기기도 한다. 이두부야, 아빠맘두부 등에서 콩국물을 사다가 가정식
콩국수를 업그레이드하는 것이다.

공기 함유량에 따라 질감이 다르고, 백태 또는 서리태로 나뉘는 주재료
선택, 콩이나 깨 등 부재료 배합에 따라 맛이 조금씩 달라지지만, 모두가 진득
한 콩국물을 지향한다. 서울에서 저 멀리 떨어진 목포의 유달콩물은 그런 면에
서 각별하다. 질감은 묽지만 그지없이 진한 맛의 콩물이 전국적으로 알려졌다.
콩물을 물로 희석할 때는 비율이 아주 조금만 달라져도 진했던 것이 금세 묽어
지는데, 유달콩물은 그 묽어지는 경계에서 고소하고 진한 맛을 최대한으로 끌
어낸다.

35

단짠의 유전자,
불고기

한국인의 입맛 유전자에는 불고기의 달콤 짭짤한
맛이 새겨져 있다. 불고기는 1970년대부터
대표적인 외식·특식 메뉴로 자리 잡았다.

시험을 잘 보면 제육볶음 대신에 불고기를 얻어먹을 수 있었다. 녹아 버릴 듯이 얇은 소고기에 달고 짭짤한 양념, 부드럽게 익은 야채, 그 자리에 당면도 빠지면 서운했다. 누가 그 맛을 거부할 수 있을까. 불고기는 한국인의 소울 푸드Soul Food 중 하나다. 사그러들지 않는 단짠[1] 열풍의 맥을 짚어 올라가면 한국인의 미각 유전자 지도에 새겨진 달콤하고 짭짤한 불고기가 나타난다.

> **1**
> 단짠은 단맛과 짠맛,
> 혹은 달고 짠맛의
> 줄임말이다.

단 현재와 같은 불고기는, 그 원류가 불과 반세기 전에 등장한 젊은 음식이다. 우래옥, 하동관, 한일관의 개업 당시부터 고기를 공급해 온 팔판정육점에서 나온 이야기다. 청와대 옆 동네인 종로구 팔판동에 자리한 이 작은 정육점은 1940년에 개업했는데, 동대문종합시장 안에만 세 곳의 매장을 두고, 총 일곱 곳의 매장을 경영했던 선대의 용흥 정육점이 그 전신이다. 한강 이북의 군납까지 도맡았으니 규모를 짐작할 만하다. 한우 암소 1++등급만 고집하는 이 정육점은 1960년대 후반에 육절기를 들였다. 소 옆구리만 만져 보아도 육질을 아는 경지의 정육 명장 이경수 씨가 증언한다. "한국 전쟁 전에도 불고기가 있기는 했죠. 얇게 썬 고기에 양념을 발라 석쇠로 굽는 형태였습니다. 휴전 후에는 먹을 것이 없어서 뼈를 푹 고은 탕으로나 소고기를 먹었고, 1960년대 중반부터 지금 형태의 불고기가 등장해 외식 메뉴로 자리 잡은 것으로 기억해요. 대학에 다니던 1967년에 불고기로 외식한 기억이 있는데 현재와 같은 형태였죠."

여기서 중요한 부분은 고기의 두께다. 지금처럼 얇디얇아 부드러운 불고기를 먹을 수 있게 된 것은 또 1970년부터다. 일정한 두께로 고기를 썰어주는 기계, 육절기가 등장하면서부터다. 이경수 씨의 이야기다. "1960년대 말에 일본에서 육절기를 구해다 썼어요. 국내에 정식 출시된 것이 1970년의 일이었으니 우리가 몇 해 빨랐죠. 칼날의 탄성이 좋아서 일제를 최고로 쳤고 미제는 칼날이 단단해서 깨지면 깨졌지 휘는 일이 없었습니다." 경제 부흥기와 맞물린 불고기는 대표적인 외식 메뉴이자 일상을 축하하는 특식 메뉴로 자리 잡아서 그 달고 짠맛을 한국인의 미각에 아로새겼다.

1946년 11월 서울 중구에 우래옥이 문을 열었다. 처음부터 불고기와 평양냉면이 대표 메뉴였다. 이경수 씨는 "첫날 다섯 근을 받아갔는데 둘째 날에 20근, 셋째 날은 70근으로 주문이 늘었죠."라며 서울의 음식 역사를 써 내려 온 명가의 개업 무렵 문전성시를 기억한다. 우래옥 개업 당시부터 근속한 김지억 전무는 "창업자 할아버지가 평양에서 모셔 온 주방장 두 분이 만들었으니 우래옥 불고기는 진정한 이북식 불고기입니다."라고 말한다.

봉긋하게 솟아오른 불고기판에 굽는 우래옥 불고기의 재료는 몇 되지 않는다. 진간장에 참기름, 마늘과 소량의 설탕이 전부다. 채소도 극히 적다. 대파와 새송이버섯을 조금 썰어 곁들이는 것이 전부다. 불고기의 불판 아래에는 육수를 부어서 고기가 타지 않도록 증기를 올리며 맛을 모은다. 진정 소고기를 위한 불고기라고 부를 만하다. 그런 만큼 고기도 부드러운 부위만 골라서 쓴다. 양지를 제외하고 우둔, 등심, 설도를 덩어리째 받아 보드랍고 연한 살코기만 모아 불고기를 만든다. 조금이라도 질긴 부위는 따로 모아 냉면 등의 육수를 내는 데 쓴다. 소량씩 무쳐 놓는 양념 맛도 가볍게 배어서, 구우면 모양새부터 맛까지 단아하다는 말 그 자체다.

1980년경에 개업해 이제 40년을 바라보는 젊은 노포인 보건옥은 서울식 불고기의 명소다. 개업한 해도 가물가물할 정도로 털털하게 업력을 이어오는 김계수·고옥자 씨 부부가 영등포구에서 정육점을 하다가 차린 이 식당의 첫 상호는 보건 불고기 센터였다. 지금이야 넓은 주방을 활용하기 위해 김치찌개부터 삼겹살까지 다양하게 다루지만, 원래는 오로지 불고기에 매진하는 전문점이었던 것이다. 우래옥 골목 끄트머리에 15평 남짓하게 문을 열었다가 장사가 잘

서울식 불고기를 내는 보건옥에서는 주문이 들어온 후에 불고기 양념을 무친다. 고기 색이 검게 변하지 않고
본연의 고기 맛을 즐길 수 있어서다. 한우 암소 1+등급을 쓰는데 가격에 비해 고기 질이 매우 좋다.

되어서 현재의 자리로 옮겼다. 우래옥과는 골목 하나 차이다. 우래옥 주방에서 일하던 요리사를 데려다, 내외가 집에서 하던 대로 불고기를 차려 낸 것이 시작이었다나. 그야말로 현대 서울식이다.

일본간장에 참기름, 마늘에 설탕이 조금 들어가는 데까지는 평양식과 크게 다르지 않다. 여기에 파채와 채썬 양파, 당근이 들어가고 팽이버섯도 곁들여진다. 육수는 설렁탕 국물을 쓰는 것이 개업 당시부터 다른 불고기 집들과 달랐다. 여지껏 독특한 것은 면을 말아달라 하면 당면도 아니요, 메밀면도 아닌 소면이 나온다는 것이다. 새침하게 삶은 소면을 불고기 간이 밴 육수에 담가 먹으면 밍밍한 듯한데, 그때는 이 식당의 간판 반찬인 쪽파김치를 크게 한입 물면 딱 간이 맞는다. 불고기판은 얇은 전골냄비를 쓰는데, 육수를 자작하게 붓기도 편하고 밥을 볶기도 편해서다. 다만 아는 사람끼리는 '원래 불판'을 청해서 쓴다. 예전부터 쓰던 슬쩍 솟은 형태의 불고기판이다. 가스 냄새가 잘 빠지지 않는 탓에 지금의 전골냄비를 주로 쓴다.

불고기가 서울 노포의 전유물은 아니다. 전국적으로 다른 형태의 불고기들이 이어져 내려온다. 멀리 울산광역시 울주군의 언양읍, 전라남도 광양시의 불고기를 보면 조선 시대의 서적에 나오는 설야멱적雪夜覓炙의 계통임을 짐작할 수 있다. 양념한 고기를 수분 없이 구운 것이다. 언양식은 얇게 채친 고기를, 광양식은 얇게 저민 고기를 쓴다. 서울이라면 마포구의 역전회관과 송파구의 광양불고기에서 남쪽의 불고기를 맛볼 수 있다.

36

후끈한 맛,
곰탕

북서쪽에서 건조하고 찬 바람이 밀려오는 계절이면, 별수 없이 떠올리는 음식이 있다. 참으로 상투적이지만 뜨끈한 고기 국물, 그중에서도 소고기 국물을 찾게 된다. 어쩌면 이렇게 단순할까. 몸속 내연 기관까지 뜨겁게 덥혀서 움츠렸던 어깨를 다시금 펴게 하는 곰탕 한 그릇을 찾아서 한 겨울의 곰탕집 문을 열고 들어서면 벌써 몸이 사르르 녹는다. 칼날 같은 추위와 메마른 습도에 시달리던 몸은 곰탕집 안의 후끈한 열기를 만나자마자 위안을 받는다. 단백질과 지방이 녹아든 국물은 체온 유지에 급급하던 몸을 다시 활활 타게 돕는 요긴한 에너지원이다. 식품의약품안전처가 제시한 곰탕의 표준 칼로리는 700그램 한 그릇에 579.62킬로칼로리로, 여기에 밥 한 공기까지 보태니 겨울철의 요긴한 장작임이 틀림없다.

"앗, 뜨거워!" 그런데 그 뜨끈함의 적정 온도를 두고 말이 많다. 우리는 뚝배기에 가득 담겨서 용암처럼 끓는 국물 요리에 익숙하며, 숫제 테이블 위에서 국물 요리를 펄펄 끓이며 그것을 '시원하게' 떠먹기도 한다. 너무 뜨거운 음식의 문제는 널리 알려져 있다. 짠맛을 덜 느껴서 과도한 나트륨을 섭취하게 만들고, 무엇보다도 혀와 입천장을 데면 미미하더라도 엄연히 화상이다.

그렇다면 미지근한 온도가 국물 음식의 최적 상태일까. 그렇지도 않다. 뜨겁기는 해야 한다. 지혜로운 곰탕 전문점들은 뜨거움과 미지근함 사이의 적정치를 정해 두었다. 온도계를 들고 가 재 보았다. 곰탕의 성지이자 표준으로 꼽히는 서울 중구 하동관 본점에서 갓 나온 곰탕 국물은 76도였다. 채 썬 파를 얹어 밥을 뒤섞고 나면 70도로 내려가서 훌훌 먹기 딱 좋은 상태가 되었다. 후후

마포구에 있는 고담정의 곰탕 토렴이다. 황금빛 고기 국물이
탱글탱글한 밥 사이로 뜨끈하게 파고든다.

불거나 머뭇댈 필요 없이 숟가락으로 팍팍 떠먹을 수 있는 온도다. 여기에 깍두기 국물을 부으면 온도는 한 번 더 내려간다. 하동관의 단골들 사이에서는 이 절묘한 온도에 대한 우스갯소리로 "빨리 먹고 나가게 하려고 안 뜨겁게 낸다." 라는 음모론이 잊을 만하면 부상하지만 손님 회전이야 식당의 걱정이고, 객은 딱 먹기 좋은 온도를 배려한다는 의도에만 주목해도 충분하다. 이어서 소개할 솜씨 좋은 신흥 곰탕집들도 대개는 70도대의 온도를 정해 두고 곰탕을 낸다.

설사 곰탕이 100도 가까운 뜨거운 온도로 나와도 큰 문제는 아니다. 유기나 그 비슷한 재질의 스테인리스 식기에 담긴 곰탕은 열전도율이 낮은 뚝배기에 담길 때에 비해서 식는 속도가 빠르고, 하동관에서처럼 송송 썬 파를 넣거나 깍두기 국물을 부으면 온도는 더 빨리 계단식으로 툭툭 내려간다. 더군다나 요즘처럼 식사 전 기도마냥 사진부터 찍고 수저를 드는 시절에는, 펄펄 끓는 국물이 차라리 더 맞을지도 모른다.

곰탕의 완성은 밥이고, 토렴이다. 보온 기능을 가진 전기밥솥이 없던 때에는 곰탕의 밥은 무조건 토렴해야만 했다. 찬밥을 뜨거운 국물에 말아 먹어서는 열 손실이 너무나 크다. 그 손실의 결과는 면을 건져 먹고 식은 라면 국물에 찬밥을 넣었을 때의 온도를 상상해 보면 된다. 그래서 선조들은 토렴이라는 방식을 개발했다. 차게 식은 밥에 반복해서 뜨거운 국물을 부었다 따라 내며 밥을 덥히고, 국물도 뜨거운 채로 먹을 수 있게 했다.

찬밥은 단지 온도의 문제가 아니다. 밥에는 다량의 전분이 있는데, 쌀일 때 단단했던 이 전분 조직은 물과 열을 만나서 쫀쫀한 젤리처럼 바뀐다. 쌀을 말랑말랑하면서도 찰기 있는 상태로 변화시켜서 소화되기 쉽고 맛도 좋게 만드는 것이 밥을 짓는 목적이다. 문제는 갓 지은 밥이 식으면서 일어난다. 온도가 낮아지면 밥의 전분이 다시 뻣뻣해져서 맛도 없고 먹기에도 좋지 않다. 이때 수분을 더하고 온도를 높이면 전분은 다시 말랑말랑해진다. 현대 조리 과학의 원리로 명백하게 설명된 현상이다. 토렴은 경험의 원리에서 비롯된 선조의 고급 기술이라 할 수 있다.

문명의 이기인 전자레인지로 밥을 데우고, 국물을 부을 수도 있다. 그러나 우리는 토렴을 지속한다. 토렴한 밥의 고유한 특성 때문이다. 뜨거운 밥에 뜨거운 국물을 붓기만 해서는 토렴한 것처럼 탱글탱글한 상태의 밥이 되지 않는다. 국에 밥을 말았을 때처럼, 퉁퉁 붓고 흐들흐들하게 풀어질 뿐이다. 밥이 죽으로 가는 중간 단계다. 식힌 밥으로 토렴을 하면 맑은 곰탕 국물 안에서도 갓 지은 밥에 가까운 탄성과 부드러움이 동시에 생겨난다. 아무리 신중히 토렴을 해도 다소의 전분이 풀려나와서 국물이 탁해지지만, 그것은 공평한 결과다.

전통적으로 곰탕의 재료는 양지 등 소의 살코기, 벌집양, 홍창, 곱창, 때로 지라 등과 같은 각종 소화기, 그리고 소량의 뼈다. 적은 양의 지방도 육수에 흘러나오지만, 단백질로 똘똘 뭉친 육수 그 자체가 곰탕의 본질이다. 고소한 감칠맛은 곧 단백질이다. 또한 육향도 풍긴다. 그러므로 맛과 향이 풍부한 곰탕이라면 다소 염도가 낮아도 먹기 불편하지 않다. 나트륨 과잉 섭취가 걱정된다면 소금 간을 싱겁게 해도 그럭저럭 괜찮다는 말이다. 살짝 짭짤하다 싶은 적정 염도, 그러니까 9~10퍼센트 정도의 염도로 간을 하면 달고 고소하며 국물 맛이 확 살아나 더 맛이 있기는 하다. 바닷물의 염도가 3.5퍼센트이고 흔히 쓰는 양조간장과 진간장의 염도는 16퍼센트다.

곰탕의 절대 강자는 하동관으로 이미 정해져 있고, 동네마다 손꼽히는 명가들이 적지 않다. 각 식당이 전통 방식을 그대로 지키며 내려온 음식이지만, 그 절대성에 도전하는 새로운 강자가 속속 등장했다. 처음으로 곰탕 르네상스의 문을 연 마포구의 고담정과 합정옥은 하동관이 아닌 곰탕집도 고품질, 고가일 수 있음을 보여 주었다. 그동안 하동관은 비싸다는 눈총 탓에 20공, 25공처럼 암호 같은 메뉴로 가격을 숨기고 팔았지만, 세상이 바뀐 것이다. 비슷한 시기에 등장한 언주옥도 서울 강남권을 팔팔 끓였다. 프리미엄 정육점이자 한우 오마카세 열풍의 원점인 본앤브레드에서 소고기를 받아 써서 개점 초기에 화제를 모았다.

지금 한국은 그 어느 때보다도 양질의 소고기가 풍족하다. 1등급 이상 한우가 2·3등급보다 흔하다. 축산 기술이 발전하고 기업형 농가가 등장하면서 일정 등급 이상의 소를 기르는 인프라가 완비되었다. 더구나 미국산과 호주산 소고기도 세분화되어서 예전처럼 단지 싼 맛에 먹는 고기가 아니게 되었다. 한우 못지않게 좋은 맛을 내는 고품질 소고기가 원활히 공급된다. 곰탕도 기술이 중요하지만 결국은 재료 싸움이다. 도처에 양질의 재료가 있으니 상향 평준화된 경쟁이 성립하는 것이다.

고담정의 곰탕
▼

합정옥의 곰탕
▼

소는 곰탕이나 설렁탕을 내고, 돼지로는 국밥만 말라는 법칙도 최근에 바뀌었다. 광화문 국밥과 마포구의 옥동식은 돼지고기로 곰탕을 끓여서 새로운 장르를 열었다. 프리미엄화는 소고기 곰탕만의 일도 아니어서, 돼지 생산량의 절대 다수를 차지하는 삼원 교잡종보다 고급으로 인식되는 품종들을 쓰는 것이 공통점이다. 광화문 국밥은 제주 흑돼지와 붉은 털을 가진 듀록종 돼지를, 옥동식은 흑돼지 계열의 버크셔K종을 쓴다. 이런 품종의 돼지고기 중에서 기름기가 적은 살코기 부위로 끓여 낸 두 곳의 돼지곰탕은 맑고 누린내가 나지 않는 구수한 맛의 국물이 소고기 곰탕에 비해서 그리 빠지지 않는다. 흔해서 잊기 쉽지만, 닭곰탕까지 더하면 어느새 우리 곁의 곰탕은 더 많아진 셈이다. 해마다 추워지는 겨울이 그 덕분에 후끈하다.

옥동식의 돼지곰탕
▼

광화문 국밥의
돼지국밥
▼

후끈한 맛, 곰탕

37

중국 만두의 온기

국수나 만두나 발상은 그리 어렵지 않다. 밀이나 다른 곡물을 빻은 가루를 물에 개어 여러 모양을 만든다. 어떤 것은 손으로 뚝뚝 떼 내기도 하고, 어떤 것은 동그랗게 굴려 보기도 하고, 또 납작하게 밀어 모양을 잡기도 한다. 대단한 발명이 아니다. 밋밋한 반죽 안에 무엇인가 맛있는 것을 넣는 아이디어도 기발하다고 말하기는 어렵다.

그래서 어디를 가나 국수와 만두는 틀림없는 한 쌍이다. 파스타의 나라 이탈리아는 스파게티가 있지만 납작한 만두 같은 라비올리Ravioli와 참외 배꼽 모양의 토르텔리니Tortellini도 있고, 우동의 나라 일본에는 틀림없이 교자도 있다. 몽골 벌판의 맛을 보러 서울 동대문의 몽골타운에 갔더니 볶은 칼국수 추이왕цуйван과 양고기 군만두 호쇼르хуушуур가 함께 나왔다. 칼국수며 소면을 뽑아 먹는 한국 역시 지역별로 특색 있는 만두가 발달했다. 이것은 비단 밀 문화권만의 일이 아니다. 쌀국수의 나라 베트남에서도 만두는 당연하다. 전병에 만 것부터 라비올리를 닮은 것까지 종류도 다양하다. 국수와 만두는 어디에나 있다.

그중에서도 만두는 각별하다. 헐벗은 벌판 같은 국수가 못하는 포근한 위로를, 만두는 할 줄 안다. 갓 나온 만두를 후후 불어 한입 물면 따사로운 김이 훅 끼친다. 비강에 바로 와닿는 고소한 향도 만두가 선사하는 쾌감이다. 한숨 돌려 만두를 마저 입에 넣으면, 나만을 위해 꽉 채워진 푸짐한 속을 만난다. 촉촉하고 기름진 고기소가 탱글탱글한 피와 함께 부드럽게 풀어져서 어우러진다. 채 삼키지도 않았는데 하나 더 먹고 싶은 마음을 모르는 이가 있을까?

만두가 뜨겁지 않은 적이 있었나. 설날에 둘러 앉아 빚은 못생기고 귀여운 만두, 일본식 주점이 유행하던 시절에 테이블마다 기본 메뉴인 양 올라간 일

후끈한 김이 올라오는 찜기에서 맛있어지고 있는 소룡포.

본식 군만두, 중국 음식 배달 철가방에 빠지면 서운한 군만두, 모락모락 김이 피어오르는 시장통의 찐만두, 급한대로 한 끼 때우는 분식집 만두, 늦은 밤 혼술의 친구인 냉동 만두……. 유행이 변할지언정 만두는 만인이 선호한다. 고소한 육즙이 찰랑이는 중국 만두가 등장하면서 그 지위가 한껏 올라갔다.

마포구 연남동 등 중국 식당이 밀집한 지역에서나 먹을 수 있었던 중국 만두는 전문점이 늘면서 일상의 진미로 자리를 잡았다. 일부 미식가들 사이에서는 혜성 같이 등장한 경기도 수원시의 만두집 연밀이 성지 순례의 목적지로 꼽히기도 했다. 이런 장거리 미식이 낯선 일은 아니어서, 수원행 광역 버스에 오르는 만두 미식가들의 모습은 기시감을 불러일으킨다. 냉면 마니아들이 경기도의 의정부며 판교, 광명으로 참배를 나섰던 어느 여름의 고난이 있었으니 말이다.

다시금 강조하지만 만두의 발명은 그리 대단하지 않다. 과학의 천재들이 발명한 전구나 내연 기관처럼 난이도가 높지 않다는 의미다. 그러다 보니 세계 곳곳에서 자연 발생적으로 만두가 등장했는데, 땅덩어리가 넓은 중국쯤 되면 같은 나라에서도 만두가 제각각이어서 지역마다 개성이 출중하며 종류는 무수하다.

중국 만두도 남과 북으로 나누어서 이해해야 한다. 중국의 만두는 크게 베이징·톈진天津 등 북쪽, 상하이·광둥廣東 등 남쪽으로 스타일이 나뉜다. 북쪽 만두는 찐빵 모양으로 동그란 바오쯔包子, 한국 만두 같은 반달 모양의 자오쯔餃子가 대표적이고, 남쪽 만두는 한입 크기로 작은 것이 특징이다. 가벼운 점심 식사를 뜻하는 딤섬點心 중 가장 대표적인 것이 만두인데 종류가 100가지도 넘는다. 타피오카Tapioca를 사용해 투명하고 얇으며 쫄깃한 피를 주로 쓴다.

제주도 고기국수나 부산 돼지국밥을 꼭 그곳에 가야만 먹는 것이 아니듯, 중국에서도 남북의 만두를 한 상에 두고 먹는다. 한국의 중국 만두 전문점들도 지역감정 없이 가장 맛있는 만두만 공평하게 모아 둔다. 하나같이 시판 만두피를 사용하지 않고 직접 반죽을 친다. 만두소도 저마다의 비법으로 부드럽게 버무려 만두 한 알 한 알을 손으로 곱게 오므린다. 정성스러운 맛이요, 포근한 위로다. 이제 만두계에도 새로운 바람이 분다. 만두가 제철이다.

소룡포 안에는 묵 상태로 굳었던
젤라틴이 가열되어 녹아 있다. ▶

◀ 게살쇼마이는 겉을 김으로
감싼 점이 독특하다.

중국 만두의 온기

38

김밥의 진화

소풍에는 으레 김밥이 따라붙었다. 적어도 30년 전부터 그랬다. 점심시간에 반 아이들이 삼삼오오 모여서 도시락 통을 열면 김밥이 나왔다. 소풍 간다고 얻어 입은 새 옷은 서로 제각기 알록달록했지만 도시락 통 속의 김밥만은 비슷했다.

간장에 졸인 우엉, 볶은 당근, 데친 시금치, 달걀지단, 거기에 단무지. 다 진 소고기 볶음 아니면 김밥용 햄이나 소시지를 넣는지, 그도 아니면 맛살이나 어묵을 넣는지 정도가 달랐다. 오이나 김치도 가능하기는 했다. 가계부의 사정 에 따라 치즈도 추가되었다. 집집마다 크게 다른 것은 손맛뿐이었지만, 기본 틀 이 같으니 맛도 대동소이했다. 소풍날이면 가가호호 새벽부터 분주했어도 그 래 보아야 상향 평준화요, '그 밥에 그 나물'이었다.

시간이 흐르는 동안 김밥이 좀 달라지기는 했다. 참치 통조림과 마요네즈 를 비벼서 깻잎 향까지 곁들인 참치 김밥은 혁명적이었고 멸치볶음·돈 까스·샐러드 김밥까지 등장했다. 유부를 넣은 김밥도 꽤나 새 로웠다. 유부김밥의 원조는 서초구의 방배동이라고 그 동 네 토박이들은 말한다. 1980년대 남부종합시장 지하에 유부김밥집이 여섯 곳이나 쪼르르 있었다고 한다.

그럼에도 김밥은 그 많은 시간이 흐르는 동안에 고 전적인 틀을 벗어나기 어려웠다. 사실 이미 가장 완벽한 조합을 이루었기 때문이다. 구운 김이 전해 주는 달콤한 바다 향, 소금 간을 한 고슬고슬한 밥의 짭조름한 맛, 여기 에 부패를 막기 위해 똑 떨어뜨린 참기름이 더하는 고소한 향,

◀ 김밥이 새로워진들 김밥과 떡볶이,
순대는 떼놓을 수 없는 가족이다.

시금치의 달고 쌉싸름한 맛, 달걀지단의 고소한 맛과 우엉의 고소하면서도 짭짤한 맛, 당근의 달큰함과 육류에서 배어나는 기름진 맛, 마무리를 책임지는 단무지의 달짝지근한 신맛까지 모두 다 들어 있다. 입안에서 풀어지는 밥의 부드러움부터 당근, 우엉, 단무지 같이 단단한 재료의 씹는 맛까지 있으니 질감조차 다 가진 셈이다. 한입 안에서 신맛, 단맛, 짠맛, 쓴맛, 감칠맛, 고소한 맛은 고루 어우러지고 부드러움부터 아삭함까지 다양한 질감이 지나간다. 이미 김밥은 어지간히 완성된 음식이다.

인류의 유전자가 진화를 억세게 거듭해 왔듯이, 김밥도 게으를지언정 진화가 완전히 멈춘 적은 없었다. 김밥 역시 고전의 명맥을 잇는 진화상이 이어졌다. 전국 곳곳에서 일어난 일이다.

제주도 서귀포시의 오는정김밥에는 튀기듯 볶은 유부가 들어간다. 같은 서귀포시 올레시장의 꽁치김밥은 구운 꽁치 한 마리가 발골된 채 통째로 누워 있다. 전라북도 전주시의 오선모 옛날김밥은 달달하게 볶은 당근을 듬뿍 넣어서 승부를 본다. 달걀로 승부 보는 김밥도 있다. 경상북도 경주시의 교리김밥은 가늘게 채친 달걀지단을 꽉꽉 넣는다. 가늘기로는 서울 서초구의 서호김밥에서 다시마김밥에 넣는 다시마채도 못지않다. 원래는 유부김밥 계보를 잇는 가게였는데, 몇 해 전 다시마김밥을 신제품으로 냈다. 서대문구의 연희김밥은 화끈한 매운맛이 통쾌하게 속을 훑고 지나가는 오징어꼬마김밥이 가장 인기다. 마포구의 김밥 제이에서는 집밥 느낌이 물씬 풍긴다. 묵은지김밥과 취나물이 들어간 나물김밥에 계절 메뉴로 어수리김밥, 매실장아찌김밥까지 맛볼 수 있다. 좀 더 놀라운 김밥 속으로는 강남구 루비떡볶이의 루비수제소세지김밥을 꼽겠다.

고전적인 형태에서 벗어난 김밥의 계보도 지금까지 쉬지 않았다. 역사가 깊기로는 어부의 도시락이었다가 통영의 관광 산업에 이바지하는 충무김밥이 우선 떠오르고, 국제적인 관광지가 된 종로구 광장시장의 간판 메뉴인 마약김밥은 삼일고가도로 아래에서 흔히 팔던 것이 광장시장 안으로 번져 여태 이어졌다고 한다. 얇은 달걀지단을 겉에 입힌 달걀말이김밥으로 관악구에서 시작한 봉천동진순자김밥이 한입 크기 김밥이라는 시장을 열었다면, 스쿨푸드는 다양한 조리법으로 시장의 파이를 키운 프랜차이즈로 시대를 풍미했다.

그래 봐야 김밥이다. 완성된 고전은 뒷방으로 물러나기 십상이다. 세상은 더 새로운 것을 원하게끔 설계되어 있다. 특이점 Singularity을 지나며 혁신이 찾아오듯, 김밥에도 혁신이 필요하다. 그 혁신은 사족 보행하던 인류가 직립한 것처럼 과감할 필요도 있다. 김밥이라서 그렇다. 서양에서 햄버거 등 샌드위치가 정찬을 대신하는 빠른 식사이듯이, 한국의 김밥 역시 식사할 틈 없이 바쁜 이들의 주된 식량이다. 그런 에너지원이 매일 그 나물에 그 밥이라면 좀 서운하다.

김밥의 특이점 혹은 특이점으로 가는 과도기가 강남구의 리김밥이다. 2012년에 문을 연 이곳은 "기왕 하는 일인데 남들 다 하는 것을 똑같이 하면 지는 기분이었거든요."라는 이은림 사장의 말대로, 오기를 담아서 경천동지할 조리법들을 만들어 냈다. 형태부터가 특이점다웠다. 딱딱한 속재료를 죄다 잘게 채썰었다. 2013년부터 일어난 프리미엄 김밥 붐에서 파생된 김밥들이 모두 이 스타일을 추종한다. 고전적인 김밥 프랜차이즈들 역시 이제 속재료를 잘게 썰어서 넣는다. 26가지 김밥 메뉴마다 속재료의 구성도 자유롭다. 마땅히 들어가야 했던 재료를 과감히 생략하는가 하면, 김밥에 감히 안 들어갔던 속재료를 넣어서 새로운 맛을 내기도 한다. 매콤견과류김밥은 당근을 뺐고, 버섯불고기김밥은 단무지가 생략되었다. 들큰한 슬라이스 체다 치즈 일색이었던 치즈김밥에 하우다 치즈 Gouda Cheese나 에담 치즈 Edam Cheese를 사용해 서양의 쿰쿰한 맛을 더했고, 파프리카를 듬뿍 넣어서 샐러드 같은 맛을 내기도 했다.

하지만 새로운 김밥은 더 이상 없을까? 대답은 자명하다. 충분히 나올 수 있다. 김밥의 본질부터 보아야 한다. 김밥이 무엇인가. 밥과 여러 반찬이 다양한

김밥의 진화

맛을 내면서도 서로 잘 어우러지도록 조합해, 김에 싸서 먹기 편하게 썰어 휴대하는 음식이다. 밥과 반찬이 있고 그것을 김으로 싸서 먹기 편하게 만들면 모두 김밥이다. 세상 일이 다 그렇듯 단순하게 핵심만 생각하면 새로워지기 쉽다. 우리가 쌀밥을 먹을 때 좋아하는 반찬 구성 그대로 김밥을 만들면 된다. 이를테면 스팸 한 조각에 젓갈과 달걀 프라이, 알맞게 신 김치 한 점. 혹은 굵은 소금을 뿌려서 구운 삼겹살에 제주도식 멜젓, 구운 마늘, 무채에 깻잎과 상추쌈. 아니면 얼얼한 주꾸미볶음에 콩나물무침과 부들부들한 달걀말이 같은 조합 말이다. 어떤 것이든 좋아하는 식단대로 김밥이 될 수 있다. 다만 김밥이라는 틀에 맞는 조리법으로 전환하는 과정이 필요할 뿐이다. 김밥이 김밥다우려면 딱딱한 재료는 채를 쳐야 하고, 수분이 많은 재료는 건조해져야 한다.

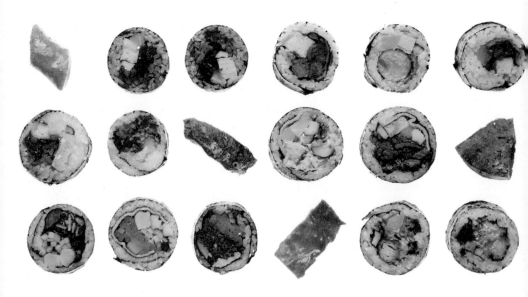

매일 먹는 김밥이 처음 먹는 김밥으로 바뀐다면 그 덕분에 기분만큼은 언제나 봄나들이처럼 즐거울 것이다. 새로운 시도가 걸작이 되면 기쁘겠지만, 망작을 먹어야 하더라도 하루쯤은 괜찮다. 어차피 평생 먹을 그 뻔하고도 완벽한 맛의 김밥은, 그대로 같은 자리에 영원한 고전으로 머물 테니 말이다.

한국식 패스트푸드인 김밥은 점차 더 다양해지고 있다.

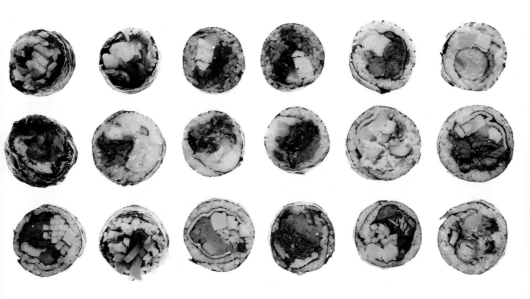

김밥의 진화

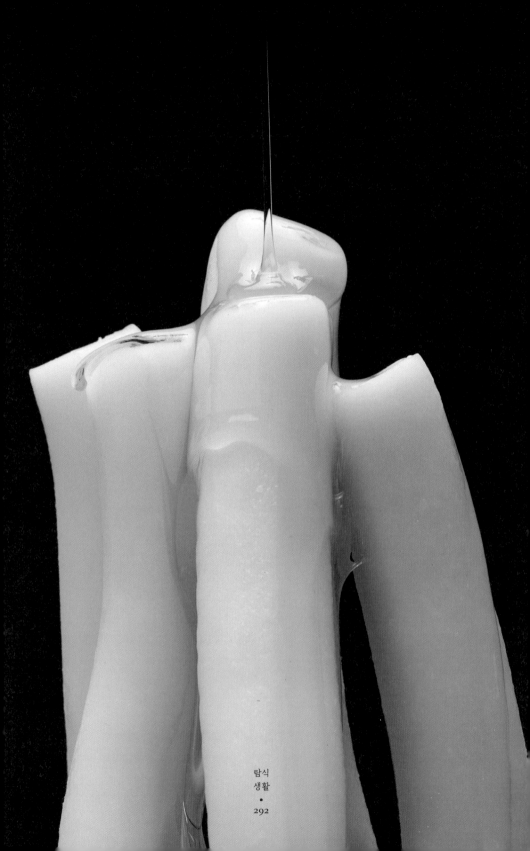

39

설날의 떡을
좋아하세요?

"떡 사오, 떡 사오, 떡 사려오. 정월 보름 달떡이오, 이월 한식寒食 송병松餅이오, 삼월 삼진 쑥떡이로다. 떡 사오, 떡 사오, 떡 사려오. 사월 파일 느티떡에, 오월 단오 수리취떡, 유월 유두流頭에 밀전병이라. 떡 사오, 떡 사오, 떡 사려오. 칠월 칠석에 수단이요, 팔월 가위 오려송편, 구월 구일 국화떡이라. 떡 사오 떡 사오 떡 사려오. 시월 상달 무시루떡, 동짓달 동짓날 새알심이, 섣달에는 골무떡이라. 떡 사오 떡 사오 떡 사려오."

서울 지방의 〈떡 타령〉이다. 이 노래에는 음력의 달마다 대표하는 떡이 등장한다. 풀어 보자면 음력 정월 대보름에는 절편의 일종인 흰 달떡을, 동지로부터 105일째가 되는 2월 한식에는 조상의 산소에 차례를 올렸으며 그때 송편을 지었다. 강남에 갔던 제비가 돌아오는 3월 삼짇날에는 지천에 널린 쑥을 뜯어 쑥떡을 빚었고, 4월 부처님 오신 날에는 느티나무의 어린 새순을 따 쌀가루에 버무려 느티떡을 쪘다. 5월 5일인 단옷날은 하늘에서 신이 내려오는 날이기에

◀ 설날은 천지 만물이 시작하는 날이기에 엄숙하고
청결한 흰 가래떡을 먹는다는 의미가 있다.

수레바퀴 모양을 찍은 수리취떡을, 더위를 식히고 풍년을 기원하던 6월 유두절에는 햇밀을 빻아 밀전병을 먹었다. 7월 칠석날에는 꿀물에 잘게 썬 떡을 담아낸 시원한 수단을 만들어 더위를 이겼고, 8월에는 한가위라 갓 나온 햅쌀로 송편을 빚었다. 9월에는 들과 산에 핀 국화꽃을 따서 국화전을 부쳤고 연중 가장 좋은 달이라는 10월 상달에는 가을무와 팥고물이 켜켜이 쌓인 무시루떡을 쪘다. 11월 동짓날이면 팥죽에 나이 수대로 새알심을 넣어 먹었고, 12월 섣달 그믐에는 골무만 하게 떼 낸 골무떡을 먹으며 한 해를 보냈다.

그런가 하면 지방마다 대표 떡을 꼽은 이런 노래도 있다. 장흥군의 〈떡 타령〉이다. "섬 중 사람은 조떡, 해변 사람은 파래떡, 제주 사람은 감제떡, 산중 사람은 번추떡, 들녘 사람은 쑥떡, 충청도 사람은 인절미, 일본 사람은 모찌떡, 전라도 사람은 몽딩이떡, 강원도 사람은 강냉이떡, 경상도 사람은 송편떡, 평안도 사람은 수시떡."

어디에나 있고 어디에도 없다. 이 이상하고 아름다운 도깨비 같은 명제는 떡에도 해당된다. 어디를 가나 떡은 있다. 지하철역 행상도 떡을 팔고, 시장 떡집에도 떡이 지천이다. 떡 전문 프랜차이즈도 요충지마다 자리 잡았으며, 설날 가래떡에 추석 송편도 빼먹지 않고 챙겨 먹는다. 하지만 저 떡들이 뭐가 뭔지 도통 하나도 모르겠다. 절기마다 계절마다, 그리고 지방마다 이토록 많은 떡이 구전되는데 왜 우리가 아는 떡은 그 절반도 채 되지 않는가. 몇 해째 쌀농사가 대풍이라는데 다 먹어 치우지를 못해 쩔쩔 맨다고 한다. 풍년이 민폐가 된 이 상황은 무엇인가. 전 같으면 밥 짓고도 쌀이 남으면 떡을 치면 되었겠지만, 세상은 구전의 속도보다 훨씬 빨리 변했다.

쌀 문화권에서 떡의 존재는 당연하다. 중국에도, 일본에도, 동남아 국가들에도 제각각의 떡이 있다. 제대로 된 밥을 짓는 것보다 떡을 굽는 기술이 더 빨리 찾아왔다. 신석기 시대 유물 중 빗살무늬토기 외에도 곡물을 갈고 빻았던 용

도로 보이는 도구나, 거주지의 화덕터가 나와 원시적인 형태의 구운 떡이 존재
했음을 유추할 수 있다. 좀 더 보편적인 찐 떡의 기원은 그 다음인 청동기와 철
기 시대다. 농기구가 발달한 삼국 시대, 그리고 통일신라 시대부터는 쌀농사가
원활해지며 지배 계층에서 쌀이 주식이자 부식으로 자리 잡았다. 떡은 주요한
별식이었다. 여러 고분에서 시루의 흔적이 발견된다. 고려 시대에는 대중도 곡
물을 흔히 식단에 올렸다. 떡이 모두의 별식이자, 절기나 명절마다 의미를 부여
하는 절식節食으로 자리 잡았다. 떡의 부흥기는 조선 시대다. 이 시대의 다양하
며 화려한 떡들은 여러 기록에서 확인되는데, 꽤나 사치스러웠다.

　　일제 시대에 쌀 수탈을 겪으면서, 막걸리나 청주, 소주처럼 떡의 신세도
보릿고개를 겪었다. 또 유교적 신분제가 와해되면서 떡을 떡 벌어지게 차려 내
던 각종 의례나 행사의 명맥도 끊겼다. 떡은 뒷방으로 물러나 명절 음식, 또는
그나마 남은 의례용 음식으로 명맥을 유지하는 중이다. 어디에도 없는 떡들은
이 물살에 휩쓸려서 기록으로만 남았다. 사람들이 갈비탕집에서 결혼 피로연을
하던 시절과 달리, 모든 것을 결혼식장에 딸린 뷔페식당에서 해결하면서 잔치
떡을 짓지 않으니 떡 지을 일은 더욱더 줄었다고 한다. 또한 1997년의 국제통화
기금IMF 사태 이후 골목마다 시장마다 있던 떡집들이 스스로 떡을 지어서는 채
산이 맞지 않게 되자, 공장에서 만든 떡을 받아 팔면서 떡 맛의 하향 평준화가
시작되기도 했다.

　　떡집 세 곳을 들여다 보자. 하향 평준화되지 않은 떡의 실존이다. 세 떡집
은 맛있는 떡으로 현재 진행형의 업력을 이어 나가고 있다.

　　서울 종로구 낙원동 1번지가 주소인 낙원떡집의 상호에는 원조라는 단어
가 굳이 붙어 있다. 이 집은 정확한 창업 연도를 기억할 수 없었던 탓에, 후대에
와서야 1919년이라고 임의로 정했다. 2대째 주인이 태어난 해다. 이 떡집의 원
류는 1910년의 한일 병탄 이후 궁 밖으로 밀려난 수라간 궁녀들에게서 떡을 배

설날의 떡을
좋아하세요?

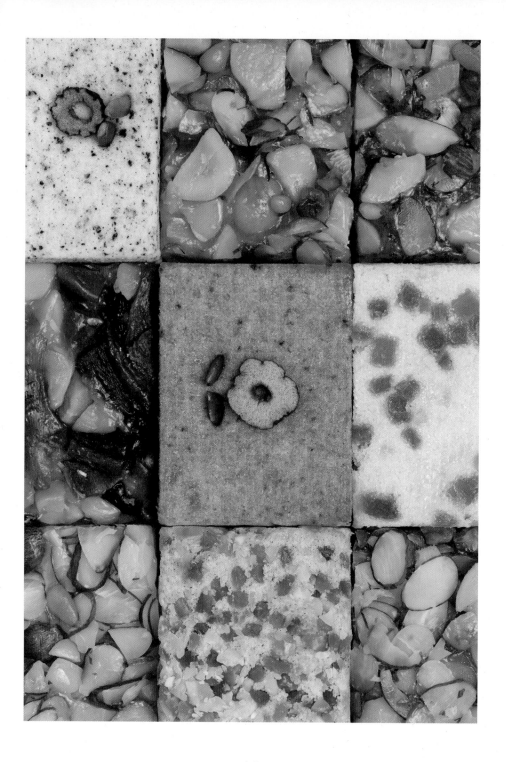

운 고이뽀 씨다. 2대째는 그 셋째 딸인 김인동 씨로 한국 전쟁이 발발해서 피난 하던 중에도 떡을 만들어 팔며 전쟁 중의 생계를 꾸렸다. 1953년 휴전과 함께 서울로 돌아온 가족은 낙원동 오라카이 스위트 자리에 낙원떡집 간판을 걸고 떡을 만들었다. 3대째 이광순 씨는 옛 자리의 건너편으로 이전한 현재도 떡집 카운터에 앉아 세월을 가득 품은 몸으로 주문 전화를 받고 배송을 관리한다. 전 화기는 다섯 대가 놓여 있다. 다음 대를 잇는 아들 김승모 씨는 인사동에서 분 점을 운영 중인데, 낙원떡집의 상표권을 내려고 보았더니 전국에 400여 곳이 검색되더란다. 이 떡집이 역사를 만드는 사이에 어느새 다들 "나도 낙원떡집" 하고 있었던 셈이다.

　20~30대부터 함께한 직원들은 30년 근속을 바라보고, 떡 써는 칼도 세월 을 이기지 못해 날은 몽당해지고 손잡이마저 홀쭉해졌다. 식당이 3년을 채 못 넘기는 한국에서 흔치 않은 4대째 음식점이지만 이곳의 떡은 결코 고루하지 않 다. 한 번에 먹기 좋도록 작은 크기로 개별 포장된 설기며 영양떡, 인절미, 두텁 떡은 소박하지만 색이 아름답고 모양도 세련되었다. 떡의 재료로 상상하지 않 았던 딸기며 포도, 녹차와 백련초 같은 재료를 듬뿍 써서 개성도 있다. 여러 가 지 떡을 섞은 포장은 식탐 부리기에 좋다. 가격은 몇 천원으로 허름할지 몰라도 재료의 원산지는 죄다 국산이다. 쌀부터도 질이 남다른데, 오래전부터 서울 중 구 신당동의 중앙시장에 대어 놓고 쓰는 집이 있다. 이 집의 대표 떡인 쑥인절 미는 얼려 둔 생쑥을 성글게 갈아서, 줄기마저 씹힐 정도로 향긋하다.

　비원떡집은 3대째인 안상민 씨가 상주한다. 1949년 비원떡집을 개업한 홍간난 씨는 궁중음식 기능 보유자인 한희순 상궁에게 떡을 배웠다. 17세부터

◀ 낙원떡집의 설기와 영양떡들은 소박한 멋이 살아 있다.

설날의 떡을
좋아하세요?

떡을 배워 그 대를 이은 2대째 안민철 씨는 홍간난 씨의 조카다. 간판도 없이 주문만 받아서 장사하던 떡집을 세상 밖으로 내놓은 이는 안상민 씨다. 서울 종로구 인사동 건너편의 수송동, 대로변인데도 외진 곳에 자리한 이 떡집은 겉에서 보아서는 정체를 알 수 없다. 갤러리인지 카페인지 알쏭달쏭한 외관이다. 눈에 띄는 간판도 2층의 승복 가게 것이다. 안으로 들어서면 좁다. 앉을 곳은 없고 단지 사 갈 수만 있는 가게다. 떡은 마치 서양의 고급 디저트처럼 종이 상자에 포장되어, 반짝거리는 쇼케이스 안에 진열되어 있다.

마치 실오라기처럼 얇게 썬 석이버섯에 대추, 밤, 잣이며 대추나 당귀를 고명으로 사용한 비원떡집 떡에는 단아하다는 말이 딱 붙는다. 거피한 팥고물을 묻힌 두텁떡 안에도 호두, 밤, 잣, 유자, 대추, 꿀이 듬뿍 들어 있다. 이곳의 대표로 손꼽히는 쌍개피떡은 팥소를 넣은 흰떡과 쑥떡이 한 쌍을 이룬다. 공기가 들어서 한층 더 푸근하게 씹힌다. 납작하게 빚은 떡을 기름에 지진 부꾸미는 단아한 동시에 화려하다. 상대적으로 가격대가 높지만 결코 헛돈 쓰게 하지 않는다. 국내산 재료만 사용하는 것은 기본이고, 팥소 등 모든 부재료를 원재료에서부터 손수 만들어 떡을 빚는다.

4대문 밖의 서울인 마포구에는 세 아들이 아버지의 대를 이은 2대째 떡집이 있다. 전통 떡방을 슬로건으로 내건 경기떡집이다. 수제떡이 콘셉트인 소담떡방은 이 떡집의 또 다른 브랜드로 서울대학교, 연세대학교, 이화여자대학교에 입점해 있다. 이 떡집의 원류를 짚어 보면 1959년이다. 이해에 창업한 종로구의 흥인제분소에서 1969년부터 떡을 배운 최길선 씨가 경기떡집을 낼 때는 1996년이었다. 떡집 아들은 모두 넷인데 그중 세 아들이 대를 이었다. 10대 때부터 이미 떡집을 드나들며 자연스레 떡에 녹아들었다. 전국 최연소 떡 명장 타이틀을 지닌 셋째 최대한 씨가 가장 먼저 가업을 이었다. 막내 최대웅 씨는 고등학교에 들어가면서부터 집안일을 도왔고, 첫째 최대로 씨는 2012년부터 이

비원떡집의 단아한 떡들. 왼쪽 위부터 시계 방향으로 통통하게 공기가 들어 있는 쌍개피떡,
대추를 올린 갖은편, 두텁떡, 잣이 올라간 갖은편이다.

설날의 떡을
좋아하세요?

차진 가업에 합류해 세력을 키웠다.

경기떡집을 찾는 단골들이 가장 먼저 집는 것은 단연 이티떡이다. 쑥굴레 찰떡을 변형한 이 떡은 아버지 최길선씨가 개발했다. 쫄깃한 찰떡을 흰 팥소가 감싸고 있는데 생김새가 못나서 "이티ET처럼 생겼네."라고 말하다가 붙인 이름 이란다. 모듬영양찰떡은 특이하게도 말린 크랜베리가 들어간다. 밤, 콩, 호박, 잣을 듬뿍 넣는데 크렌베리의 맛이 잘 어울려서 편견 없이 재료로 썼다고 한다. 샛노란 단호박소담떡은 최대한씨가 2011년 명장 대상을 수상했던 떡으로 단호 박으로 맛을 낸 설기떡이다.

어디에나 있는 것처럼 보여도 정작 없다. 어디에도 없는 것처럼 보이지만 분명 있다. 잊었던 떡맛을 한 번 다시 보기 바란다. 어느 떡집이고 명절 전에는 새벽부터, 아니 전날 밤부터 떡을 만들어 우리의 명절 상을 쫀득하게 꾸민다. 명 절이 아닌 때도 물론 떡집 시루는 돌아간다. 모락모락 김이 오르면 떡이 나온다. 고소한 떡 향기다.

경기떡집의 떡들은 보고 있으면 군침이 돈다.
위부터 차례대로 단호박소담떡, 이티떡, 모듬영양찰떡이다. ▶

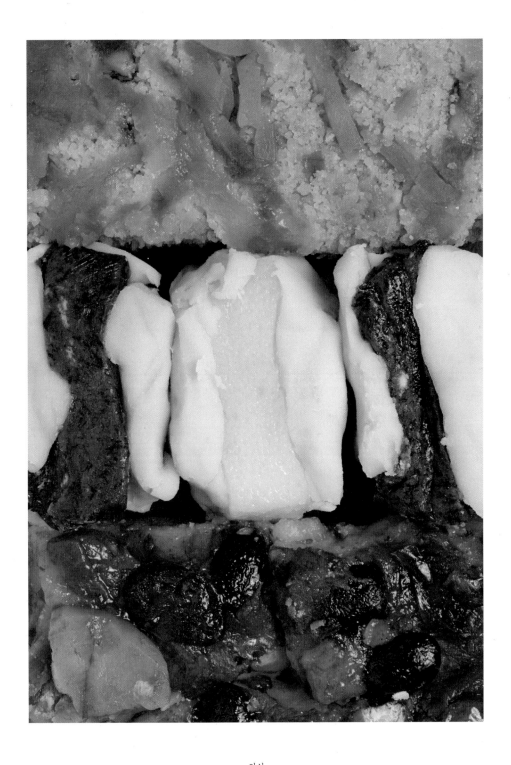

설날의 떡을
좋아하세요?

40

아이스크림의 기쁨

그것은 처음에는 차갑게 입안을 채우며 온몸에 한기를 전한다. 더위에 절어 무기력해진 정신을 시원하게 깨운다. 그것이 혀 위에서 점차 체온에 가까워지며 부드럽게 녹으면, 낮은 온도에 숨겨졌던 달콤하고 풍부한 맛이 마구 터져 나온다. 여전히 차가운 기운이 남은 액체는 식도를 타고 몸을 식히며 깊숙이 내려가 버리고, 혀 위에는 무엇도 남지 않는다. 아이스크림의 기쁨을 아는 뇌는 환희의 신경 물질을 마구 분출한다.

한여름의 끈적한 무더위 속에서 만사가 덧없을 때도, 아이스크림 한입은 다시 살아갈 힘을 준다. 물론 몸속 깊이 스민 더위까지 식히고 수분을 보충하려면 차가운 물 한 잔이 가장 좋다는 사실을 모르지 않는다. 다만 아이스크림은 특유의 마력으로 늘어진 정신을 달래며 활기를 보충하는, 생존과 다른 쾌락 차원의 해법인 것이다.

오늘날 미국인들은 대략 1년에 1인당 20리터씩이나 아이스크림을 먹는다. 상점에서 가장 많이 유통되는 사이즈도 파인트(473밀리리터) 사이즈가 아니

무더위 속의 아이스크림은 냉수 한 잔에 담기지 않는 쾌락을 준다. ▶

라 호탕한 쿼트(946밀리리터) 사이즈다. 아이스크림을 이야기하면서 미국을 먼저 들여다보는 이유가 아이스크림에 대한 그 무지막지한 편애에만 있지는 않다. 유럽이 아이스크림을 고급스러운 디저트로 꽃피웠지만, 미국은 그것을 대중 산업화했다. 19세기의 필라델피아Philadelphia와 볼티모어Baltimore에서 아이스크림 제조 기술의 대격변이 일어났고, 이 두 도시는 오늘날 대량 생산되는 아이스크림의 고른 질감과 특유의 매끈함에 공헌했으며, 생산량에 걸맞은 저장성을 부여하기 위해 신제조 공법 개발에 열을 올렸다.

크게 나누어서 프리미엄과 레귤러부터 대량 생산 아이스크림이 속하는 이코노미까지 다양한 등급의 아이스크림이 존재하며 그 등급 사이에는 재료와 제조법의 차이가 있는데, 미국 아이스크림의 표준적인 맛은 크림 자체의 농후함이 강조되는 필라델피아식이다. 슈퍼 프리미엄은 15~18퍼센트, 프리미엄은 유지방이 11~15퍼센트 함유된다. 등급이 내려갈수록 유지방 함량이 낮아지며 이코노미 등급에서는 10퍼센트 함량을 지키도록 한다.

더불어 아이스크림 등급에는 오버런Overrun도 관여한다. 오버런 비율은 완성된 아이스크림의 부피가 원래의 혼합물보다 얼마나 커졌는지를 나타낸다. 바로 부피 증가분이다. 100퍼센트 오버런 아이스크림은 공기 반, 아이스크림 반이라는 의미다. 오버런이 작을수록 등급이 높은데, 20퍼센트까지 줄어든 슈퍼 프리미엄은 거의 공기가 없어서 젤라토Gelato와 질감이 비슷해진다. 프리미엄은 60~90퍼센트, 레귤러는 90~100퍼센트, 이코노미는 95~100퍼센트다. 공기가 많을수록 푹신할 것 같지만 마냥 그렇지도 않다. 막걸리로 발효시킨 떡인 증편을 생각해 보면 된다. 발효가 일어나며 생긴 공기 구멍이 많을수록 질감은 푹신하겠지만, 어느 선을 넘으면 형태가 유지되지 않고 흐트러지거나 부서진다. 마포구 펠앤콜의 최호준 대표에 따르면 아이스크림이 공기가 반이라면 싸라기눈처럼 흩어져 버린다. 오버런이 일정 수준 이상인 아이스크림에서는 입자 간의 결

속력을 높일 보조 수단이 필요해진다.

오버런 100퍼센트의 대량 생산 아이스크림이 흩어지지 않고 모양새를 지키게 하려면, 공기를 함유한 상태 그대로 급속 냉동할 필요도 있다. 하지만 유통 중에 미세한 해동으로 무너지는 현상을 막기 위해서는 안정제를 더 많이 쓸 수밖에 없다. 젤라틴이나 한천우무, 카라기난[1], 타피오카, 옥수수전분, 포도당 시럽, 아라비아 검[2], 구아 검[3], 로커스트 콩 검[4] 등이 천연 안정제로 사용된다. 이런 재료는 저·무지방 아이스크림일수록 더 많이 필요하다.

하지만 냉동 유통을 거치지 않는 전통적인 제조법의 아이스크림 가게에서는 이런 재료가 첨가될 이유는 전혀 없다. 실제로 주방이 있는 소규모 아이스크림 전문점에서는 마치 몇 세기 전처럼 원론적인 재료로 아이스크림을 만들며, 가격이 비쌀수록 이름이 어려운 첨가물은 거의 들어가지 않는다고 보아도 좋다. 그러므로 소규모 아이스크림 전문점들의 가격이 너무 비싸다고 한탄하기 전에, 그 합당한 번거로움을 생각해 볼 필요도 있다.

아이스크림의 가장 기본적인 구성 요소는 우유(혹은 크림)와 설탕, 공기다. 우유나 크림의 지방은 아이스크림의 반 이상을 차지하는 수분 사이사이에 파고들어, 얼음 결정이 자라나는 것을 방해한다. 당연히 아이스크림 안에는 물과 지방이 공존한다. 섞이지 않는 두 성질을 하나로 만드는 수단이 단백질이다. 하지만 단백질은 너무 단단하게 유화시킨다는 단점이 있다. 그 긴장을 적당히

1
Carrageenan, 홍조류에 속하는 해조류에서 추출한, 유황이 들어 있는 다당체 성분을 말한다.

2
Gum Arabic, 식품의 점착성·점도를 증가시키고 유화 안정성을 증진하며 물성·촉감을 향상시키기 위한 첨가물이다.

3
Guar Gum, 전분이나 단백질과 잘 섞여서 각종 식품의 점도 증가나 젤리 형성에 이용되는 첨가물이다.

4
Locust Bean Gum, 지중해 연안에서 자라는 상록수인 카로브나무(Carob Tree)의 배유(胚乳) 부분을 정제하여 얻으며, 식품의 점도 증가와 물성·촉감 향상을 위해서 사용하는 첨가물이다.

풀어주기 위해 유화제를 사용한다. 과거에는 달걀 노른자를 썼고, 최근엔 긴 화학식으로 이루어진 이름의 유화제들이 주로 쓰인다.

설탕은 단맛을 내면서 수분의 일부를 슬러시처럼 변화시켜, 아이스크림의 물성을 부드럽게 만든다. 물론 주된 냉각원은 아이스크림 혼합물을 둘러싼 통 밖의 냉매다. 과거에는 소금을 뿌려서 녹는점이 낮아진 얼음이 그 역할을 했다. 혼합물 안에서 슬러시가 되지 않은 수분은, 설탕이 녹아 빙점이 낮아진 시럽 형태로 아이스크림에 섞인다. 아이스크림을 냉각기 안에서 휘저을 때 공기가 들어가는데, 빨리 저어서 공기가 많아질수록 아이스크림이 가볍게 녹는다. 보관할 때의 영하 온도도 중요한데, 온도가 낮을수록 딱딱해지고 높으면 부드러워진다.

아이스크림은 수분이 너무 많으면 안 되며 설탕이 과하면 질척대고 유지방이 과하면 버터가 되어 버린다. 이상적인 아이스크림은 60퍼센트의 수분, 15퍼센트의 설탕, 10~20퍼센트의 유지방으로 구성되며, 크림처럼 부드럽고 고른 질감과 탄탄해서 씹히는 듯한 농도를 지녀야 한다.

보관할 때도 주의를 기울여야 한다. 냉동실의 문을 여닫을 때마다, 그 안의 온도가 오르락내리락한다. 바깥 온도가 높은 날은 문을 열기만 해도 아이스크림의 표면이 녹을 수 있다. 다시 어는 과정에서 참담한 상태가 된다. 녹았다 언 아이스크림의 질감은 덜 해동된 메생이 덩어리처럼 불쾌해진다. 얼음 결정이 자라난 탓이다. 모든 음식은 수분이 들어 있으므로 이 변화는 어떤 냉동식품에서나 일어난다. 편의점의 아이스크림 냉동고를 자주 여닫으면 좋지 않은 이유다.

애초에 아이스크림 제조 과정의 모든 것은 거친 얼음 결정을 억제하려는 노력, 그 이상도 이하도 아니다. 맛과 향의 매력은 차라리 둘째 문제라 해도 과하지 않다. 얼음 결정의 수가 많고 그 각각의 크기가 작을수록 아이스크림은

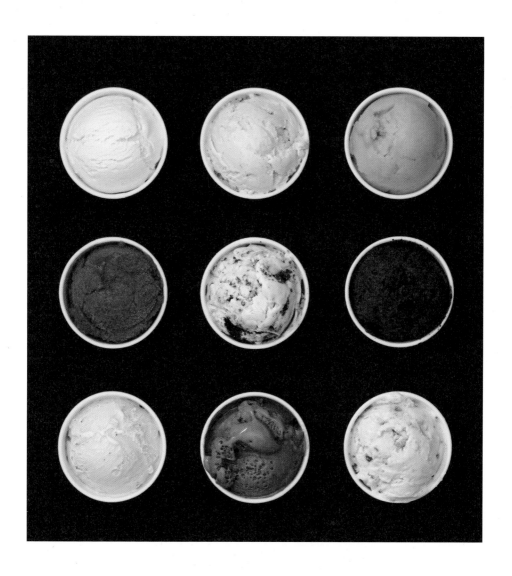

대부분의 아이스크림 전문점에서는 아이스크림뿐 아니라 소르베, 셔벗 등 다양한 빙과를 만든다.
조리법이 섬세해서 내고자 하는 맛에 따라 형태와 제조 방법, 재료 비율이 각각 다르다.

부드러운 질감으로, 달콤한 쾌락으로 각별히 시원하게 여름을 녹인다. 아니,
얼린다.

아이스크림의 친구들, 같은 듯 다른 빙과

소프트 아이스크림

일반 아이스크림보다 유지방 함량이 낮고, 높은 온도에서 만든다. 오버런이 커 입술에 닿으면 부드럽게 허물어진다.

젤라토

"얼었다."라는 뜻의 이탈리아어이지만 이탈리아식 아이스크림을 가리키기도 한다. 크림을 사용하는 경우는 드물고, 우유로 만든다. 오버런이 20퍼센트가량으로 작고 당도도 높지 않다. 보관 온도는 아이스크림보다 높다.

크렘 글라세 Crème Glacée

프랑스식의 아이스크림으로 프로즌 커스터드Frozen Custard라고도 부른다. 달걀 노른자로 만든 커스터드가 들어가서 특유의 달걀 맛이 난다.

소르베 Sorbet

우유를 넣지 않고 과일 퓌레를 잘 휘저어서 그대로 얼린다. 유제품을 사용하지 않아서 비건Vegan용으로 통한다.

셔벗 Sherbet

만드는 방식은 소르베와 같지만 유제품이 들어간다는 점이 다르다.

그라니타 Granita

셔벗처럼 소르베와 비슷하지만 퓌레를 휘젓지 않고, 얼리는 동안에 긁어내서 얼음 자체의 질감을 살린다. 가정에서 가장 만들기 쉬운 빙과다.

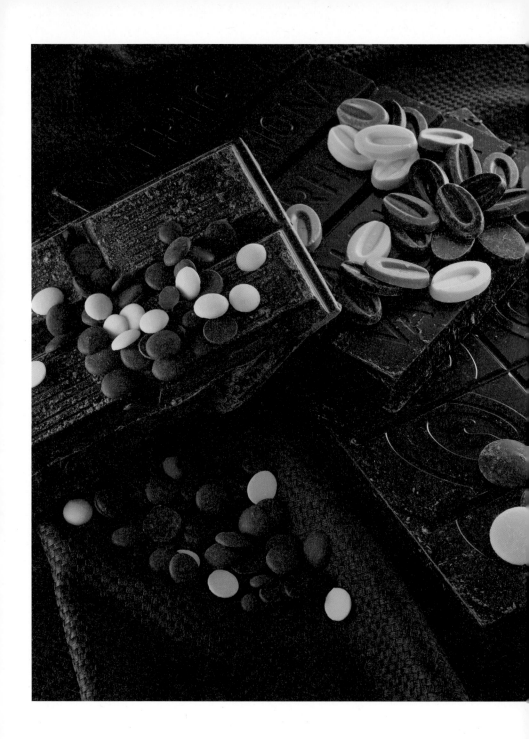

41

달콤 쌉싸름한
초콜릿?

초콜릿을 만드는 데에 사용되는 커버처
(Couverture)는 카카오 열매를 발효·건조·로스팅·
분쇄·콘칭하는 복잡한 과정을 거쳐 완성된다.
초콜릿 전문점에서는 커버처를 적정한 온도에서
녹이고 틀에 부어 굳혀 바를 만들거나, 각종 재료와
혼합해 흔히 수제 초콜릿이라 부르는 초콜릿을
완성한다. 커버처는 두툼한 타일 같은 블록 형태와
동전 형태의 두 가지로 만들어진다. 사진의 커버처는
왼쪽부터 칼리바우트와 카카오 배리, 발로나,
벨코라데의 제품이며, 세계적인 프리미엄 브랜드로
손꼽히는 초콜릿 제조사들이다.

〈달콤 쌉싸름한 초콜릿Como Agua Para Chocolate〉. 멕시코 작가 라우라 에스퀴벨 Raura Esquivel의 열정적인 장편 소설이 원작인 알폰소 아라우 감독의 1992년 동명 영화 덕분에, 초콜릿의 맛이 달콤하고 쌉싸름하다는 관용구가 생겨났다. 그러나 초콜릿은 달콤하지만도, 쌉싸래하지만도 않다. 달콤함과 쌉싸래함은 초콜릿 맛의 일각에 불과하다. 그보다 더 많은 맛이 초콜릿 속에 담겨 있다. 초콜릿도 농작물이므로, 품종과 토양에 따라 맛이 얼마든지 달라진다는 의미다. 동시에 초콜릿은 음식이다. 한 알의 초콜릿이 쇼콜라티에[1]의 창의력에 따라 무한대의 맛을 낸다.

1
Chocolatier, 초콜릿 공예가
또는 초콜릿 장인을 말한다.

초콜릿은 음식 문화사 속에서 보면 대단히 젊은 음식이다. 적도 부근 남아메리카 대륙에서 진화했다고 추정되는 카카오 나무는 기원전부터 존재했지만, 현재의 초콜릿이 탄생하기까지는 3,000여 년의 시간이 걸렸다. 멕시코 남부의 올메크Olmecs족들이 카카오 열매의 달콤 새콤한 과육에 맛을 들여 재배하기 시작했고, 이 나무는 이어서 마야족에게 전해졌다. 마야족과 교역했던 북쪽의 아즈텍Aztec족은 이 열매를 종교 의례용 음료로 만들었다. 카카오 열매의 씨앗을 볶고 간 최초의 초콜릿 음료다.

이 열매와 가공 음식은 유럽인들의 대항해 시대를 거치면서 그들의 대륙으로도 건너왔지만, 여전히 약간의 부재료로 향을 첨가한 기름지고 탁한 음료일 뿐이었다. 아직도 초콜릿은 말린 씨앗을 갈아서 우유 등에 개어 먹는 페이스트 수준에 머물렀다. 18세기부터 과자 재료로 사용되기 시작했고, 마치 향신료처럼 요리에 넣기도 했다.

현대적 의미의 초콜릿은 고작 200년 전인 19세기에 들어서 등장했다. 1828년 암스테르담Amsterdam에서 카카오 콩 무게의 절반 이상인 카카오 버터를 분리해 코코아 분말을 얻는 기술이 등장했고, 1847년 영국에서 씹어 먹는 고형 초콜릿이 발명되었다. 카카오 버터를 첨가해 부드러운 맛을 낸 것이다. 지금 우리가 떠올리는 초콜릿과 비로소 유사해졌다. 1876년 스위스에서는 앙리 네슬레Henri Nestlé라는 사람이 만든 건조 우유 가루를 이용해서 다니엘 페터Daniel Peter가 밀크 초콜릿을 개발했다. 다크 초콜릿 유행 이전에 시장을 지배한 밀크 초콜릿의 출발점이다. 1878년에는 역시 스위스 사람인 루돌프 린트Rudolph Lindt가 콘칭Conching 기계를 개발한다. 콘칭은 이전까지는 거칠고 뻣뻣했던 초콜릿을 비로소 고운 질감으로 바꾼 중요한 기술이다.

현재와 같은 초콜릿을 제조하는 공정은 복잡하다. 카카오 나무 열매의 씨앗 자체는 그저 떫고 쓴 견과류다. 카카오 열매를 통째로 후텁지근한 공기에서 발효시키며, 그때의 화학 작용으로 생성된 새로운 맛의 씨앗을 건조시키는 것까지가 산지에서 수확과 동시에 진행하는 초콜릿 제조의 첫 단계다. 이후 유럽이나 미국 등의 초콜릿 제조사가 이렇게 잘 말린 카카오 콩을 받아, 볶고 갈아서 리큐어를 만든다. 맛을 내기 위해 설탕과 바닐라 등 향신료를 며칠씩이나 뒤섞어야만 비로소 초콜릿 맛이 난다. 이 과정이 콘칭인데, 밀크 초콜릿을 만든다면 여기서 우유 고형분을 넣는다.

콘칭까지의 공정은 주로 대형 제조사들의 영역이다. 프랑스의 발로나Valrhona와 카카오 배리Cacao Barry, 벨기에의 칼리바우트Callebaut, 벨코라데Belcolade 등이 세계적으로 꼽히는 프리미엄 초콜릿 제조사인데, 소비자에게 직접 판매하는 완제품보다는 쇼콜라티에가 사용하는 커버처Coverture에 무게 중심을 둔다.

요리사의 재료가 고기와 채소라면, 쇼콜라티에의 재료는 커버처다. 커버처는 초콜릿의 질감이 더 유연해지도록 카카오 버터를 배합한 것으로, 지방 비중이 31~38퍼센트 정도다. 1킬로그램 이상의 거대한 초콜릿 바, 혹은 동전 형태인데, 이것을 녹여 다시 원하는 모양으로 굳히거나 또는 코팅하거나 다른 제형으로 가공하는 데 쓰인다. 초콜릿 제조의 마지막 공정인 템퍼링Tempering은

달콤 쌉싸름한
초콜릿?

굳은 커버처를 다시 녹여서 온도를 조절해 치대며
안정적인 구조를 형성하는 작업으로, 부드러운 질
감을 내기 위해서 세심한 온도 관리가 필요하다.

2
White Chocolate,
초콜릿의 색과 맛을
좌우하는 코코아 분말 없이
카카오 버터만 주재료로
사용해서 만드는 초콜릿
아닌 초콜릿을 말한다.

　　이제까지 초콜릿의 맛에 대한 소비자들의 인
식은, 달고 쌉싸래하다는 고정 관념에 머무는 경향
이 있었다. 초콜릿은 엄연한 기호 식품이면서도 구
매자 자신의 취향을 대변하기보다는 밸런타인 데이 등 이벤트에 소환되는 선물
의 의미가 더 컸다. 다크 초콜릿이 초콜릿 시장에 진격한 이후로는 소비자 인식
과 취향 도 다크 초콜릿, 밀크 초콜릿, 그리고 화이트 초콜릿2으로 정확히 분화
된 단계까지 왔다고 볼 수 있다. 그렇다면 다음 단계는 무엇일까? 각각의 초콜
릿 산지와 품종에 대한 인식이 성장하는 중이다.

　　초콜릿은 커피와 같다. 우선 산지 분포가 동일하다. 적도를 두른 커피 벨
트는 곧 카카오 벨트이기도 하다. 품종, 지역과 토양에 따른 맛의 차이가 명확하
다는 점도 공통된다. 커피 시장에서 대세로 자리 잡은 싱글 오리진의 개념은 초
콜릿에서도 똑같다. 사실 오래전부터 있었다. 한국에서 낯설 뿐, 쇼콜라티에들
은 서로 다른 카카오와 초콜릿 각각의 고유한 맛을 이용해서 저마다 맛의 개성
이 있는 초콜릿을 만들어 왔다. 프리미엄 초콜릿 제조사들이 각 산지에서 나온
카카오만 써서 제조한 싱글 오리진 커버처의 종류는 다양하다. 물론 카카오의
산지에 따라 초콜릿의 맛과 향은 모두 다르다. 또한 브랜드의 개성대로 여러 산
지의 카카오를 균형 있게 배합한 블렌딩 초콜릿들을 내놓는 것도 커피 시장과
꼭 같다. 재배 조건이 그만큼 중요하므로 싱글 오리진 초콜릿에는 와인의 그랑
크뤼Grand Cru 개념도 대입한다. 한편 최근 초콜릿 업계의 화두는 단연 빈 투 바
Bean to Bar다. '카카오 콩Bean부터 초콜릿 바Bar까지'를 뜻하는 빈 투 바는 카카오
열매의 발효부터 로스팅, 콘칭까지 직접 해서 쇼콜라티에들이 고유한 초콜릿

맛을 내는 것을 의미한다. 이런 시도를 하는 곳이 한국에서도 등장하고 있다.

싱글 오리진과 그랑 크뤼부터 빈투바까지, 크고 작은 업체와 쇼콜라티에에의 다양한 시도가 이어지면서, 한국의 초콜릿의 맛은 빠른 속도로 미분되는 중이다. 그 안에서 취향에 꼭 맞는 초콜릿 산지 하나쯤 가져 보면 의외로 큰 즐거움을 누릴 것이다. 초콜릿도 커피나 와인, 시가 같은 기호품이니까.

달콤 쌉싸름한
초콜릿?

4부

술의 찬미

42

마셔라, 맥주

이루어지지 못한 첫사랑을 맥주로 그린 영화 〈황태자의 첫사랑The Student Prince〉은 이제는 거의 잊히고 말았지만, 황태자 칼이 평민들의 합창단에 가입하며 1리터는 족히 넘는 듯한 맥주를 단숨에 들이켜는 신고식 장면은 여전히 맥주 영화사에 손꼽힐 명장면이다.

권주가 〈마셔라 마셔라 마셔라!Drink, Drink, Drink!〉가 영화가 제작되던 당대의 최고 테너이자 배우로 꼽힌 '절창' 마리오 란자Mario Lanza의 목소리로 울려 퍼진 이 장면은 우정의 시작이요, 사랑의 시작이었다. 전쟁 기계 같았던 칼이 맥주를 영접하며 인생과 사람을 깨우치는, 그야말로 환생의 순간이라는 말이 지나치지 않다. 그리고 이 장면을 다시 찾아볼 때마다 맥주가 미치도록 당긴다.

영화에서 따분한 황태자를 매력적인 쾌남으로 변신시킨 맥주는 언제나 사람들 사이에 섞여서 인생과 함께한다. 지금도 대학가나 서울 을지로의 맥주 골목에서 매일 밤 펼쳐지는 풍경이지만, 그 역사는 문명을 거슬러서 예수 탄생 이전까지 거슬러 올라간다.

인류는 언제나 강 근처 토지의 풍족한 소출에 의지해서 문명을 이룩했는데, 티그리스강과 유프라테스강 사이의 초승달 모양 지대는 강이 둘이니 더더욱 풍요로웠다. 이 살기 좋은 땅이 인류 최초의 문명 발원지인 메소포타미아다. 또한 이곳은 맥주의 탄생지다. 그곳에 넘쳐 났던 곡물은 어쩌면 우연하게도 참새가 모아둔 것이 물에 잠겨서 발아했을 것이고, 맥아는 물과 공기 중의 효모를 만나 기포를 지닌 황금빛 액체가 된 채, 기원전의 인류에게 발견되었을 것이다.

여러 사료를 보면 이 최초의 문명인들은 맥주를 마시는 것을 인간이 되는 길의 하나로 꼽으며 참 엄청나게도 마셔 댔다. 『길가메시Gilgamesh 서사시』에 언급될 정도다. 옆 동네인 이집트에서도 맥주를 엄청 마셨다는 기록이 도처에 남은 것을 보면 상황은 비슷하다. 너 나 할 것 없이 맥주를 들이붓던 이집트의 계곡 축제는 고대의 옥토버페스트Oktoberfest라 불러도 무방하다. 이 원시 맥주의 물성은 지금의 맥주와는 사뭇 다르다는 것이 정설이나, 아무튼 굶주린 자의 배를 채우는 식량이었으며[1] 노예의 품삯이기도 했고 인생의 여흥이거나 신을 만나는 매개였다. 모두가 맥주를 마셨기에 맥주에 취한 것은 죽을 죄도 아니었다.

두 문명 이후로 맥주는 독일과 중국에서도 발명되었다. 각각의 문명에서 독자적으로 만들어진 것이다. 곡물과 효모, 물의 작용은 어떻게 보아도 전기의 발명에 비하면 훨씬 단순하고 쉬운 작용이지 않은가. 맥주만큼 쉽게 인류를 찾아온 축복도 드물다.

문명이 여기까지 오는 동안에도 맥주는 여전히 인류 곁에 남아 있다. 한국인 곁에서도 맥주는 멀지 않다. 한국에서 대량 생산되는 라거 맥주의 의의는 차가운 조끼[2]를 꽉 움켜쥐고 목 안으로 콸콸 들이부으면 울대를 치고 지나가는 시원하고 청량한 느낌, 그리고 '국민 알코올'인 소주와 여러 방법으로 섞어 마시는 토종 칵테일의 베이스다.

그러나 지난 몇 해 동안 한국의 맥주 시장은 비옥한 초승달 지대처럼 특별히 발전했다. 목 넘김이 쉽지 않고 소주와 어울리지 않더라도 저마다의 완성도를 지닌 수입 맥주가 소비자를 현혹하며 집 앞 편의점까지 밀려들었다. 게다가 관세법과 주세법의 가호로 500밀리리터 한 캔에 2,500원꼴로 가격까지 저렴하다. 맛이 더 다양하고, 완성도에서도 앞선다는 평판을 누리며 시장을 급격히 장악했다.

2014년에 주세법이 개정되면서 크래프트Craft 맥주 시장도 팽창했다. 가정 양조가 하나의 취미로 자리 잡아서 크래프트 맥주 키트까지 상품으로 출시될 정도이며, 이제 크래프트 맥주 전문점은 서울과 대도시를 넘어 지방 구석구

석까지 번졌다. IPA[3] 등 에일 맥주 계열이 몇 해째 획일적인 대세인 탓에 다소 힘이 빠지기는 했어도, 역으로 생각해 보면 앞으로 크래프트 맥주 시장이 훨씬 더 다변화되며 성장하리라 예측할 수 있는 단초이기도 하다.

최근 IPA의 득세는 기존의 국산 맥주 시장에서 대세였던 청량감과 목넘김 위주의 라거 맥주에 대한 반작용으로 보는 것이 옳다. 라거 맥주도 만들기에 따라서는 IPA 못지않게 개성 넘치는 향과 맛을 즐길 수 있다. 가정 양조와 소규모 양조에서 라거 계열 맥주보다 에일 계열 맥주가 유리하다.

맥주를 마시는 소비자에게는 어떤 맥주를 어떻게 만드는지보다는, 어떻게 마실 것인가가 좀 더 원초적인 문제다. 맥주는 신선 식품이다. 제조와 병·캔입 이후 보관과 유통뿐만 아니라, 심지어 잔에 따라지는 순간까지 예민한 음료다.

맥주병은 거의 갈색이나 녹색이다. 빛에 가장 취약한 탓에 빛을 차단하는 색을 쓴다. 온도에도 민감하다. 냉장 유통 우유가 당위성을 갖는 것과 똑같은 이유로, 맥주도 일정한 온도로 유통되어야 맛이 산다. 적어도 창고에서 찌는 듯한 더위를 견뎠거나 얼어 버렸던 맥주는 폐기되어야 옳다.

아직 한국 시장은 소비자 앞에 맥주를 맛있게 내놓을 여건을 갖추지 못했다. 이럴 때 소비자는 맥주의 품질을 따지는 법을 잘 알아야 한다. 모르면 그대로 머물게 된다. 알아야 요구할 수 있는 법이다. 많은 맥주 관련 자료들이 지적한 좋은 맥주의 조건을 이해하기 쉽게 축약하면 다음과 같다.

첫째는 육안으로 보았을 때 맥주 본연의 색이며 투명해야 한다. 에일 계열 맥주 중 원래 탁하거나 부유물이 남는 종류도 있지만 일단 부유물로 혼탁하면 변질된 맥주다. 둘째로 거품층이 무스[4]처럼 부드러워야 한다. 어떻게 따라도 거품층이 생기지 않으면 실패한 맥주다. 거품층 아래에서는 작고 균일한 기포가 오래도록 올라와야 신선한 맥주다. 따르는 방법도 거품층 형성에 관여한다. 셋째는 원래의 향을 지녀야 한다는 것이다. 시큼한 맛이 특징인 사워 비어Sour Beer 같은 종류가 아니고서야 맥주는 신맛이 날 이유가 없다. 걸레 냄새나 화장실 냄새가 조금이라도 나면 당연히 쉰 맥주다. 넷째로 맥주가 가진 본연의 균형 잡힌 맛이 유지되어야 한다. 각각의 맥주 맛은 저마다 고유하다. 이것은 당신이 그 맛을 좋아하는가, 싫어하는가에 앞서는 완성도의 문제다.

맥주를 마시는 온도도 중요하다. 라거는 좀 더 차가울 때 맛이 좋게 느껴지고, 향과 맛이 풍부한 에일은 그보다 실온에 가까운 온도가 적당하다. 정확히 수치를 제시하는 자료도 많지만, 맥주의 적당한 온도는 단순하게 정량적으로 수치화할 수 없는 문제다. 기온과 환경에 따라서 맥주의 온도도 다르게 느껴지기 때문이다. 여름 혹은 더운 지역에서는 같은 맥주를 마셔도 좀 더 차가워야 하며, 겨울 혹은 추운 지역에서는 그보다 더 따뜻해야 한다.

단 맥주는 물보다 낮은 온도인 영하 2도 가량에서 얼기 시작하는데, 동결되며 일어나는 맥주 안의 단백질 응고 현상 때문에 맛을 버리므로 냉동실에서 식힐 때는 주의를 기울여야 한다. 급히 맥주를 식혀야 할 때는 차라리 얼음물에 담가 두는 편이 낫다. 젖은 키친타월을 둘러서 냉장실에 넣어도 빠르게 식는다.

한때 유행하던 호프집에서는 주석잔에 담긴 맥주가 유리잔보다 500원이나 비쌌다. 재질 자체보다 거창한 세공비가 더 많은 비중을 차지했지만, 아무튼 맥주잔의 가장 이상적인 소재로는 차갑게 식힌 주석잔을 친다. 주석은 열전도율이 높은 편이며 실온, 잔과 맥주의 온도 간 상관관계에 대한 집단 지성적인 경험에 따라 가장 이상적인 맥주잔의 재질로 결론이 났다.

유리잔은 열전도율이 매우 낮아서 냉장고에 미리 넣는 등의 방법으로 차게 식히면 잔 자체의 온도를 상대적으로 오래 유지한다. 또한 맥주마다 잘 맞는

잔의 형태가 다르다. 크게 나누면 오므린 모양으로 향을 잡아주는 것과 확 벌어져서 향을 피우는 것이다.

하지만 맥주 전문점도 아닌 일반 가정에서 종류별로 잔을 갖추기는 어려우므로, 휘뚜루마뚜루 쓴다는 전제하에 고른다면 100~200밀리미터 용량의 작고 얇은 잔이 걸맞다. 맥주는 잔에 따르는 순간부터 요동친다. 오래 두고 마시면 기포와 향, 그리고 최적의 온도를 잃는다. 유리잔의 두께는 맥주의 질감과 향, 그러니까 맛에 관여한다.

반대로 접근하면 요즘에 바 문화가 창대해지면서 구하기가 쉬워진 동잔도 괜찮다. 동은 열전도율이 극단적으로 높은 금속이다. 차가운 온도를 실온에 빠르게 빼앗기지만 급속히 식으며 손에 닿는 온도가 각별하다. 어차피 실온을 이기는 속도로 콸콸 마신다면 극복할 수 있다.

43

황금빛 구슬,
샴페인

샴페인은 터트려서는 안 된다. (어마어마하게 비싸고 거대한) 배의 선수상船首像에 귀한 샴페인을 깨뜨리는 진수식進水式 광경, 또는 (어마어마한 상금과 명예가 약속된) 스포츠 경기를 제패한 선수에게 고가의 샴페인을 뿌리는 모습 등에 현혹되지 말지어다. 단지 과장된 제스처이거나, 샴페인이 아깝지 않을 정도의 큰 경사를 뜻할 때뿐이다. 고작 장삼이사인 우리가 별다른 일 없이 터트린다면 제과점에서 파는 초저가 샴페인으로도 똑같은 연출이 가능하며, 기분은 충분히 난다.

감히 코르크 마개를 열기 전에 충분히 식혀서 금빛 액체 속의 탄산이 용트림하는 온도보다 낮은 온도에 진입해야 한다. 샴페인을 마시기에는 섭씨 4~10도가 적당하다. 비싸고 잘 만든 샴페인이라면 향이 피어오르도록 섭씨 10도쯤이 적당하다. 섭씨 4도 정도로 차가울 때는 탄산의 청량함을 즐기기에 좋다. 갓 코르크를 연 샴페인 병에서 나와야 할 것은 그토록 서늘한 한기뿐이다.

두터운 코르크 마개는 퐁 하는 소리도 나지 않을 정도로 조심스레 연다. 손끝에 모든 신경을 집중해 코르크 마개를 조금씩 들어서 뽑는 것이다. 손아귀 사이로 빠져 나오는 찬 바람이 미세하게 느껴진다면 알맞게 신중한 것이다. 샴페인 병을 열었을 때 거품이 부글부글 끓어올라서는 안 된다. 흐르는 술이 아깝다.

잔은 얇을수록 좋다. 거품은 병이 아니라 잔에서 일어나야 한다. 투명하게 잘 닦은 샴페인 잔에 황금빛 액체를 부으면 부드러운 거품이 황홀하게 솟아 올랐다가 이내 사그라든다. 샴페인은 사랑하는 만큼 꽉 채워 따라 주는 소주가 아니다. 반 정도 채워 차갑게 마시고, 병을 얼음물에 넣어 두었다가 또 차갑게 따르는 재미가 있다.

기포는 작을수록 좋다. 잔을 비울 때까지 미세한 구슬처럼 작은 기포가 끊기지 않고 고요하게, 그러나 끝없이 피어오른다. 이 아름다운 기포를 만들어 내려면 샴페인 자체의 힘뿐만 아니라, 샴페인 잔의 도움도 필요하다. 기포가 지속적으로 올라오도록 돕기 위해, 고급 샴페인 잔의 바닥에는 일부러 미세한 흠집을 낸다.

물론 잔의 형태는 익히 아는 늘씬한 플루트 글라스가 대세다. 샴페인의 화려함이 가장 돋보인다. 그러나 샴페인이 꼭 플루트 글라스에만 맞는다는 법은 없다. 좋은 샴페인에서는 다채로운 향이 난다. 글라스의 형태가 향을 가둔다. 그러므로 요즘에는 이 필요에 따라 다른 샴페인 글라스를 쓰기도 한다. 그 형태는 화이트 와인 글라스와 비슷하다. 글라스의 아랫부분이 물주머니처럼 불룩하고 입에 닿는 림Rim 부분은 좁다. 물리적으로 이 형태는 샴페인의 향을 머금었다가 코로 바로 불어 넣는다. 비싼 향을 흠뻑 즐길 수 있다.

빈티지 샴페인 글라스로 통칭되는 형태는 옛날 영화에서 보던 그것이다. 이 글라스는 플루트 글라스의 허리춤이 중년 남성의 배처럼 불룩하게 나왔다. 옛날 영화에서 더 흔했던 샴페인 글라스의 형태는 쿠프Coupe라고 부른다. 요즘도 영화에서 가장 화려한 파티 장면을 연출할 때 즐겨 쓰는 소품이다. 흥 나는 영화 〈라라랜드La La Land〉에서도, 리어나도 디캐프리오Leonardo Dicaprio가 개츠비 역을 맡아 리메이크된 배즈 루어먼Baz Luhrmann의 영화 〈위대한 개츠비The Great Gatsby〉에서도, 파티에 온 사람들은 모두 이 쿠프 글라스로 샴페인을 마셨다. 활짝 열린 형태여서 탄산이 금세 날아가는 탓에 빨리 마셔야 하니, 흥청망청한 파티에 제격이다.

이름은 꼭 샴페인이 아니어도 좋다. 발포 와인을 통칭하는 샴페인은 어디까지나 지명이다. 양조용 포도가 재배되는 북방 한계선 부근의 프랑스 북부 샹파뉴Champagne 지역을 영어로 읽어 샴페인이 되었다. 샹파뉴 지역에서 특유의 방식으로 생산한 스파클링 와인만 샴페인이라 부른다. 라벨에서 큼직하게 샹파뉴CHAMPAGNE라는 글자가 눈에 띄므로 구분하기 쉽다. 샴페인은 스파클링 와인 Sparkling Wine이라고 부르는 발포 와인의 일종인데, 프랑스의 다른 지역에서 난 스파클링 와인은 뱅 무쇠Vin Mousseux 또는 크레망Cremant이라고 불린다.

카바Cava와 스푸만테Spumante도 샴페인 못지않은 대표성을 지닌 스파클링 와인의 별칭이다. 각각 스페인·이탈리아산 스파클링 와인이다. 이탈리아산 스파클링 와인 중에는 프로세코Prosecco도 있다. 인접한 독일에도 스파클링 와인이 있는데, 젝트Sekt라고 부른다.

샴페인 또는 스파클링 와인 중에서 황금빛이 아닌 분홍빛을 띠는 것들도 있다. 양조 과정에서 포도 껍질과 접촉하거나 레드 와인을 첨가해서 색을 내고 독특한 향을 자아낸다. 로제ROSE라는 단어가 큼직하게 적혀서, 이것도 구분하기 어렵지 않다.

샴페인이어도 좋고, 아무 스파클링 와인이어도 좋다. 상큼하면서도 싱그럽고, 쌉싸래하다가도 달콤한 여운마저 풍기는 스파클링 와인은 뜻깊은 자리를 가장 환히 빛내는 술이다.

황금빛 구슬,
샴페인

44

오래된 야생,
내추럴 와인

풋풋한 분내부터 들판의 허브 향, 야생화의 향기, 사과의 상큼함, 포도 껍질의 찌릿함, 심지어 군고구마 꼭지 부분의 쌉싸래한 맛까지. 내추럴 와인은 종잡을 수 없다.

프랑스, 일본, 미국에서 먼저 들썩였던 내추럴 와인의 물결이 한국에 이르렀다. 2017년부터 내추럴 와인에 대해 이야기하는 이들이 늘었다. 그해가 내추럴 와인의 유행을 한국의 대중이 서서히 인지한 도입부였다면, 2018년은 본격적으로 확장하는 단계다. 연초에 내추럴 와인 수입사들을 중심으로 한 시음 행사가 조용하지만 활발히 열렸고, 한국의 와인 시상식에 내추럴 와인 부문이 신설되기도 했다. 와인, 아니 술에 대한 호감이 있다면 내추럴 와인은 주목할 가치가 분명히 있다. 와인 업계에서도 별종으로 취급하지만 무시하기 어려운 존재감을 떨치는, 새롭고 매력적인 범주다.

와인은 전 세계적으로 거대한 산업을 이루고 있으며, 전적으로 과학의 힘을 기반으로 삼은 대량 생산이 그 동력이다. 이제 와인을 농산물이라 여기는 사람은 아무도 없다. 와인의 재료인 포도조차 공산품에 가깝게 생산된다. 과거에는 모두 농업의 일부여서 포도 농사 대신 와인 농사라고 불러도 위화감이 없었던 데 반해, 현재는 포도 재배부터 공장에서 수만 리터의 와인을 효율적으로 양산하는 과정까지 모두 산업의 영역에 속한다.

반면 내추럴 와인은 여전히 농산물과 다르지 않다. 한국으로 치면 수퍼마켓의 술이 아니라 집에서 빚은 막걸리나 맥주, 그리고 가양주로서의 소주와 비슷하다. 현대 와인에서 사용되는 수많은 기술들, 이를테면 연구실에서 양산한 통제된 효모, 특정 물질을 빼내는 원심 분리 기술, 합법적이고 안전한 수백 가지의 첨가물 등을 모두 거부하는 것이 내추럴 와인의 정체성이다. 즉 인류가 과학과 산업화를 받아들이기 이전의 야생에 가까운 방식으로 와인을 만든다. 와인 수입사 와인엔 곽동영 대표의 표현을 빌리면, "와인 산업을 바꾸는 획기적인 발명"이었던 이산화황조차 최대한 배제한다는 점이 가장 큰 특징이다. 이산화황은 사람이 의도하지 않은 와인의 숙성을 막고 보존성을 높이는 필수 불가결한 첨가제다. 와인의 원거리 배송이 가능해진다는 의미이기도 하다.

내추럴 와인의 또 다른 중요한 특징은 화학 비료나 제초제 없이 오직 사람의 손으로 재배·수확한 포도를 사용한다는 점이다. 매우 비효율적이고 원시적인 농사를 굳이 짓는 네오 히피라고 할까. 대표적인 내추럴 와인 애호가로 꼽히는 서울 중구 제로 컴플렉스의 이충후 셰프는 "지속 가능성이라는 화두에서 누구도 자유로울 수 없는데, 자연을 존중하고 동화되는 내추럴 와인의 철학이야말로 지속 가능한 식문화의 상징이라고 봅니다."라는 의미심장한 말도 남겼다. 식재료와 음식에서 유기농이 지속 가능성을 이야기하듯이, 내추럴 와인도 그 점을 중시한다. 땅을 존중하며 농사지은 포도를, 현대 과학 이전의 야생적 방법으로 양조장의 공기 중을 떠다니는 효모가 발효시켜서, 가장 자연적인 상태의 와인을 만든다.

이 와인과 비슷한 부류가 바이오다이내믹Biodynamic 와인과 유기농 와인이다. 바이오다이내믹은 정해진 시기에 맞추어 캐모마일, 쐐기풀, 민들레, 떡갈나무 껍질과 같은 다른 식물이나, 심지어 동물성 비료로 땅의 힘을 북돋는 특정한 농사법을 지칭한다. 유기농 와인은 제초제와 화학 비료를 배제한 유기농법으로 재배한 포도를 손으로 수확해, 자연 효모와 소량의 이산화황만 사용하는 부류다. 산업화와 대량 생산에 대한 반작용이라는 점에서 철학을 공유하고, 흔히 같은 종류로 인식된다.[1] 주요 산지에서 세 와인을 각각 인증하고 있다. 레드 와인에 쓰는 이산화황의 양은 일반 와인은 리터당 160밀리그램, 유기농 와인이 70밀리그램, 내추럴 와인에서는 20밀리그램으로 정해져 있다. 와인이 발효되며 자연적으로 발생하는 이산화황도 이 수

[1]
흔히 유기농 와인,
바이오다이내믹 와인,
내추럴 와인의 순으로
위계 개념을 이룬다.

오래된 야생,
내추럴 와인

치에 포함된다. 여기서는 내추럴 와인을 중심으로 살펴본다.

내추럴 와인을 향한 신념은 종교에 가깝다. 분명 특이한 매력과 개성에 중독될 수 있다. 전형적인 미남도 아니고 성격도 괴팍하지만, 자꾸 눈이 가며 끌리는 그런 남자 같은 와인이다. 내추럴 와인 수입사 뱅베 김은성 대표는 내추럴 와인을 이렇게 이야기한다. "어느 기라성 같은 내추럴 와인 메이커는 '무엇을 넣지 않아도 와인이 되는데 왜 넣지?'라는 어록을 남기기도 했어요. 그것이 내추럴 와인이죠." 맞다. 포도를 발효시키면 아무튼 포도주, 즉 와인이 된다.

애호가들이 이야기하는 또 하나의 장점을 요약하면, 통제되지 않는 다양성이다. 자연에 의존하므로 인간이 탐지할 수 없는 영역에서 우연한 변화들이 일어나, 특유의 복합성이 발현된다. 곽동영 대표는 "내추럴 와인도 메이커의 성향에 따라 만드는 방식, 환경, 생산지의 자연 효모, 품종이 다르고, 맛도 당연히 그렇죠. 동일한 맛은 절대 나오지 않습니다."라고 말한다.

김은성 대표는 "내추럴 와인의 가장 큰 특징은 산미와 독특한 향이에요. 탄산의 느낌과 허브 향도 일반적인 특징 중 하나죠. 그러나 제가 생각하는 큰 특징은 맛에 생기가 있다는 점입니다. 내추럴 와인의 맛과 향이 엄마가 담근 된장 같다면, 일반적인 와인은 공장에서 대량 생산한 된장처럼 느껴져요. 엄마의 된장은 뭔가 구린 향이 나는 듯해도 맛을 보면 신선한데, 내추럴 와인이 바로 그렇습니다."라고 설명한다.

이충후 셰프는 "호불호가 갈릴 수는 있지만 마치 패션처럼 누군가에게는 열렬한 지지를 받는 것"으로 이 와인을 정의한다. 또한 "채소와 허브 등 재료를 자연 그대로 사용하며 최소한으로 조리하는데, 내추럴 와인은 그 자체로 요리를 완성하는 양념이 됩니다."라고 말하며 요리사로서 느끼는 내추럴 와인 페어링Pairing의 재미를 설명하기도 했다.

세상에 절대선이 존재할 수 없듯이, 모두가 내추럴 와인을 곱게 보지는 않는다. 지나친 맹종을 향한 고까운 시선 역시 존재한다. 수입사들은 "애물단지"라고 부르기도 한다. 익명의 수입사 관계자는 "반품 여지가 너무 많습니다. 달리 말하면 위험성이 높아요. 같은 박스의 와인인데도 병마다 맛의 표현이 다르죠. 이 문제에 대해 최종 소비자의 항의가 들어오면 반품으로 이어지고요. 실제로는 대부분 변질된 와인이 아니지만, 정말로 변질되는 경우도 종종 있습니다. 이산화황을 최소화했기 때문에 효모가 살아서 재발효가 일어나는 등 불안정해요."라고 말한다.

또 혹자는 내추럴 와인을 "고작해야 마케팅"으로 폄하하기도 하는데, 완전히 틀린 이야기는 아니다. 기존의 와이너리Winery 중 하이엔드에 속하거나 생산자의 철학에 따라 내추럴 와인이라는 말이 생기기 전부터 묵묵히 그런 와인을 만들어 온 곳에서는 "당연한 것을 굳이 내세우며 팔아먹는다."라고 날카롭게 보기도 한다.

시장에서 내추럴 와인, 바이오다이내믹 와인, 그리고 유기농 와인이 선택의 범위를 넓힌다는 점은 분명하다. 내추럴 와인 팬들은 크래프트 맥주 마니아들처럼 활발히 전도하며 시장성을 확장시키고 있다. 아직은 대중적이지 않지만, 새롭게 퍼져나가고 있다.

내추럴 와인은 별종이나 희귀종처럼 취급받지만, 가격의 폭이 너무 넓은 일반 와인에 비하면 오히려 접근하기 쉬운 편에 속한다. 곽 대표는 "내추럴 와인은 노동 집약적이어서 너무 싼 내추럴 와인이 없고, 생산자들의 욕심이 적어서 너무 비싼 내추럴 와인도 없다."라고 말한다. 소탈한 히피 같은 사람들이 정말 와인을 좋아해서 손으로 만드는 안분지족의 와인, 내추럴 와인이라는 새로운 장이 시작되었다.

탐식
생활
•
334

45

다시 만난
한국의 술

다시 만난 세계다. 일제 시대의 수탈 때문에 명맥이 끊겼고, 한때는 먹을 쌀도 부족해서 금지되었던 수난의 역사가 끝났다. 한국 술이 다시 익는다. 압구정동, 경리단길, 연희동, 망원동처럼 서울의 젊은 동네에 한국 술 전문점이 들어서고 광화문에서도 넥타이를 맨 직장인들이 막걸리 잔을 부딪힌다. 클럽에서 샴페인과 양주 못지않은 인기를 누리는 한국 술도 등장했다. 백화점이나 대형마트도 한국 술에 신경을 집중하는 중이다. 박호준 롯데백화점 주류 바이어는 "최근에 프리미엄 증류식 소주가 재평가받고 있습니다."라고 경향을 짚었다. 한국 술 전문점 바깥 카테고리의 술집에서도 프리미엄 증류식 소주가 대세다. 일품진로, 화요, 문배주, 안동소주, 이강주, 미르, 려 등 종류도 다양하다. 롯데백화점에서도 이 제품군이 한국 술 매출의 40퍼센트 이상을 차지한다. 박호준 바이어는 "한산소곡주나 복분자주 등 저도주들의 수요도 최근 꾸준히 느는 추세이며, 혼자 술을 마시는 소비자들이 늘면서 소용량 제품도 출시되어 좋은 반응을 얻는

◀ 머리 깨지는 막걸리? 고리타분한 전통주? 모두 옛말이다. 요즘 한국 술은 맛뿐 아니라 멋에도 눈을 떴다. 플라스틱 용기의 막걸리부터 샴페인 병의 오미자 와인까지 스펙트럼도 확장됐다.

중이죠."라고 말하기도 했다.

더욱이 막걸리는 말할 것도 없다. 2009~2010년의 생막걸리 붐에 힘입어서 이미 주류 시장을 한 번 휩쓸었고, 지금도 성장 중이다. 단 이제는 질적 성장이다. 지나간 막걸리 열풍이 시장의 규모를 확장했다면, 현재는 숨은 고수를 찾아내는 것이 경쟁력이다. 대규모 공장을 갖춘 기업형 막걸리 대신 지방 곳곳의 가내 수공업 양조장에서 만든 개성 있는 막걸리를 주목하는 추세가 계속된다. 탄산이 풍부한 복순도가 막걸리는 샴페인 잔에 마시는 식전주로 자리를 잡은 지 오래이고, 여수의 작은 양조장에서 나온 개도막걸리는 한 방송 프로그램에 나오면서 큰 관심을 모았다. 무형 문화재 송명섭 명인의 송명섭 막걸리는 애주가로 유명한 배우 강동원이 좋아한다고 알려졌지만 본래 막걸리 전문점에서 빠지지 않는 베스트셀러다.

물론 소주와 막걸리 말고도 술은 많다. 한국 술은 만드는 방법에 따라 크게 두 갈래로 나눈다. 먼저 발효주에는 탁주와 약주, 청주, 맥주, 과실주가 속한다. 발효한 술을 증류시킨 맑은 술은 증류주라고 하는데 증류식·희석식 소주, 위스키, 브랜디, 일반 증류주, 리큐르류까지 여기 포함된다. 요즘 한국 술 시장의 영역은 소주나 막걸리를 넘어서 점차 확장되고 있다. 박호준 바이어가 "고가의 일본 사케 부럽지 않은 청주"라고 소개한, 전통의 명가 경주법주의 초특선이 꾸준히 입소문을 타고 있으며 전통 주류 전문 유통사인 부국상사의 김보성 대표가 "전통을 따랐지만 촌스럽지 않죠."라고 한 이화백주는 샴페인을 연

주세법상의 좀 더 복잡한 구분이 있으나, 한국 술을 마시는 입장에 맞추어서 실용적으로 나누어 보았다. 왼쪽부터 과실주, 소주, 약주와 청주, 그리고 탁주다. ▶

상시키는 강한 탄산으로 깊은 인상을 준다.

    이 밖에 한국에서 개발한 포도 품종으로 만든 화이트 와인이나 오미자주도 완성도가 빼어난 한국 술로서 인기를 끌고 있다. 국산 청포도종인 청수로 만든 청수 와인은 전통주 소믈리에이기도 한 전진아 농촌진흥청 연구원이 "샤르도네Chardonnay종 와인과 견줄 수 있는 화이트 와인"이라고 추천했고, 이종기 명인이 빚은 오미자 증류주 고운 달은 전재구 한국음료강사협의회 대표가 "오미자 본연의 향과 맛이 온전히 살아 있는 역작"이라고 상찬했다. 술은 많고 시간은 짧지만, 지금 우리 곁에 있는 한국 술을 하나하나 마셔 보면 나날의 시간이 좀 더 향긋해질 것이다.

다시 만난 한국의 술

46

바에서
취하는 바

바Bar. 가로로 넓게 퍼진 높은 테이블을 가진 서양식 술집을 바라고 통칭한다. 전에는 '양주'를 파는 술집이면 대충 얼버무려서 모두 바로 부르기도 했다. 하지만 몇 년 사이 사람들이 몰려들며 서울 곳곳에 돋아난 바는 전문적인 바텐더가 자리를 지키고 있다.

소주는 한 병에 4,000원. 규격 잔에 7잔 반이 나온다. 어느 술집, 식당에 가도 대개는 저렴한 삯만으로 취할 수 있다. 하지만 바는 비싸다. 칵테일 한 잔이 1만 원대에서 시작한다. 위스키는 한 잔에 몇십만 원 하는 것도 있다. 한 병이 아니라 한 잔 말이다. 단지 취하기 위해서 지불하기에는 과도한 가격이다. 그럼에도 바는 팽창과 확산을 거듭해서, 번듯한 하나의 문화로 자리를 잡기에 이르렀다. 왜 바에 갈까? 단지 취하기 위해서가 아니다. 돈을 쓸 곳이 없어서는 더더욱 아니다. 돈은 원래 없다. 값어치를 하는 곳에 돈을 쓰는 것은 모두에게 주어진 평생의 숙제다.

1990년대에 대유행한 플레어 바[1]와 웨스턴 바[2] 이후로 침체되었던 바 문화는 전 세계적인 주류

> 1
> Flair Bar, 군무에 가까운 바텐더들의 셰이킹(Shaking)이나 플레어링(Flairing, 불 쇼) 등 화려한 볼거리를 제공하는 형태의 바를 말한다.
>
> 2
> Western Bar, 카우보이 영화의 세트를 연상시키는 인테리어가 특징인 바를 말한다.

판도의 변화와 함께 서울에도 돌아왔다. 초반에 붐을 일으킨 싱글 몰트 위스키[3]에 이어 칵테일의 전성기가 시작되었고, 스피크이지[4]와 일본에서 들어온 클래식 등 초기 유행을 선도한 스타일들이 바의 1세대를 이루었다. 서울의 강남구 청담동 커피 바 케이, 용산구 한남동 스피크이지 몰타르 이후로 청담동과 한남동에 수많은 바가 문을 열었다. 2013년부터는 바가 발 빠른 사람들 사이에 널리 퍼졌다.

3
Single Malt Whisky,
싹을 틔운 보리인
맥아만으로 100퍼센트
증류한 위스키인 몰트
위스키 중에서도, 단일한
증류소에서 생산한 위스키를
싱글 몰트 위스키로 부른다.

4
Speakeasy, 미국의 금주법
시대(1919~1933년)에
아는 사람만 찾아올 수
있도록 간판 없이 문을
잠근 채 은밀히 영업했던
바를 말한다.

그 바들은 단지 술을 파는 곳이 아니라는 점이 인기의 요인이었다. 마치 "안 먹어본 사람은 있어도 한 번만 먹은 사람은 없다."라고들 말하는 초콜릿 스프레드인 누텔라 같다. 한 번 가면 자꾸 찾게 된다. 바는 술을 팔지만 취하기 위해 마시는 대신, 향과 맛을 음미하는 법을 안내한다. 바는 단지 술집이 아니라 맛을 감별하고 감식하며 즐기는 장소다. 알코올 미각이 발달하는 셈이다. 술은 어차피 건강에 백해무익하고, 기왕 마신다면 맛있게 취하는 편이 간에게 덜 미안하기에 가격 장벽에도 불구하고 바는 시장에 안착했다.

누구라도 술을 마시면 취하지만, 바는 자기 파괴적으로 달리는 대신 기분 좋게 취하도록 배려하는 장소다. 잘 짜인 내부 장식과 쾌적한 공기, 분위기를 완성하는 음악과 기민한 서비스가 그 장치들이다. 재주 좋은 바텐더는 단지 술을 내주는 사람이 아니다. 좋은 대화 상대의 의미도 짙다. 술에 대한 이야기부터 세상 돌아가는 이야기, 친구에게도 말 못할 내밀한 속내까지, 맞추지 못하는 화제가 드물다. 그렇기에 '혼술' 유행도 바의 부상에 한몫을 보탰다. 맛과 향뿐만 아니라 최적의 환경과 환대까지 갖추었으므로, 그것이 하나의 좋은 경험을 남기는 까닭에 사람들은 바를 찾는다.

1세대 바들이 바 문화의 기반을 만들면서, 바에서 즐길 수 있는 기분 좋고, 맛도 좋은 음주 경험이 하나의 음주 문화로 뿌리내렸다. 그 다음은 존재 확신과 양적 팽창의 시대라고 할 수 있다. 이제 2세대의 바 문화는 각각의 차별화된 캐릭터를 찾기 시작했다. 타이 음식과 결합한 바가 등장했었고, 스테이크나 곰탕에 위스키를 곁들이는 바도 있다. 중국의 백주나 한국 술로 만든 칵테일을 내세우는 곳도 있다. 1세대 바들이 공유하는 완성도에 명징한 개성을 결합한 이 바들은 바의 경험을 다시 한 번 세분화하기 시작했다. 술 한 잔에 담긴 다채로운 결을 살피는 즐거움이 점점 깊어 간다.

47

뜨거운 술의 향

왼쪽부터 차례대로 시나몬 스틱을 꽂은 톰 앤 제리, 뜨끈한 뱅쇼,
버터를 녹여 마시는 핫 버터드 럼, 모과차처럼 향긋한 핫 토디,
차가운 크림과 뜨거운 커피가 어우러지는 아이리시 커피, 만들 때
바텐더의 손끝을 따라 나타나는 푸른 불줄기가 블레이저의 앞섶과
닮아서 블루 블레이저라는 이름이 붙은 칵테일이다.

팬을 달구던 맹렬한 불이 팬 위로 옮겨 붙자, 불길이 천장까지 폭발하듯 치솟는다. 플람베Flambé다. 주방 풍경 중에서 아무리 봐도 질리지 않는 것은 오직 이 뿐이다. 주방에서 펼쳐지는 가장 화려한 쇼가 플람베다. 육류 요리, 파스타 등 팬에 볶는 요리라면 무엇이든지, 심지어 달콤한 디저트를 만들 때도 펼쳐지는, 바로 '불 쇼'다.

요리사의 마음에서 쇼맨십이 차지하는 공간이 얼마나 넓은지는 알 수 없지만, 우직한 본심만은 정확히 보인다. 요리사는 더 복잡하고 다면적인 향을 입히기 위해서 음식에 불을 붙인다. 플람베의 연료로는 주로 브랜디1나 럼Rum 등 술이 쓰인다. 굳이 불길을 일으키지 않아도 음식에 들어가는 술은 대체로 긍정적인 영향을 미친다. 수프나 소스, 스튜를 끓일 때도 술은 요긴한 향신료다.

거의 수분으로 이루어진 술에서 알코올은 강력한 액체 흡취재다. 기름에 꽃이나 허브를 재어 놓으면 그 향이 기름에 배는 것과 마찬가지다. 물과 기름의 성질을 동시에 지닌 알코올은 술을 빚은 원재료의 온갖 좋은 향들을 꽁꽁 붙들어 맨다. 요리사가 음식에 술을 부어서 불을 일으키거나 팔팔 끓이는 것은 술의 향을 음식에 입히기 위해서다. 술이 불이나 열을 만나면 향을 퍼트리는 것은 온도 상승에 따른 현상이다. 온도가 높으면 분자 운동이 활발해지고, 알코올은 78도에 기화하면서 향을 더 많이 퍼뜨린다. 그러므로 술이 들어간 요리는 음식에 향을 남긴다.

그러나 알코올의 끓는 점이 78도라고 해서, 음식에 넣은 알코올이 말끔히 다 날아가지는 않는다. 플람베에서는 75퍼센트, 짧게 익힌 요리에서는 10~50퍼센트 정도가 남았고, 스튜 등 오래 끓인 요리에서도 약 5퍼센트의 알코올이 남았다는 실험 결과도 있다.

술 자체에 열을 가한다면, 알코올을 기화시켜서 제거한다는 의미다. 이 성질을 역으로 이용한 것이 증류다. 재료가 되는 술을 끓이면 물보다 알코올이 먼저 기화하며, 향 분자들도 물보다 빨리 휘발한다. 이렇게 기화한 알코올과 향 물질들을 빠져나가지 못하게 다시 포집해서 액화하면 불쾌한 향이 제거된 순도 높은 술을 얻을 수 있다. 동양과 서양을 막론하고 일찍이 터득한 기술이다. 한국에서는 소주가 대표적인 증류주[2]이고, 서양의 위스키, 브랜디, 보드카Vodka, 진Gin, 럼, 테킬라[3] 등 익숙한 양주들은 모두 증류·압축해서 향긋해진 알코올을 물로 다시 희석한 증류주다. 이외에도 그라파[4], 칼바도스[5], 오드비[6], 비터스[7], 리큐어Liqueur 등도 모두 증류주다.

그런데 술을 그 자체로 뜨겁게 마시자면 이야기가 달라진다. 마실 것도 모자란 술을 끓이다니! 알코올의 성질을 놓고 보면 뜨거운 술은 가당찮은 소리다. 주도에 어긋날 뿐더러, 소탐대실이고 본질 호도다. 단지 온기를 얻기 위해서, 알코올이 상당히 날아가 버린 술을 마시는 모순은 대체 무엇일까? 열량이 1그램당 7칼로리인 알코올이 체내에 들어오며 일어나는 열락은 추위를 잊게 한다. 입에 닿는 온기보다 몸속에서부터 올라오는 열기가 더 뜨겁다. 얼음처럼 차

---

[1]
Brandy, 과실을 증류하여 만든 술을 통틀어 이르는 말로, 특히 포도주를 증류하여 만든 양주를 가리킨다.

[2]
그러나 시판 소주는 대개 희석식이다. 희석식은 쌀, 보리, 고구마 등의 곡물 원료로 만든 에탄올(Ethanol)을 물로 희석해 알코올 도수를 맞추고, 그 밖의 첨가물을 넣어서 생산한다.

[3]
Tequila, 멕시코 특산의 다육 식물인 용설란(龍舌蘭)의 수액을 증류해서 만든 술이다.

[4]
Grappa, 이탈리아 특산의 증류주로 브랜디의 일종이다. 와인을 증류하는 일반적인 브랜디와 달리, 포도 찌꺼기를 발효시켜서 나온 알코올을 증류하여 만든다.

[5]
Calvados, 프랑스 칼바도스 지방의 특산주로, 사과가 원료인 브랜디다.

[6]
Eau de vie, 과일이 원료인 브랜디의 일종이다.

[7]
Bitters, 식물성 원료들을 사용한 증류주의 일종으로, 쓴 맛이 특징이다.

갑고 투명한 보드카의 열기로 겨울을 나는 동토凍土 러시아의 전통은 지혜롭다.

뜨거운 술의 효용은 취하기 위해서가 아니라 즐기기 위해 마실 때에 환히 빛난다. 가열해서 뜨거운 술은 알코올을 다소 잃었을지언정, 잔 안에 온갖 기분 좋은 향이 풍부하게 맴돈다. 뜨거운 술은 장쾌하게 마시는 술판보다는 따끈한 차의 정서와 더 잘 통한다. 따뜻한 집에 들어와서 차가운 몸을 녹일 때에 간절해지는 차 한 잔과 비슷하다. 어쩌면 차보다 향이 더 깊기도 하며 알코올 향, 그러니까 술 냄새가 좀 날 뿐이다. 그야 술이니까.

이 뜨거운 차, 아니 뜨거운 술의 정서는 다양한 문화권에서 일맥상통한다. 겨울로 접어들자마자 가장 먼저 당기는 계절 음식은 단연 오뎅탕이다. 어묵탕이라고 적어서는 느낌이 썩 살지 않는 그 후끈한 음식, 그리고 뽀얀 국물 속의 흐물흐물하고 뜨거운 무며 곤약, 어묵까지. 김이 뭉게뭉게 피어오르는 이 냄비 곁에는 따끈하게 덥힌 일본의 사케가 어울린다. 사케는 끓이기보다는 덥혀서 마신다. 알코올의 탈출 온도인 78도를 넘기지 않도록 대부분 중탕으로 가열하기에, 차가우나 덥히나 술은 술이다. 덥힌 사케 중에 특히 겨울에 더 어울리는 것은 히레사케鰭酒, ひれざけ다. 말린 복어 지느러미를 우린 이 따뜻한 사케는 구수하고 짭짤한 감칠맛을 품었다.

한국 술 중에서 가장 유명한 온주는 모주다. 전주시에 가서 콩나물국밥을 먹으면 한 번씩 마시게 되는 술이다. 막걸리에 생강, 대추, 계피, 배 등을 넣고 걸쭉하게 끓여 알코올 도수를 1.5도로 뚝 떨어뜨리고 달달한 향을 더했다. 덜 알려졌지만 자주煮酒 역시 끓인 술이다. 고려 시대부터 기록이 있다는 이 술은 청주에 대추, 잣, 후추, 계피, 꿀 등을 넣고 중탕으로 한나절 고아서 만드는데 겨울에는 따뜻한 채로 마셨다.

집 앞 카페만 가도 뱅 쇼Vin Chaud는 흔하다. 빨갛거나 하얗거나, 색은 불문하고 와인을 아무 과일과 함께 끓이기만 하면 되는 덕분에, 요즘은 가정에서도 흔히 만드는 온주다. 마시다 남은 싸구려 와인, 냉장고 구석에서 곯아 가는 과일이 있다면 가장 좋은 처치 방법이다. 전문가가 만드는 뱅 쇼는 재료가 좀 더 다채롭고 맛과 향도 오묘하다. 시나몬, 정향, 팔각 등 향신료도 아낌없이 넣는다. 유럽의 어디를 가나 와인에 향신료와 과일을 넣고 끓인 술이 있다. 들어가는 재료와 비율이 조금씩 다를 뿐이다. 뱅 쇼는 프랑스 이름이고, 영어권에서는 멀드 와인Mulled Wine이며 독일은 글뤼바인Glüh Wein, 스웨덴에서는 글뢰그Glogg가 된다. 그만큼 흔한 겨울 음료다.

에그노그Eggnog도 흔하다. 위스키나 브랜디에 달걀과 설탕 등을 섞어서 만드는데 차갑게도 마시지만 데워 마시기도 좋다. 비슷한 음료로 톰과 제리Tom and Jerry가 있다. 이 따뜻한 펀치 칵테일은 만화 〈톰과 제리〉보다 먼저 등장했다. 달걀과 브랜디, 우유, 버터, 설탕에 각종 향신료가 들어간다.

이 술은 칵테일의 아버지인 제리 토마스Jerry Thomas가 자신의 이름을 거꾸로 붙여서 톰 앤 제리인데, 이 아버지께서는 진 토닉, 모스코 뮬Moscow Mule 등 수많은 칵테일의 제조법을 창안·정립했다. 물론 그 안에는 뜨거운 칵테일도 포함된다. 플레어 바가 유행했던 1990년대에 바텐더들이 불 쇼를 벌이던 정경을 기억하는 사람이 얼마일지는 몰라도, 그 풍경의 원형을 되짚어가면 토마스의 블루 블레이저Blue Blazer가 나온다. 두 개의 잔에 불 붙인 술을 번갈아 따르는데, 술이 움직일 때마다 푸른 불길의 궤적이 그려진다. 본명이 위스키 스킨Whiskey Skin이었던 따뜻한 칵테일도, 그가 핫 토디Hot Toddy로 개명해 두었다. 위스키, 레몬, 생강, 시나몬 스틱, 정향 등이 들어가는데 모과차처럼 향긋하다. 매일 밤 마셔도 좋을 정도로 겨울에 어울리는 온주다.

핫 버터드 럼Hot Buttered Rum은 버터와 설탕에 크림까지 잔뜩 들어가서 달콤하고 고소한 겨울 음료로 손색이 없다. 커피나 핫초코에 술을 섞은 계열의 음료들도 뜨거운 칵테일에 속한다. 그 대표 격인 아이리시 커피Irish Coffee는 아이

알코올은 기름인 동시에 물이며, 그 자체로는 별 맛이 없지만
다른 재료의 향을 강하게 쥔다. 술을 음식에 넣으면 풍부한 향을 내는 향신료가 되며,
덥혀서 마시면 안에 갇혔던 향이 한층 더 감미롭게 퍼진다.

리시 위스키를 섞은 따뜻한 커피에 차가운 크림을 잔뜩 올려 준다. 사실 위스키, 브랜디, 럼 등 숙성한 술의 향은 커피나 초콜릿과 꽤 잘 어울린다.

48

맛있는 얼음

얇은 유리 잔을 움켜쥐자 서늘한 한기가 전류처럼 통했다. 입술에 그 가녀린 테두리가 먼저 닿았다. 시원한 액체가 입안으로 왈칵 흘러 들어온다고 생각했을 때, 차가운 고체가 콧잔등에 부딪혔다. 얼음이었다. 얼음은 마치 잠수함처럼 액체 안에 투명하게 숨어 있었다. 유리에 얼음이 부딪히는 소리는 요정의 노랫소리처럼 곱고 맑았다. 잔을 비울 때까지 얼음은 거의 그대로였다.

점심의 짧은 휴식을 즐기는 동안, 아이스 카페 라테를 담은 플라스틱 용기 표면은 어느새 온통 땀투성이였다. 우유와 커피가 뒤섞인 시원한 음료는 아껴 마실수록 맛도 괴상해졌다. 얼음이 반쯤 녹은 그것은 더 이상 아이스 카페 라테가 아니었다. 아이스 카페 라테는 얼음이 녹기 전에 콸콸 마셔야 하는 음료다. 맛을 놓고 보면 우유가 섞이지 않은 아이스 커피도 마찬가지다. 얼음이 녹아 물이 섞이면 원래의 맛이 흐트러진다.

잔에서 곱게 울렸던 전자의 얼음을 처음 만났던 곳은 도쿄 긴자銀座의 한 바였다. 잘 녹지 않고 단단해서 치아로 깨기 힘들다. 후자는 전 세계 어디서나

◀ 잘 얼려 가공한 얼음들은 투명하고 단단해서 쉽게 녹지 않는다.

볼 수 있는 업소용 제빙기에서 나온 뿌연 얼음이다. 그리 단단하지 않아서 빙과처럼 깨물어 먹기 좋다. 전자는 이제 서울의 바에서도 흔히 만날 수 있고, 후자는 여전히 어느 업소에서나 사용한다. 가정에서 쓰는 정수기나 냉장고가 만드는 얼음도 크게 다르지 않다.

맛있는 얼음이란 무엇일까? 우선 앞의 예를 생각하면 이 질문 자체가 틀렸다. '맛있는 얼음'이라는 말부터가 형용 모순이다. 얼음은 물이다. 물이 빙점 이하의 온도에서 고체가 된 상태이며, 온도 그 자체다. 요리 재료로써의 얼음은 먹기 위해서가 아니라 온도를 식히고 유지하는 데 사용한다. 단지 도구다. 고유한 온도를 지닌 식기의 보조역이자, 열기구熱器具에 반대되는 개념의 조리 도구다.

인류는 이미 오래 전에 불을 다루었지만 얼음을 정복한 것은 상대적으로 최근의 일이다. 그 이전에는 자연이 시연하는 냉각 현상의 실마리를 열심히 관찰했다가 똑같이 재현했을 뿐이다. 바람이 불면 땀이 마르고, 땀이 마른 피부는 시원해진다. 물이 증발할 때 열을 가져가는 현상을 활용한 고대의 냉장고가 저 멀리 사막에 존재했고, 그 덕분에 이집트의 파라오들은 매일 밤 시원한 와인을 마실 수 있었다. 수분을 증발시킬 사막의 모래바람조차 없는 밤이면 왕의 노예는 겉에 물을 뿌린 포도주 항아리에 부채질을 해서 바람을 만들어 냈다. 수분이 바람으로 증발되며 안의 내용물은 온도가 낮아진다. 고대의 냉각 기술이다.

이후 물리와 화학이 발전을 거듭하면서 1800년대에 이르러 제빙기가 탄생했고, 1900년대에는 현재의 냉장고와 원리가 거의 동일한 가정용 냉장고도 발명되었다. 이전의 얼음은 겨울철 호수 등에서 건져 올려 고인 물에 함유된 온

얼음 공장에서 아이스볼은 한 번에 여섯 개가 깎여 나온다. 이 얼음은 테두리의 거친 면을 수작업으로 한 번 더 다듬은 후에 판매된다. ▶

갖 병균까지 감수해야 했다. 냉각 기술 덕에 깨끗한 물을 기계로 얼려서 안전해진 인공 얼음이 인류와 함께하게 되었다. 얼음은 아바나Havana의 뜨거운 태양 아래서 음료를 차갑게 식혔고, 범선에 실은 소고기나 과일의 온도를 얼기 직전까지로 낮추어서 안전히 보존했다.

맛있는 얼음의 형용 모순에서 벗어날 수 있는 표현은 '맛있게 하는 얼음'이다. 간이 잘 맞은 찌개를 의심하며 물을 더 부었을 때, 맛이 희한하게 변하는 경험은 누구나 한 번쯤 해 보았을 것이다. 물은 맛의 훼방꾼이다. 이미 맞은 간을 망가뜨린다. 모든 음식이 그렇듯이 칵테일, 커피 같은 음료 역시 간이 잘 맞아야 맛이 좋다. 얼음이 녹아 버린 칵테일, 아이스 카페 라테는 기껏 맞은 간이 망가진다. 얼음은 음료를 식히되, 녹지 않아야 한다. 정확히는 최대한 천천히 녹아야 한다.

잘 얼린 얼음이어야 쉽게 녹지 않는다. 가정용 냉장고의 얼음은 금세 녹는다. 가장 좋은 업소용 제빙기라면 녹는 속도를 늦춘 얼음을 만들지만, 대개는 금세 녹는 얼음을 만드는 수준에 그친다. 맛있게 하는 얼음은 얼리는 온도에서 시작한다.

한 번 끓여서 물에 녹은 기체를 날린 물을 쓰면 투명한 얼음을 쉽게 얻을 수 있다는 사실은 널리 알려졌다. 그러나 투명하다고 해서 다 맛있는 얼음은 아니다. 관건은 얼리는 온도뿐이다.

높은 온도에서 얼리면 제조 시간은 더 걸리지만 얼음의 분자가 안정적으로 결합하므로, 더 천천히 녹는다. 기억해 보자. 편의점 등에서 사 온 얼음은 집에서 얼린 것보다 천천히 녹는다. 그리고 얼음 자체도 훨씬 단단하다. 얼음 공장에서 품질 좋은 얼음을 얻기 위해 상대적으로 높은 온도에서 오래 얼린다. 영하 15도 정도에서 2일 동안 얼린다.

얼음 가운데에 형성되는 하얀 심은 물 속의 H_2O를 제외한 성분들이다.

우리가 마시는 생수는 100퍼센트 순수한 H_2O가 아니다. 달콤한 약수도 마찬가지다. 공기 중의 각종 기체, 미네랄 등이 들어 있다. 얼음이 어는 동안 이 성분들이 H_2O들만의 결합에서 밀려나 가운데로 몰린다. 이 부분의 얼음은 잘 녹고, 맛이 없다.

탐식생활
— 알수록 더 맛있는 맛의 지식

이해림 지음

2018년 11월 9일 초판 1쇄 발행
2018년 12월 20일 초판 2쇄 발행

펴낸이 한철희 | 펴낸곳 돌베개 | 등록 1979년 8월 25일 제406-2003-000018호
주소 (10881) 경기도 파주시 회동길 77-20 (문발동)
전화 (031) 955-5020 | 팩스 (031) 955-5050
홈페이지 www.dolbegae.co.kr | 전자우편 book@dolbegae.co.kr
블로그 imdol79.blog.me | 트위터 @Dolbegae79

주간 김수한 | 편집 라헌
사진 강태훈 | 표지 푸드스타일링 김보선
표지·본문디자인 정승현
마케팅 심찬식·고운성·조원형 | 제작·관리 윤국중·이수민
인쇄·제본 한영문화사

ISBN 978-89-7199-914-1 (03590)

이 도서의 국립중앙도서관 출판예정도서목록(CIP)은 서지정보유통지원시스템
홈페이지(http://seoji.nl.go.kr)와 국가자료공동목록시스템(http://www.nl.go.kr/kolisnet)에서
이용하실 수 있습니다.(CIP제어번호: CIP2018033732)

책값은 뒤표지에 있습니다.